Σ BEST

シグマ 基本問題集
数学 III

文英堂編集部　編

特色と使用法

◎「シグマ基本問題集　数学Ⅲ」は，問題を解くことによって教科書の内容を基本からしっかりと理解していくことをねらった**日常学習用問題集**である。編集にあたっては，次の点に気を配り，これらを本書の特色とした。

➡ 学習内容を細分し，重要ポイントを明示

➡ 学校の授業にあわせた学習がしやすいように，「数学Ⅲ」の内容を 31 の項目に分けた。また，**「テストに出る重要ポイント」**では，その項目での重要度が非常に高く，テストに出そうなポイントだけをまとめた。これには必ず目を通すこと。

➡ 「基本問題」と「応用問題」の２段階編集

➡ <u>基本問題</u>は教科書の内容を理解するための問題で，**応用問題**は教科書の知識を応用して解く発展的な問題である。どちらも小問ごとにチェック欄を設けてあるので，できたかどうかをチェックし，弱点の発見に役立ててほしい。また，解けない問題は，📖**ガイド**などを参考にして，できるだけ自分で考えよう。

➡ 特に重要な問題は例題として解説

➡ 特に重要と思われる問題は 例題研究 として掲げ， 着眼 と 解き方 をつけてくわしく解説した。 着眼 で，問題を解くときにどんなことを考えたらよいかを示してあり， 解き方 で，その考え方のみちすじを示してある。ここで，問題解法のコツをつかんでほしい。

➡ 定期テスト対策も万全

➡ <u>基本問題</u>のなかで，定期テストに出やすい問題には テスト必出 マークを，**応用問題**のなかで，テストに出やすい問題には 差がつく マークをつけた。テスト直前には，これらの問題をもう一度解き直そう。

➡ くわしい解説つきの別冊正解答集

➡ 解答は，答え合わせをしやすいように別冊とし，問題の解き方が完璧にわかるようにくわしい解説をつけた。また， テスト対策 では，定期テストなどの試験対策上のアドバイスや留意点を示した。大いに活用してほしい。

もくじ

第1章 複素数平面
1 複素数平面 …………………… 4
2 複素数の極形式 ……………… 7
3 ド・モアブルの定理 ………… 9
4 複素数と図形 ………………… 11

第2章 式と曲線
5 2次曲線 ……………………… 15
6 媒介変数表示 ………………… 21
7 極座標と極方程式 …………… 24

第3章 関数と極限
8 分数関数と無理関数 ………… 29
9 逆関数と合成関数 …………… 33
10 数列の極限 …………………… 37
11 無限等比数列 ………………… 41
12 漸化式と極限 ………………… 44
13 無限級数の和 ………………… 48
14 関数の極限 …………………… 53
15 関数の連続性 ………………… 57

第4章 微分法
16 微分係数と導関数 …………… 61
17 合成関数の微分法 …………… 64
18 いろいろな関数の微分法 …… 67

第5章 微分法の応用
19 接線と法線 …………………… 71
20 関数の値の変化 ……………… 74
21 最大・最小 …………………… 78
22 第2次導関数の応用 ………… 82
23 方程式・不等式への応用 …… 87
24 極限値への応用 ……………… 91
25 速度と近似式 ………………… 93

第6章 積分法
26 不定積分 ……………………… 98
27 不定積分の計算法 …………… 100
28 定積分の計算法 ……………… 106
29 定積分のいろいろな問題 …… 110

第7章 積分法の応用
30 面　積 ………………………… 115
31 体積と曲線の長さ …………… 120

◆ 別冊　正解答集

1 複素数平面

★ テストに出る重要ポイント

- **複素数平面**…複素数 $z=x+yi$（x, y は実数）に対して，座標平面上の点 (x, y) を対応させると，複素数と座標平面上の点が 1 つずつ対応する。このような平面を**複素数平面**という。複素数平面上では，x 軸を**実軸**，y 軸を**虚軸**という。また，複素数 z に対応する点 P を P(z) と書く。

- **複素数の実数倍**…$z_1 \neq 0$ のとき
  3 点 0, z_1, z_2 が一直線上にある $\iff$ $z_2 = kz_1$（k は実数）

- **複素数の和，差**…3 点 O(0), A(z_1), B(z_2) が一直線上にないとき
  ① 点 $z_1 + z_2$ は，線分 OA, OB を 2 辺とする平行四辺形の第 4 の頂点である。
  ② C($-z_2$) とすると，点 $z_1 - z_2$ は，線分 OA, OC を 2 辺とする平行四辺形の第 4 の頂点である。

- **共役な複素数**
  ① 点 $\bar{z}$ は点 z と実軸に関して対称
  ② 点 $-z$ は点 z と原点に関して対称
  ③ 点 $-\bar{z}$ は点 z と虚軸に関して対称

- **共役な複素数の性質**
  ① z が実数 $\iff$ $\bar{z} = z$
  ② z が純虚数 $\iff$ $\bar{z} = -z$ かつ $z \neq 0$
  ③ $\overline{z_1 \pm z_2} = \bar{z_1} \pm \bar{z_2}$（複号同順） ④ $\overline{z_1 z_2} = \bar{z_1} \bar{z_2}$ ⑤ $\overline{\left(\dfrac{z_1}{z_2}\right)} = \dfrac{\bar{z_1}}{\bar{z_2}}$

- **絶対値**…複素数 $z = x + yi$（x, y は実数）に対して，複素数平面上の原点 O と点 z との距離を，z の**絶対値**といい，$|z|$ で表す。
  すなわち $|z| = \sqrt{x^2 + y^2}$
  ① $|z|^2 = z\bar{z}$ ② $|z| = |-z| = |\bar{z}|$

- **2 点間の距離**…2 点 z_1, z_2 間の距離は $|z_2 - z_1|$

基本問題

1 次の複素数が表す点を，複素数平面上に図示せよ。
- (1) $1+3i$
- (2) $-2+2i$
- (3) 3
- (4) $-i$

例題研究 $\alpha=3-i$, $\beta=a+2i$ とするとき，3点 O, α, β は一直線上にあるという。実数 a の値を求めよ。

着眼 3点 O, α, β が一直線上にあるための条件は，$\beta=k\alpha$（k は実数）が成り立つことである。

解き方 3点 O, α, β は一直線上にあるので，$\beta=k\alpha$（k は実数）とおける。
すなわち $a+2i=k(3-i)$
したがって $a+2i=3k-ki$
実部と虚部をそれぞれ比較して $a=3k$, $2=-k$
よって $k=-2$, $\boldsymbol{a=-6}$ ……答

2 $\alpha=-2+i$, $\beta=a-3i$, $\gamma=-4+bi$ とするとき，4点 O, α, β, γ は一直線上にあるという。実数 a, b の値を求めよ。 テスト必出

3 複素数平面上に，2点 A(z_1), B(z_2) が与えられている。このとき，次の点を複素数平面上に図示せよ。
- (1) C(z_1+z_2)
- (2) D(z_1-z_2)
- (3) E$(\overline{z_1}+z_2)$
- (4) F(z_1+2z_2)

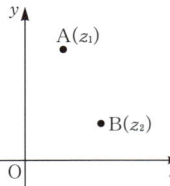

4 次の複素数の絶対値を求めよ。
- (1) $3+4i$
- (2) $-2+3i$
- (3) $7-i$
- (4) $-5i$

5 次の2点 A, B 間の距離を求めよ。
(1) $A(1+2i)$, $B(4+3i)$
(2) $A(5-i)$, $B(-3-7i)$

応用問題   解答 → 別冊 p.1

例題研究 複素数 α, β が $|\alpha|=2$, $|\beta|=3$, $|\alpha+\beta|=4$ を満たすとき，次の値を求めよ。
(1) $\alpha\bar{\beta}+\bar{\alpha}\beta$
(2) $|\alpha-\beta|$

[着眼] (1) $|\alpha+\beta|^2=(\alpha+\beta)\overline{(\alpha+\beta)}$ であることを利用する。
(2) まず $|\alpha-\beta|^2$ の値を求める。

[解き方] (1) $|\alpha+\beta|^2=(\alpha+\beta)\overline{(\alpha+\beta)}=(\alpha+\beta)(\bar{\alpha}+\bar{\beta})$
　　　→ $|z|^2=z\bar{z}$ を利用
$\quad=\alpha\bar{\alpha}+\alpha\bar{\beta}+\bar{\alpha}\beta+\beta\bar{\beta}$
$\quad=|\alpha|^2+\alpha\bar{\beta}+\bar{\alpha}\beta+|\beta|^2$
$|\alpha|=2$, $|\beta|=3$, $|\alpha+\beta|=4$ より
$4^2=2^2+\alpha\bar{\beta}+\bar{\alpha}\beta+3^2$
よって $\alpha\bar{\beta}+\bar{\alpha}\beta=\mathbf{3}$ ……**答**

(2) $|\alpha-\beta|^2=(\alpha-\beta)\overline{(\alpha-\beta)}=(\alpha-\beta)(\bar{\alpha}-\bar{\beta})$
$\quad=\alpha\bar{\alpha}-\alpha\bar{\beta}-\bar{\alpha}\beta+\beta\bar{\beta}$
$\quad=|\alpha|^2-(\alpha\bar{\beta}+\bar{\alpha}\beta)+|\beta|^2$
$\quad=2^2-3+3^2=10$
よって，$|\alpha-\beta|\geqq 0$ より $|\alpha-\beta|=\boldsymbol{\sqrt{10}}$ ……**答**

6 複素数 α, β が $|\alpha|=5$, $|\beta|=4$, $|\alpha-\beta|=6$ を満たすとき，次の値を求めよ。
(1) $\alpha\bar{\beta}+\bar{\alpha}\beta$
(2) $|2\alpha-5\beta|$

7 α が $|\alpha|=1$ を満たす虚数であるとき，$\dfrac{\alpha+1}{\alpha-1}$ は純虚数であることを証明せよ。 **差がつく**

[ガイド] $\overline{\left(\dfrac{\alpha+1}{\alpha-1}\right)}=-\dfrac{\alpha+1}{\alpha-1}$ かつ $\dfrac{\alpha+1}{\alpha-1}\neq 0$ を示せばよい。

2 複素数の極形式

★ テストに出る重要ポイント

- **極形式**…複素数平面上で，0 でない複素数 z を表す点を P とし，線分 OP の長さを r，OP が実軸の正の方向となす角を θ とすると $z = r(\cos\theta + i\sin\theta)\ (r > 0)$
  これを複素数 z の**極形式**という。ここで，r は z の絶対値に等しい。また，角 θ を z の**偏角**といい，**arg$z$** で表す。

  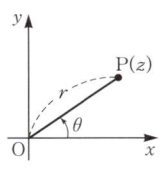

- **複素数の積と商**…$z_1 = r_1(\cos\theta_1 + i\sin\theta_1)$, $z_2 = r_2(\cos\theta_2 + i\sin\theta_2)$ とするとき

  ① $z_1 z_2 = r_1 r_2 \{\cos(\theta_1 + \theta_2) + i\sin(\theta_1 + \theta_2)\}$,

   $\dfrac{z_1}{z_2} = \dfrac{r_1}{r_2}\{\cos(\theta_1 - \theta_2) + i\sin(\theta_1 - \theta_2)\}$

  ② $|z_1 z_2| = |z_1||z_2|,\ \left|\dfrac{z_1}{z_2}\right| = \dfrac{|z_1|}{|z_2|}$

  ③ $\arg z_1 z_2 = \arg z_1 + \arg z_2,\ \arg\dfrac{z_1}{z_2} = \arg z_1 - \arg z_2$

- **複素数の積と回転**…複素数 $\alpha = \cos\theta + i\sin\theta$ が与えられたとき，複素数平面上の点 z に対して，点 αz は点 z を**原点 O のまわりに角 θ だけ回転**した点である。

基本問題 ……………………………………………… 解答 ➡ 別冊 p.2

8 次の複素数を極形式で表せ。ただし，偏角 θ は $0 \leqq \theta < 2\pi$ とする。

(1) $1 + \sqrt{3}i$　　　(2) $-1 + i$
(3) $3 - \sqrt{3}i$　　　(4) $-\sqrt{2} - \sqrt{2}i$
(5) i　　　(6) -3

9 次の複素数を $a + bi$ (a, b は実数)の形で表せ。

(1) 絶対値 2，偏角 $\dfrac{2}{3}\pi$　　　(2) 実部 -2，偏角 $-\dfrac{2}{3}\pi$

10 $z_1=1-\sqrt{3}i$, $z_2=1+i$ のとき，次の複素数を極形式で表せ。ただし，偏角 θ は $0\leqq\theta<2\pi$ とする。

(1) z_1z_2 　　　　　　　　　(2) $\dfrac{z_1}{z_2}$

11 複素数 z に対して，次の複素数は，複素数平面上でどのような位置にあるか。

(1) $-2z$ 　　　　(2) $(1+i)z$ 　　　　(3) $-2iz$

12 複素数平面上で，原点を中心として，点 $z=1+3\sqrt{3}i$ を $\dfrac{\pi}{3}$ だけ回転した点を表す複素数 w を求めよ。

応用問題

例題研究 複素数平面上の定点 $z_0=2+i$ を中心として，点 $z=4-3i$ を $\dfrac{\pi}{4}$ だけ回転した点を表す複素数 w を求めよ。

[着眼] 回転の中心が原点ではないときには，回転の中心を原点に移すような平行移動を考えればよい。

[解き方] 点 z_0 が原点 O に移るように平行移動すると，点 z, w はそれぞれ $z-z_0$, $w-z_0$ に移る。点 $w-z_0$ は点 $z-z_0$ を原点のまわりに $\dfrac{\pi}{4}$ だけ回転した点であるから

$$w-z_0=\left(\cos\dfrac{\pi}{4}+i\sin\dfrac{\pi}{4}\right)(z-z_0)$$

→ 平行移動することで，原点のまわりの回転として考えられる

よって　$w=\left(\dfrac{\sqrt{2}}{2}+\dfrac{\sqrt{2}}{2}i\right)((4-3i)-(2+i))+(2+i)$

　　　　$=(2+3\sqrt{2})+(1-\sqrt{2})i$　……答

13 複素数平面上の定点 $z_0=3-i$ を中心として，点 $z=-2+3i$ を $\dfrac{\pi}{2}$ だけ回転した点を表す複素数 w を求めよ。

3 ド・モアブルの定理

テストに出る重要ポイント

- **ド・モアブルの定理**…n が整数のとき
  $$(\cos\theta + i\sin\theta)^n = \cos n\theta + i\sin n\theta$$

- **n 乗根**…自然数 n と複素数 α に対して，$z^n = \alpha$ を満たす複素数 z を，α の **n 乗根**という。

- **1 の n 乗根**…自然数 n に対して，1 の n 乗根 z は
  $$z = \cos\frac{2k\pi}{n} + i\sin\frac{2k\pi}{n} \quad (k=0,\ 1,\ 2,\ \cdots\cdots,\ n-1)$$

基本問題

解答 → 別冊 p.3

例題研究 $(1+\sqrt{3}i)^{10}$ の値を求めよ。

[着眼] $1+\sqrt{3}i$ を 10 回掛けるのはたいへんである。そこで，極形式に直してから，ド・モアブルの定理を利用するとよい。

[解き方] $1+\sqrt{3}i$ を極形式になおすと

$$1+\sqrt{3}i = 2\left(\frac{1}{2} + \frac{\sqrt{3}}{2}i\right) = 2\left(\cos\frac{\pi}{3} + i\sin\frac{\pi}{3}\right)$$

　　　　　→ この変形がポイント

よって $(1+\sqrt{3}i)^{10} = \left\{2\left(\cos\frac{\pi}{3} + i\sin\frac{\pi}{3}\right)\right\}^{10}$

$$= 2^{10}\left(\cos\frac{10}{3}\pi + i\sin\frac{10}{3}\pi\right)$$

　　　　　→ $\frac{10}{3}\pi = 2\pi + \frac{4}{3}\pi$

$$= 2^{10}\left(\cos\frac{4}{3}\pi + i\sin\frac{4}{3}\pi\right) = 2^{10}\left(-\frac{1}{2} - \frac{\sqrt{3}}{2}i\right)$$

$$= -512 - 512\sqrt{3}i \quad \cdots\cdots \text{答}$$

 14 次の計算をせよ。 **テスト必出**

- (1) $(1+i)^6$
- (2) $(\sqrt{3}-i)^7$
- (3) $\left(\frac{\sqrt{3}}{2} + \frac{1}{2}i\right)^{-4}$
- (4) $\dfrac{1}{(1-i)^9}$

15 n が整数のとき,次の式の値を求めよ。
$$\left(\frac{-1+\sqrt{3}i}{2}\right)^n+\left(\frac{-1-\sqrt{3}i}{2}\right)^n$$

16 1 の 4 乗根を求め,複素数平面上に図示せよ。

17 方程式 $z^4=-2+2\sqrt{3}i$ を解け。 < テスト必出

📖 ガイド　$z=r(\cos\theta+i\sin\theta)$ $(r>0,\ 0\leqq\theta<2\pi)$ とおき,$-2+2\sqrt{3}i$ を極形式で表して考える。

応用問題 ································· 解答 → 別冊 $p.5$

18 $\alpha,\ \beta$ が複素数で,$|\alpha|=2$,$|\beta|=1$,$|\alpha+\beta|=\sqrt{3}$ であるとき,次の問いに答えよ。

(1) $\dfrac{\alpha}{\beta}$ を極形式で表せ。ただし,偏角 θ は $-\pi<\theta\leqq\pi$ とする。

(2) n が自然数のとき,$|\alpha^n-\beta^n|$ を求めよ。

19 z は複素数で,$z^4+z^3+z^2+z+1=0$ である。次の値を求めよ。

(1) z^5　　　　　　　　　　　　(2) $|z|$

(3) $|z+1|^2+|z-1|^2$　　　　(4) $\dfrac{z^2-z^4}{z-1}$ の虚部

📖 ガイド　(4) 一般に,複素数 w の虚部は $\dfrac{w-\overline{w}}{2i}$ と表せる。このことから,まず $\overline{\left(\dfrac{z^2-z^4}{z-1}\right)}$ を計算してみる。

20 方程式 $z^5=1$ の虚数解の 1 つを α とするとき,次の問いに答えよ。

< 差がつく

(1) α 以外の相異なる 3 つの虚数解は,α^2,α^3,α^4 であることを証明せよ。

(2) 積 $(1-\alpha)(1-\alpha^2)(1-\alpha^3)(1-\alpha^4)$ の値を求めよ。

(3) 積 $(1+\alpha)(1+\alpha^2)(1+\alpha^3)(1+\alpha^4)$ の値を求めよ。

4 複素数と図形

★ テストに出る重要ポイント

- **内分点，外分点**…2点 $P_1(z_1)$, $P_2(z_2)$ に対して
  ① 線分 P_1P_2 を $m:n$ に内分する点は $\dfrac{nz_1+mz_2}{m+n}$
  ② 線分 P_1P_2 を $m:n$ に外分する点は $\dfrac{-nz_1+mz_2}{m-n}$

- **方程式の表す図形**…複素数平面上の点 α を中心とし，半径 r の円は，方程式 $|z-\alpha|=r$ を満たす点 z 全体である。

- **2直線のなす角**…異なる3点 $P_0(z_0)$, $P_1(z_1)$, $P_2(z_2)$ に対して，半直線 P_0P_1 から半直線 P_0P_2 へ測った角は
  $$\angle P_1P_0P_2 = \arg\dfrac{z_2-z_0}{z_1-z_0}$$

  ① 3点 P_0, P_1, P_2 が一直線上にある $\Leftrightarrow \dfrac{z_2-z_0}{z_1-z_0}$ が実数
  ② 2直線 P_0P_1, P_0P_2 が垂直に交わる $\Leftrightarrow \dfrac{z_2-z_0}{z_1-z_0}$ が純虚数

基本問題 　　　　　　　　　　　　　解答 ➡ 別冊 p.6

21 $A(2+5i)$, $B(-3+4i)$ とするとき，線分 AB を $2:1$ に内分する点 P および外分する点 Q を表す複素数をそれぞれ求めよ。

22 $A(2+3i)$, $B(-1-2i)$, $C(3-i)$ とする。線分 AB，AC を2辺とする平行四辺形の残りの頂点を D とするとき，点 D を表す複素数を求めよ。
　📖 ガイド　平行四辺形の対角線の中点は一致する。

23 複素数平面上で，次の方程式を満たす点 z は，どのような図形を描くか。
- (1) $|z|=4$
- (2) $|z+1+2i|=3$
- (3) $|z|=|z+2|$
- (4) $|z-1|=|z+i|$

例題研究 複素数平面上で，次の方程式を満たす点 z は，どのような図形を描くか。

$$|z|=3|z-8i|$$

着眼 方程式の両辺を 2 乗して，$|z|^2 = z\bar{z}$ を用いて変形する。

解き方 方程式の両辺を 2 乗すると $|z|^2 = 9|z-8i|^2$

$z\bar{z} = 9(z-8i)\overline{(z-8i)}$

$z\bar{z} = 9(z-8i)(\bar{z}+8i)$

→ $\bar{i} = -i$ に注意

$z\bar{z} + 9iz - 9i\bar{z} + 72 = 0$ $(z-9i)(\bar{z}+9i) = 9$

$(z-9i)\overline{(z-9i)} = 9$ $|z-9i|^2 = 9$

したがって $|z-9i| = 3$

よって，求める図形は，**点 $9i$ を中心とする半径 3 の円** ……**答**

24 複素数平面上で，次の方程式を満たす点 z は，どのような図形を描くか。

◁ テスト必出

(1) $|z+2| = 2|z-1|$

(2) $2|z| = 3|z+5i|$

25 複素数平面上の点 z が，原点を中心とする半径 1 の円周上を動くとき，点 $w = 1 + (2+3i)z$ はどのような図形を描くか。

例題研究 複素数平面上に異なる 3 点 $A(\alpha)$，$B(\beta)$，$C(\gamma)$ がある。α, β, γ が $\dfrac{\gamma-\alpha}{\beta-\alpha} = 1+\sqrt{3}i$ を満たすとき，$\triangle ABC$ の 3 つの内角の大きさをそれぞれ求めよ。

着眼 $1+\sqrt{3}i = 2\left(\cos\dfrac{\pi}{3} + i\sin\dfrac{\pi}{3}\right)$ より，$\left|\dfrac{\gamma-\alpha}{\beta-\alpha}\right| = 2$, $\arg\dfrac{\gamma-\alpha}{\beta-\alpha} = \dfrac{\pi}{3}$ から考える。

解き方 $\dfrac{\gamma-\alpha}{\beta-\alpha} = 2\left(\cos\dfrac{\pi}{3} + i\sin\dfrac{\pi}{3}\right)$

したがって，$\left|\dfrac{\gamma-\alpha}{\beta-\alpha}\right| = 2$ より $AC = 2AB$

また，$\arg\dfrac{\gamma-\alpha}{\beta-\alpha} = \dfrac{\pi}{3}$ より $\angle BAC = \dfrac{\pi}{3}$

よって $\angle \mathbf{A} = \dfrac{\boldsymbol{\pi}}{\mathbf{3}}$，$\angle \mathbf{B} = \dfrac{\boldsymbol{\pi}}{\mathbf{2}}$，$\angle \mathbf{C} = \dfrac{\boldsymbol{\pi}}{\mathbf{6}}$ ……**答**

26 複素数平面上に異なる3点 O(0), A(α), B(β) がある。α, β が次の各条件を満たすとき, △OAB はそれぞれどのような三角形か。 ◀テスト必出

- (1) $2\beta = (1+\sqrt{3}i)\alpha$
- (2) $\alpha^2 + \beta^2 = 0$
- (3) $\alpha^2 - 2\alpha\beta + 2\beta^2 = 0$

27 複素数平面上の異なる3点 α, β, γ が, $\alpha + i\beta = (1+i)\gamma$ を満たすとき, これらの3点を頂点とする三角形はどのような三角形か。

📖 ガイド $\dfrac{\alpha-\gamma}{\beta-\gamma}$ を極形式で表すことを考える。

28 a は実数の定数とする。複素数平面上に3点 A(α), B(β), C(γ) があり, $\alpha = 1+2i$, $\beta = a+4i$, $\gamma = -2-4i$ とするとき, 次の問いに答えよ。 ◀テスト必出

- (1) 3点 A, B, C が一直線上にあるとき, a の値を求めよ。
- (2) 直線 AB と直線 AC が垂直に交わるとき, a の値を求めよ。

応用問題 ……………………………………………… 解答 ⇒ 別冊 p.8

29 複素数平面上の点 z が, 点 $1+i$ を中心とする半径 1 の円周上を動くとき, 点 $w = \dfrac{1-iz}{1+iz}$ はどのような図形を描くか。ただし, $z \neq i$ とする。 ◀差がつく

30 複素数平面上で, 原点を O とし, 複素数 $1+\sqrt{3}i$ の表す点を A とする。また, 等式 $|z+2|=1$ を満たす複素数 z の表す点を P とする。線分 OA, OP を 2 辺とする平行四辺形 OAQP を作り, その対角線 OQ を 1 辺とする正三角形 OQR を作る。点 P が $|z+2|=1$ の表す図形上を動くとき, 次の問いに答えよ。

- (1) 点 Q はどのような図形を描くか。
- (2) 点 R はどのような図形を描くか。

📖 ガイド (2) OQ を 1 辺とする正三角形は 2 通りあることに注意せよ。

例題研究 複素数平面上の △ABC の頂点 A, B, C が，複素数 z, z^2, z^3 で定められている。

(1) AB＝AC ならば，点 A はどのような図形上にあるか。
(2) さらに，∠A が直角のとき，点 A を表す複素数 z を求めよ。

着眼 複素数平面上では，長さを扱うときは絶対値を，角を扱うときは偏角を考えてみるのが定石である。(1)では**除外する点があるかどうか**に注意すること。

解き方 (1) A, B, C は三角形の頂点より，互いに異なる点であるから

$z \neq z^2$ かつ $z^2 \neq z^3$ かつ $z^3 \neq z$

ゆえに $z \neq 0, \pm 1$

このとき $\dfrac{z^3-z}{z^2-z}=\dfrac{z(z-1)(z+1)}{z(z-1)}=z+1$ ……①

→ これが実数になるときは，3点 A, B, C が一直線上にあることに注意

①より $\dfrac{AC}{AB}=|z+1|$ AB＝AC より $|z+1|=1$ ……②

ここで，①が実数になるときは，3 点 A, B, C が一直線上にあり，三角形の頂点にならないから，z は虚数でなければならない。

よって，点 A は，**点 -1 を中心とする半径 1 の円周上**にある。ただし，**原点と点 -2 を除く**。 ……**答**

→ よく忘れるので注意

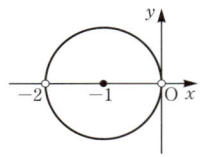

(2) ∠A が直角のとき $\arg\dfrac{z^3-z}{z^2-z}=\pm\dfrac{\pi}{2}$

①より $\arg(z+1)=\pm\dfrac{\pi}{2}$

これと②より $z+1=\cos\left(\pm\dfrac{\pi}{2}\right)+i\sin\left(\pm\dfrac{\pi}{2}\right)$ （複号同順）

よって $z=-1\pm i$ ……**答**

---

31 複素数平面上の △ABC の外側に，辺 BC, CA, AB を斜辺とする 3 つの直角二等辺三角形 BCD, CAE, ABF を作り，点 A, B, C, D, E, F を表す複素数をそれぞれ α, β, γ, z_1, z_2, z_3 とする。ただし，3 点 A, B, C は右の図のように反時計まわりにこの順で並んでいるものとする。**差がつく**

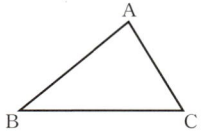

(1) z_1, z_2, z_3 をそれぞれ α, β, γ で表せ。
(2) AD＝EF，AD⊥EF を証明せよ。

5 2次曲線

★ テストに出る重要ポイント

▶ 放物線
① 定義…平面上で，定点 F とこれを通らない定直線 ℓ から**等距離**にある点の軌跡を**放物線**といい，F をその**焦点**，ℓ をその**準線**という。
② 標準形
　(i) $y^2 = 4px$　焦点 F の座標は $(p, 0)$
　(ii) $x^2 = 4py$　焦点 F の座標は $(0, p)$
③ 頂点，準線，軸
　(i) $y^2 = 4px$：頂点 O $(0, 0)$，準線 $x = -p$，軸 $y = 0$（x 軸）
　(ii) $x^2 = 4py$：頂点 O $(0, 0)$，準線 $y = -p$，軸 $x = 0$（y 軸）

▶ 楕円
① 定義…平面上で，異なる 2 定点 F, F′ からの距離の**和が一定値**である点の軌跡を**楕円**といい，定点 F, F′ をその**焦点**という。
② 標準形
　$\dfrac{x^2}{a^2} + \dfrac{y^2}{b^2} = 1 \ (a > 0, \ b > 0)$
　(i) $a > b > 0$ のとき，焦点の座標は $(c, 0), (-c, 0) \ (c = \sqrt{a^2 - b^2})$
　(ii) $b > a > 0$ のとき，焦点の座標は $(0, c), (0, -c) \ (c = \sqrt{b^2 - a^2})$

▶ 双曲線
① 定義…平面上で，異なる 2 定点 F, F′ からの距離の**差が 0 でない一定値**である点の軌跡を**双曲線**といい，定点 F, F′ をその**焦点**という。
② 標準形
　(i) $\dfrac{x^2}{a^2} - \dfrac{y^2}{b^2} = 1$　焦点の座標は $(c, 0), (-c, 0) \ (c = \sqrt{a^2 + b^2})$
　(ii) $\dfrac{x^2}{a^2} - \dfrac{y^2}{b^2} = -1$　焦点の座標は $(0, c), (0, -c) \ (c = \sqrt{a^2 + b^2})$
③ 主軸と漸近線
　(i) 2 点 F, F′ を焦点とする双曲線が，直線 FF′ と交わる 2 点を双曲線の**頂点**といい，線分 FF′ の中点を**中心**という。また直線 FF′ を**主軸**という。

$\dfrac{x^2}{a^2} - \dfrac{y^2}{b^2} = 1$　頂点の座標は $(a, 0)$, $(-a, 0)$

$\dfrac{x^2}{a^2} - \dfrac{y^2}{b^2} = -1$　頂点の座標は $(0, b)$, $(0, -b)$

(ii) 2直線 $y = \pm \dfrac{b}{a} x$ が，この双曲線の漸近線である。

● **2次曲線**…放物線，楕円，双曲線をまとめて **2次曲線** という。
一般に，x, y の2次方程式 $ax^2 + bxy + cy^2 + dx + ey + f = 0$ の表す図形は(i)何も表さない，(ii)1点，(iii)2直線(重なる場合も含む)，(iv)楕円(円を含む)，(v)放物線，(vi)双曲線のいずれかである。

● 離心率と準線…平面上で，定点 F とこれを通らない定直線 ℓ が与えられていて，動点 P の定点 F からの距離 PF と，定直線 ℓ からの距離 PH との比の値 $e = \dfrac{\text{PF}}{\text{PH}}$ が一定のとき，点 P の軌跡は次のような2次曲線になる。（$p.20$ の例題研究参照）
(i) $e = 1$ のとき，F を焦点とする **放物線**
(ii) $0 < e < 1$ のとき，F を焦点の1つとする **楕円**
(iii) $e > 1$ のとき，F を焦点の1つとする **双曲線**
また，e の値を2次曲線の離心率，ℓ を準線という。

● **曲線の平行移動**…方程式 $f(x, y) = 0$ で表される曲線を，x 軸方向に p, y 軸方向に q だけ平行移動した曲線の方程式は
$$f(x - p, y - q) = 0$$

基本問題　　　　　　　　　　　　　　解答 ➡ 別冊 $p.10$

32 次の定点と定直線への距離が等しい点の軌跡の方程式を求めよ。
□ (1) 定点 $(2, 0)$, 定直線 $x = -2$　　□ (2) 定点 $(0, -2)$, 定直線 $y = 2$

33 次の焦点と準線をもつ放物線の方程式を求めよ。また，グラフをかけ。
□ (1) 焦点 $(4, 0)$, 準線 $x = -4$　　□ (2) 焦点 $(0, -4)$, 準線 $y = 4$

34 次の放物線の焦点，頂点の座標，軸，準線の方程式を求めよ。
□ (1) $(y - 1)^2 = 4(x - 1)$　　□ (2) $(x + 1)^2 = 4(y + 1)$

例題研究 点 A(0, 2) を中心とする半径 1 の円に外接し，x 軸に接する円の中心 C の軌跡を求めよ。

着眼 条件を満たす点を C(x, y) とすれば，A，C 間の距離が円 A と円 C の半径の和に等しい。このことを x，y を使って表す。

解き方 円の中心を C(x, y) とすれば，題意より $y>0$ で円 C の半径は y，円 A と円 C との中心間の距離は $\sqrt{x^2+(y-2)^2}$ となる。また，中心間の距離が半径の和に等しいから

$\sqrt{x^2+(y-2)^2} = y+1$
$x^2+(y-2)^2 = (y+1)^2$
$x^2 = 6y-3$

よって **放物線 $x^2 = 6\left(y-\dfrac{1}{2}\right)$** ……**答**

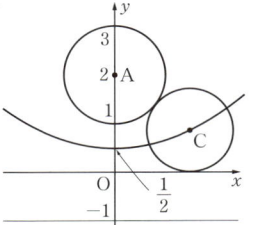

35 点 A(2, 0) を中心とする半径 1 の円に外接し，y 軸に接する円の中心 C の軌跡を求めよ。

36 放物線 $y^2=4px$ の頂点を一端とする弦の中点の軌跡を求めよ。なお，弦とは曲線上の 2 点を結ぶ線分のことである。

37 次の問いに答えよ。
(1) 2 定点 F(3, 0), F'(−3, 0) からの距離の和が 10 である点 P の軌跡の方程式を求めよ。
(2) 2 定点 F(0, 3), F'(0, −3) からの距離の和が 10 である点 P の軌跡の方程式を求めよ。

38 次の楕円の長軸，短軸の長さおよび焦点の座標を求めよ。また，その楕円の概形をかけ。◀テスト必出
(1) $4x^2+5y^2=20$　　(2) $x^2+4y^2=4$

39 次の楕円の方程式を求めよ。
(1) 2 つの焦点が F(3, 0), F'(−3, 0)，長軸の長さ 8 の楕円
(2) 2 つの焦点が F(0, 3), F'(0, −3)，短軸の長さ 8 の楕円
(3) 2 つの焦点が F(1, 4), F'(1, 0) で点 (0, 2) を通る楕円

例題研究 次の楕円の長軸,短軸の長さおよび焦点の座標を求めよ。また,その楕円の概形をかけ。 $4x^2-8x+9y^2-18y-23=0$

着眼 与式を楕円の標準形に変形する。楕円の概形をかくには,中心がどこになるか,長軸,短軸の長さがどうなるかに注意すればよい。

解き方 $4x^2-8x+9y^2-18y-23=0$ を変形すると
$$4x^2-8x+4+9y^2-18y+9=36$$
$$4(x^2-2x+1)+9(y^2-2y+1)=36$$
$$\frac{(x-1)^2}{3^2}+\frac{(y-1)^2}{2^2}=1$$

よって,**長軸の長さ 6,短軸の長さ 4**
焦点の座標 $(1+\sqrt{5},\ 1),\ (1-\sqrt{5},\ 1)$ ……**答**
概形は右の図

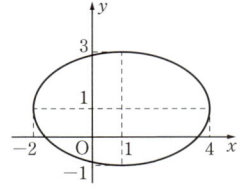

40 次の楕円の長軸,短軸の長さおよび焦点の座標を求めよ。また,その楕円の概形をかけ。
(1) $2x^2-8x+y^2+2y+5=0$
(2) $x^2+4y^2-6x+8y+12=0$

41 長さ 7 の線分 AB の両端 A,B がそれぞれ x 軸,y 軸上を動くとき,線分 AB を 4:3 に内分する点 P の軌跡を求めよ。

42 2 定点 F(5, 0),F'(−5, 0) からの距離の差が 8 である点の軌跡の方程式を求めよ。

43 次の双曲線の焦点,頂点の座標および漸近線の方程式を求めよ。また,その双曲線の概形をかけ。
(1) $\dfrac{x^2}{9}-\dfrac{y^2}{16}=1$
(2) $3x^2-4y^2=-12$

44 焦点が $(\sqrt{13},\ 0),\ (-\sqrt{13},\ 0)$ で,漸近線が $y=\pm\dfrac{2}{3}x$ であるような双曲線の方程式を求めよ。 ◀テスト必出

45 焦点が $(0,\ \sqrt{5}),\ (0,\ -\sqrt{5})$ で,頂点間の距離が 4 であるような双曲線の方程式を求めよ。

例題研究 次の双曲線の焦点，頂点，中心の座標および漸近線の方程式を求めよ。また，その双曲線の概形をかけ。

$$\frac{(x-1)^2}{9}-\frac{(y+1)^2}{4}=1$$

着眼 双曲線の標準形 $\frac{(x-p)^2}{a^2}-\frac{(y-q)^2}{b^2}=1$ において，$c=\sqrt{a^2+b^2}$ として焦点の座標 $F(p+c,\ q)$，$F'(p-c,\ q)$ がわかる。

解き方 $a=3$，$b=2$ より $c=\sqrt{9+4}=\sqrt{13}$
よって，**焦点は $(1+\sqrt{13},\ -1)$，$(1-\sqrt{13},\ -1)$**
頂点は $(4,\ -1)$，$(-2,\ -1)$
中心は $(1,\ -1)$
漸近線は $y+1=\pm\frac{2}{3}(x-1)$ より

$$y=\frac{2}{3}x-\frac{5}{3},\ y=-\frac{2}{3}x-\frac{1}{3}$$

概形は右の図のようになる。……**答**

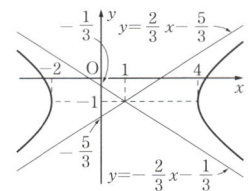

46 次の双曲線の焦点，頂点，中心の座標および漸近線の方程式を求めよ。また，その双曲線の概形をかけ。

(1) $\dfrac{(x+1)^2}{4}-\dfrac{(y-1)^2}{9}=1$　　(2) $\dfrac{(x-1)^2}{9}-\dfrac{(y-1)^2}{16}=-1$

応用問題　　　　　　　　　　　　　　　　　　　　　解答 ⇒ 別冊 p.12

47 2次関数 $y=ax^2+bx+c$ のグラフは，どのような焦点，頂点，軸，準線をもつ放物線か。

48 円 $x^2+y^2=4x$ の中心を焦点とし，直線 $x=-4$ を準線とする放物線の方程式を求めよ。　◁**差がつく**

49 次の問いに答えよ。

(1) 原点 O と 2 点 A(0, 6)，B(8, 2) を通り，x 軸に平行な対称軸をもつ放物線の方程式を求めよ。

(2) 線分 OA 上の点 P(0, t) を通り，y 軸に垂直な直線が，(1)の放物線と交わる点を Q とする。△OPQ の面積 S を t の関数として表せ。

例題研究 定点 F(1, 0) と直線 $\ell : x = -1$ が与えられている。動点 P の点 F からの距離 PF と，直線 ℓ からの距離 PH との比の値 $e = \dfrac{\text{PF}}{\text{PH}}$ (>0) が一定のとき，点 P の軌跡を e の値で分類せよ。

着眼 動点 P の座標を (x, y) とおくと
$\text{PF} = \sqrt{(x-1)^2 + y^2}$, $\text{PH} = |x+1|$ である。

解き方 $\text{P}(x, y)$ とおく。

$e = \dfrac{\text{PF}}{\text{PH}}$ すなわち $\text{PF} = e\text{PH}$ だから

$$\sqrt{(x-1)^2 + y^2} = e|x+1|$$

両辺を 2 乗して整理すると

$$(1-e^2)x^2 + y^2 - 2(1+e^2)x + 1 - e^2 = 0 \quad (e > 0) \quad \cdots\cdots ①$$

$e = 1$ のとき，①は $y^2 = 4x$ これは放物線である。

$e \neq 1$ のとき，①の両辺を $1 - e^2$ で割って

$$x^2 - 2 \cdot \dfrac{1+e^2}{1-e^2} x + \dfrac{y^2}{1-e^2} = -1$$

$$\dfrac{\left(x - \dfrac{1+e^2}{1-e^2}\right)^2}{\left(\dfrac{2e}{1-e^2}\right)^2} + \dfrac{y^2}{\dfrac{4e^2}{1-e^2}} = 1 \quad \cdots\cdots ②$$

よって，$0 < e < 1$ のとき，②の y^2 の項の分母は正だから，楕円

$e > 1$ のとき，②の y^2 の項の分母は負だから，双曲線

すなわち，**$0 < e < 1$ のとき楕円，$e = 1$ のとき放物線，$e > 1$ のとき双曲線である。** ……**答**

50 放物線 $y^2 = 4px$ $(p > 0)$ の頂点を直角の頂点とし，この放物線上の他の 2 点を 2 つの頂点とする直角三角形の斜辺の中点はどのような図形を描くか。

51 点 A(1, 1) を通る直線が x 軸，y 軸と交わる点をそれぞれ Q, R とするとき，長方形 OQPR の頂点 P の軌跡を求めよ。

6 媒介変数表示

★ テストに出る重要ポイント

- **媒介変数表示**…一般に，平面上の曲線 C が，変数 t によって
  $$x=f(t), \quad y=g(t)$$
  のような形に表されたとき，これを曲線 C の**媒介変数表示**または**パラメータ表示**といい，変数 t を**媒介変数**または**パラメータ**という。

- **2次曲線の媒介変数表示**
  ① 円　$x^2+y^2=r^2 \longrightarrow x=r\cos\theta, \quad y=r\sin\theta$
  ② 楕円　$\dfrac{x^2}{a^2}+\dfrac{y^2}{b^2}=1 \longrightarrow x=a\cos\theta, \quad y=b\sin\theta$
  ③ 双曲線　$\dfrac{x^2}{a^2}-\dfrac{y^2}{b^2}=1 \longrightarrow x=\dfrac{a}{\cos\theta}, \quad y=b\tan\theta$
  ④ 放物線　$y^2=4px \longrightarrow x=pt^2, \quad y=2pt$

基本問題　　　　　　　　　　　　　　　　　　　　　　解答 ▶ 別冊 p.13

52 角 θ を媒介変数として，円 $x^2+y^2=16$ を表せ。

53 点 $P(x, y)$ の座標が次のように表されるとき，点 P はどのような曲線上にあるか。その方程式を求めよ。【テスト必出】

(1) $\begin{cases} x=\sin\theta+1 \\ y=2\cos\theta-3 \end{cases}$　　　(2) $\begin{cases} x=4t \\ y=16t^2-4t+3 \end{cases} (t \geqq 0)$

54 次の各放物線において，t の値が変化するとき，頂点はどのような曲線上を動くか。

(1) $y=-x^2+2tx+t^2+2t+2$　　　(2) $y=2x^2+2tx-t^2-3$

55 角 θ を媒介変数として，次の曲線を表せ。

(1) $x^2-6x+y^2=0$　　　(2) $\dfrac{(x+1)^2}{4}-\dfrac{(y-1)^2}{9}=1$

応用問題

解答 ➡ 別冊 *p. 13*

例題研究 点 $P(x, y)$ の座標が媒介変数 t で次のように表されたとき，点 P はどのような曲線を描くか。 $x = t^2 + \dfrac{1}{t^2}, \ y = t + \dfrac{1}{t}$

着眼 媒介変数 t を消去する。その際，$x, \ y$ の値の範囲を求め，図形全体を表すかどうかを調べる必要がある。

解き方 $x = t^2 + \dfrac{1}{t^2} = \left(t + \dfrac{1}{t}\right)^2 - 2 = y^2 - 2$

すなわち $y^2 = x + 2$
また，相加平均と相乗平均の関係より
$\quad x = t^2 + \dfrac{1}{t^2} \geqq 2\sqrt{t^2 \cdot \dfrac{1}{t^2}} = 2$
ゆえに $x \geqq 2$
　　　↳ x の変域がポイント
よって **放物線 $y^2 = x + 2 \ (x \geqq 2)$** ……**答**

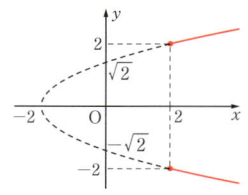

56 次の式で表される点 (x, y) は，どのような曲線を描くか。
$\quad x = \dfrac{1 + t^2}{1 - t^2}, \ y = \dfrac{2t}{1 - t^2}$

57 θ が $0 \leqq \theta \leqq \pi$ の範囲を動くとき，$x = \sin\theta + \cos\theta, \ y = \sin 2\theta$ で表される点 (x, y) はどのような曲線上を動くか，図示せよ。 **差がつく**

📖 **ガイド** $(\sin\theta + \cos\theta)^2 = \sin^2\theta + 2\sin\theta\cos\theta + \cos^2\theta = 1 + \sin 2\theta$ を利用する。

58 双曲線 $x^2 - y^2 = 2$ と直線 $y = x - t$ の交点の座標を t を用いて表せ。

59 円 $x^2 + y^2 - 2x\cos t - 2y\sin t = 0$ の中心 P は，t の値が変化するとき，どのような曲線上にあるか。

📖 **ガイド** 円の中心 P の座標を求めるには，与式を円の標準形に変形すればよい。

60 θ が $0 \leqq \theta \leqq \pi$ の範囲で変化するとき，
$$x = a\cos^2\theta + b\sin^2\theta, \quad y = \frac{1}{2}(a-b)\sin 2\theta$$
で表される点 (x, y) は，どのような曲線上にあるか。ただし，a, b は $a \neq b$ を満たす定数とする。

例題研究 点 $P(x, y)$ が楕円 $x^2 + \dfrac{y^2}{16} = 1$ 上を動くとき，$4x^2 + xy + \dfrac{y^2}{2}$ の最大値および最小値を求めよ。

着眼 楕円上の点 $P(x, y)$ を媒介変数 θ を用いて表し，$4x^2 + xy + \dfrac{y^2}{2}$ を θ についての三角関数で表す。

解き方 楕円 $x^2 + \dfrac{y^2}{16} = 1$ 上の点 $P(x, y)$ は $x = \cos\theta, y = 4\sin\theta$ と表せるから

$$\begin{aligned}
4x^2 + xy + \frac{y^2}{2} &= 4\cos^2\theta + 4\cos\theta\sin\theta + 8\sin^2\theta \\
&= 4 \cdot \frac{1+\cos 2\theta}{2} + 2\sin 2\theta + 8 \cdot \frac{1-\cos 2\theta}{2} \\
&= 2\sin 2\theta - 2\cos 2\theta + 6 \\
&= 2\sqrt{2}\sin\left(2\theta - \frac{\pi}{4}\right) + 6
\end{aligned}$$

$-1 \leqq \sin\left(2\theta - \dfrac{\pi}{4}\right) \leqq 1$ より

$$-2\sqrt{2} + 6 \leqq 4x^2 + xy + \frac{y^2}{2} \leqq 2\sqrt{2} + 6$$

ゆえに，**最大値 $2\sqrt{2}+6$，最小値 $-2\sqrt{2}+6$** ……**答**

---

61 点 $P(x, y)$ が楕円 $2x^2 + 3y^2 = 6$ 上を動くとき，次の式の最大値，最小値を求めよ。**差がつく**

(1) $x - y$ 　　　　　　　　　　　(2) $\sqrt{2}x^2 - xy$

62 $x + y\sin\theta = a(1+\cos\theta)$，$x\sin\theta + y = a\sin\theta$ から θ を消去せよ。また，この θ を消去した式は (x, y) を直交座標とすれば，どのような曲線を表すか。ただし，$\cos\theta \neq 0$，$a > 0$ とする。

7 極座標と極方程式

★ テストに出る重要ポイント

- **極座標**…平面上に基準となる点 O をとり,O から半直線 OX を引く。この平面上の点 P に対して,P の座標を,OP の長さ r と OP が OX となす角 θ で表すことができる。このときの r,θ の組 (r, θ) を P の**極座標**という。

- **極座標と直交座標の関係**
  ① $x = r\cos\theta,\ y = r\sin\theta$
  ② $r = \sqrt{x^2 + y^2},\ \cos\theta = \dfrac{x}{r},\ \sin\theta = \dfrac{y}{r}$

- **極方程式**…極座標 (r, θ) に関する方程式を**極方程式**という。
  ① 直線の極方程式
    (i) 極 O を通り,始線とのなす角が θ_0 の直線の極方程式は $\theta = \theta_0$
    (ii) 点 $H(p, \alpha)$ を通り,線分 OH と垂直な直線の極方程式は
    $$r\cos(\theta - \alpha) = p$$
  ② 円の極方程式
    (i) 極 O を中心とする半径 r_0 の円の極方程式は
    $$r = r_0$$
    (ii) 中心 (r_0, θ_0) で,半径 a の円の極方程式は
    $$a^2 = r^2 + r_0^2 - 2rr_0\cos(\theta - \theta_0)$$
  ③ 2次曲線の極方程式
    右の図のように定点 F と定直線 ℓ が与えられていて,F を極,FX を始線とするとき,$\dfrac{PF}{PH} = e$ を満たす点 P の軌跡の極方程式は $r = \dfrac{ea}{1 - e\cos\theta}$

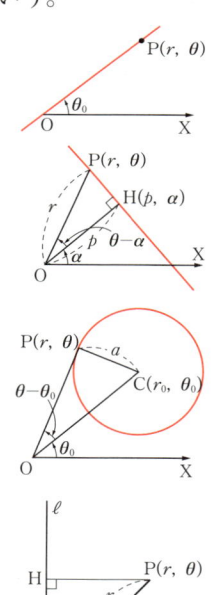

基本問題

63 次の極座標をもつ点の直交座標を求めよ。

(1) $\left(2, \dfrac{\pi}{3}\right)$　　(2) $\left(\sqrt{3}, -\dfrac{\pi}{3}\right)$　　(3) $\left(3, \dfrac{\pi}{2}\right)$

64 次の直交座標をもつ点の極座標を求めよ。ただし，偏角 θ は $0 \leqq \theta < 2\pi$ とする。

(1) $(-2, 2)$　　(2) $(1, \sqrt{3})$　　(3) $(3\sqrt{3}, -3)$

例題研究 極座標で表された2点 $P\left(2, \dfrac{5}{6}\pi\right)$, $Q\left(3, \dfrac{\pi}{2}\right)$ 間の距離を求めよ。

着眼 2点の座標を直交座標に直してもよいが手間がかかるので，余弦定理 $PQ^2 = r_1^2 + r_2^2 - 2r_1 r_2 \cos(\theta_1 - \theta_2)$ を利用すればよい。

解き方 余弦定理を用いて
$$PQ^2 = 2^2 + 3^2 - 2 \cdot 2 \cdot 3 \cos\left(\dfrac{5}{6}\pi - \dfrac{\pi}{2}\right) = 13 - 12\cos\dfrac{\pi}{3}$$
$$= 13 - 6 = 7$$
$PQ > 0$ より　**$PQ = \sqrt{7}$** ……答

---

65 極座標で表された次の2点 P, Q 間の距離を求めよ。

(1) $P\left(1, \dfrac{5}{6}\pi\right)$, $Q\left(2, \dfrac{\pi}{6}\right)$　　(2) $P\left(2, \dfrac{3}{4}\pi\right)$, $Q\left(\sqrt{2}, \dfrac{\pi}{2}\right)$

66 極座標が次のような点を，極 O を中心に正の方向に〔　〕内に示された角度だけ回転移動させた点の極座標を求めよ。また，その点の直交座標を求めよ。

(1) $\left(3, \dfrac{\pi}{3}\right)$ $\left[\dfrac{\pi}{2}\right]$　　(2) $\left(2\sqrt{3}, -\dfrac{\pi}{4}\right)$ $\left[\dfrac{5}{12}\pi\right]$

67 次の円の極方程式を求めよ。

(1) $x^2 + y^2 = 2$　　(2) $(x+2)^2 + (y-2)^2 = 2$

例題研究 次の極方程式を直交座標での方程式で表し,どのような図形を表すかをいえ。

(1) $r\sin\left(\theta - \dfrac{5}{4}\pi\right) = -\sqrt{2}$ 　　(2) $r^2\cos 2\theta = 1$

着眼 点 P の極座標 (r, θ) と直交座標 (x, y) の関係 $x = r\cos\theta$, $y = r\sin\theta$ を用いる。まず,三角関数の加法定理や2倍角の公式を利用する。

解き方 (1) $\sin\left(\theta - \dfrac{5}{4}\pi\right) = \sin\theta\cos\dfrac{5}{4}\pi - \cos\theta\sin\dfrac{5}{4}\pi = -\dfrac{1}{\sqrt{2}}\sin\theta + \dfrac{1}{\sqrt{2}}\cos\theta$

よって,極方程式は $r\sin\theta - r\cos\theta = 2$ となる。
ここで,$x = r\cos\theta$, $y = r\sin\theta$ であるから $y - x = 2$
すなわち **直線 $y = x + 2$** ……**答**

(2) $\cos 2\theta = \cos^2\theta - \sin^2\theta$ であるから
極方程式は $r^2(\cos^2\theta - \sin^2\theta) = 1$ すなわち $(r\cos\theta)^2 - (r\sin\theta)^2 = 1$
ここで $x = r\cos\theta$, $y = r\sin\theta$ であるから $x^2 - y^2 = 1$
すなわち **双曲線 $x^2 - y^2 = 1$** ……**答**

68 次の極方程式を直交座標での方程式で表せ。◀テスト必出

☐ (1) $r\cos\left(\theta + \dfrac{\pi}{3}\right) = 1$ 　　☐ (2) $r = \dfrac{\cos\theta}{\sin^2\theta}$ 　　☐ (3) $r = \dfrac{1}{1 + \cos\theta}$

☐ (4) $r = 4\sin\theta - 6\cos\theta$ 　　☐ (5) $r^2\sin 2\theta = 4$

69 次の各問いに答えよ。

☐ (1) 中心が $C(r_0, \theta_0)$ で,極 O を通る円の極方程式を求めよ。

☐ (2) 極方程式 $r = \sqrt{3}\cos\theta + \sin\theta$ は円を表すことを示し,その中心の極座標と半径を求めよ。

📖 **ガイド** (1) 円上の任意の点を $P(r, \theta)$ として,r と θ の関係を求める。

70 次の直線,曲線の極方程式を求めよ。◀テスト必出

☐ (1) 中心の極座標が $(2, 0)$ で,半径2の円

☐ (2) 極座標が $\left(3, \dfrac{\pi}{3}\right)$ の点 A を通り,OA に垂直な直線

応用問題

例題研究 極 O と異なる定点 $A(p, \alpha)$（ただし，$p>0$）を通り，線分 OA に垂直な直線の極方程式は $r\cos(\theta-\alpha)=p$ である。このことにより次の直線を図示せよ。

(1) $r\cos\left(\theta+\dfrac{\pi}{3}\right)=3$ (2) $r\sin\left(\dfrac{2}{3}\pi-\theta\right)=3$

着眼 直線の極方程式 $r\cos(\theta-\alpha)=p$ と比較し，定点 $A(p, \alpha)$ の位置を明らかにする。

解き方 (1) $r\cos\left\{\theta-\left(-\dfrac{\pi}{3}\right)\right\}=3$ より，

$A\left(3, -\dfrac{\pi}{3}\right)$ である。

よって，右の図の点 A を通り線分 OA に垂直な直線 ……**答**

(2) $\sin\theta=\cos\left(\dfrac{\pi}{2}-\theta\right)$ だから

$$\sin\left(\dfrac{2}{3}\pi-\theta\right)=\cos\left\{\dfrac{\pi}{2}-\left(\dfrac{2}{3}\pi-\theta\right)\right\}$$
$$=\cos\left(\theta-\dfrac{\pi}{6}\right)$$

ゆえに，$r\cos\left(\theta-\dfrac{\pi}{6}\right)=3$ より，$A\left(3, \dfrac{\pi}{6}\right)$ である。

よって，右の図の点 A を通り線分 OA に垂直な直線 ……**答**

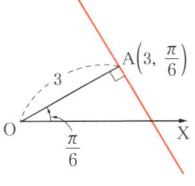

71 次の極方程式で表される直線 ℓ を図示せよ。**差がつく**

(1) $r\sin\theta=2$ (2) $r\sin\theta-\sqrt{3}r\cos\theta=4$

72 極座標で表された 2 点 $A\left(4, \dfrac{\pi}{6}\right)$，$B\left(2, \dfrac{5}{6}\pi\right)$ を通る直線の極方程式を求めよ。

73 極方程式で表された 2 直線 $r(\sqrt{3}\cos\theta+\sin\theta)=4$，$r(\cos\theta-\sin\theta)=2$ のなす角 α を求めよ。ただし，$0\leq\alpha\leq\dfrac{\pi}{2}$ とする。

例題研究 極方程式 $r = \dfrac{b}{1 - a\cos\theta}$ ($b \neq 0$, $0 < a < 1$) で与えられる曲線と，媒介変数表示された曲線 $x = \dfrac{4}{3}\cos t$, $y = \dfrac{2\sqrt{3}}{3}\sin t$ を x 軸方向に $\dfrac{2}{3}$ だけ平行移動した曲線が一致するように a, b の値を定めよ。

着眼 極方程式で表されている曲線を直交座標の方程式に直し，媒介変数表示された曲線も x, y の方程式に直して，平行移動した方程式と比較せよ。

解き方 $\cos t = \dfrac{3}{4}x$, $\sin t = \dfrac{\sqrt{3}}{2}y$ より $\cos^2 t + \sin^2 t = \dfrac{9}{16}x^2 + \dfrac{3}{4}y^2 = 1$

この曲線を x 軸方向に $\dfrac{2}{3}$ だけ平行移動した曲線の方程式は

$$\dfrac{9}{16}\left(x - \dfrac{2}{3}\right)^2 + \dfrac{3}{4}y^2 = 1$$

すなわち $\dfrac{3}{4}x^2 - x + y^2 - 1 = 0$ ……①

また，極方程式 $r = \dfrac{b}{1 - a\cos\theta}$ で表される曲線を直交座標の方程式に直すと

$r(1 - a\cos\theta) = b$ $r - ar\cos\theta = b$

$\sqrt{x^2 + y^2} - ax = b$ より移項し，両辺を2乗すると

$x^2 + y^2 = a^2x^2 + 2abx + b^2$

すなわち $(1 - a^2)x^2 - 2abx + y^2 - b^2 = 0$ ……②

①，②の方程式で表される曲線が一致することから，係数を比較して

$1 - a^2 = \dfrac{3}{4}$, $2ab = 1$, $b^2 = 1$

$0 < a < 1$ より $a = \dfrac{1}{2}$ このとき $b = 1$

よって **$a = \dfrac{1}{2}$, $b = 1$** ……**答**

74 次の問いに答えよ。

☐ (1) 極方程式 $r = \dfrac{\sqrt{6}}{2 + \sqrt{6}\cos\theta}$ の表す曲線を，直交座標 (x, y) に関する方程式で表し，その概形を図示せよ。

☐ (2) 原点を O とする。(1)の曲線上の点 $P(x, y)$ から直線 $x = a$ に下ろした垂線を PH とし，$k = \dfrac{OP}{PH}$ とおく。点 P が(1)の曲線上を動くとき，k が一定となる a の値を求めよ。また，そのときの k の値を求めよ。

8 分数関数と無理関数

★ テストに出る重要ポイント

● **分数関数**…変数 x の分数式で表される関数を x の **分数関数** という。

① $y=\dfrac{k}{x}$ のグラフは **直角双曲線** で，x 軸，y 軸を **漸近線** とする。$k>0$ ならば第 1，3 象限，$k<0$ ならば第 2，4 象限にそれぞれ存在する。また，原点に関して対称である。

② $y=\dfrac{k}{x-p}+q$ のグラフは $y=\dfrac{k}{x}$ のグラフを **x 軸方向に p，y 軸方向に q だけ平行移動** した直角双曲線である。漸近線は 2 直線 $x=p$，$y=q$

● **無理関数**…根号の中に文字を含む式を **無理式** といい，変数 x の無理式で表される関数を x の **無理関数** という。

① $y=\sqrt{ax}$ $(a \neq 0)$ のグラフは，x 軸を軸，原点を頂点とする放物線の上半分。

② $y=\sqrt{ax+b}+c$ $(a \neq 0)$ のグラフは，
定義域は $ax+b \geq 0$ で
$y=\sqrt{a\left\{x-\left(-\dfrac{b}{a}\right)\right\}}+c$ と変形できる。
これは $y=\sqrt{ax}$ のグラフを x 軸方向に $-\dfrac{b}{a}$，y 軸方向に c だけ平行移動したものである。

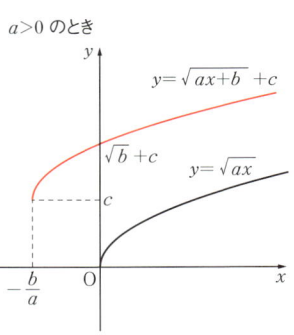

基本問題 ……………………………………………………… 解答 ➡ 別冊 $p.17$

75 次の分数関数のグラフをかけ。また，その漸近線を求めよ。

☐ (1) $y=\dfrac{1}{x-2}+3$ ☐ (2) $y=\dfrac{2}{x+1}-2$ ☐ (3) $y=-\dfrac{1}{x+1}$

☐ (4) $y=\dfrac{2x-1}{x-2}$ ☐ (5) $y=-\dfrac{x+1}{x-2}$

76 次の無理関数のグラフをかけ。また，$y=\sqrt{2x}$ のグラフとの位置関係をいえ。

(1) $y=-\sqrt{2x}$ (2) $y=\sqrt{-2x}$ (3) $y=-\sqrt{-2x}$
(4) $y=\sqrt{2x-4}$ (5) $y=\sqrt{-2x+4}$ (6) $y=\sqrt{2x+6}+2$

例題研究 2直線 $x=-1$，$y=2$ を漸近線とし，点 $(-3, 1)$ を通る直角双曲線の方程式を求めよ。

着眼 直角双曲線 $y=\dfrac{k}{x-p}+q$ の漸近線は $\boldsymbol{x=p}$，$\boldsymbol{y=q}$ である。

解き方 漸近線が2直線 $x=-1$，$y=2$ であるから，求める直角双曲線の方程式は
$y=\dfrac{k}{x+1}+2$ とおくことができる。
これが点 $(-3, 1)$ を通るから
$\quad 1=\dfrac{k}{-3+1}+2 \quad$ よって $\quad k=2$
したがって，求める方程式は $\boldsymbol{y=\dfrac{2}{x+1}+2}$ ……**答**

---

77 グラフが2点 $(1, -2)$，$(-1, 0)$ を通り，漸近線が $x=a$，$y=1$ である分数関数（分母も分子も x の1次式のもの）がある。定数 a の値と分数関数を求めよ。

78 次の関数のグラフをかき，値域を求めよ。 **テスト必出**

(1) $y=\dfrac{2x-1}{x-2} \quad (-1 \leqq x \leqq 1)$

(2) $y=\dfrac{6x-2}{2x-1} \quad (1 \leqq x \leqq 2)$

79 分数関数 $y=\dfrac{k}{2x}$ のグラフを x 軸方向に 1，y 軸方向に -1 だけ平行移動すると $y=\dfrac{-2x+6}{2x-2}$ になった。k の値を求めよ。

8 分数関数と無理関数

応用問題　　　　　　　　　　　　　　　　解答 ➡ 別冊 p.18

例題研究 (1) $y=x+1$ および $y=\dfrac{2}{x-1}$ のグラフの交点の座標を求めよ。

(2) 不等式 $x+1>\dfrac{2}{x-1}$ を解け。

[着眼] (1) 一般に，分数方程式を解くには，分母を払った方程式を解き，分母を0にする値を除けばよい。

(2) 求める解は，双曲線 $y=\dfrac{2}{x-1}$ のグラフが直線 $y=x+1$ のグラフより下側であるような x の値の集合である。

[解き方] (1) $y=x+1$ ……① $y=\dfrac{2}{x-1}$ ……②

①，②のグラフの交点の x 座標は，$x+1=\dfrac{2}{x-1}$ ……③

の解である。③の分母を払うと $(x+1)(x-1)=2$
$x^2-3=0$　よって $x=\pm\sqrt{3}$
これは，③の分母を0にしないから解である。

→ 十分性に注意せよ

①から，$x=\pm\sqrt{3}$ のとき $y=\pm\sqrt{3}+1$ （複号同順）
したがって，求める交点の座標は $(-\sqrt{3},\ -\sqrt{3}+1),\ (\sqrt{3},\ \sqrt{3}+1)$ ……[答]

(2) ①，②のグラフは右の図のようになるから，与えられた不等式の解は，②のグラフが①のグラフより下側であるような x の値の範囲である。
したがって
　　$-\sqrt{3}<x<1,\ \sqrt{3}<x$ ……[答]

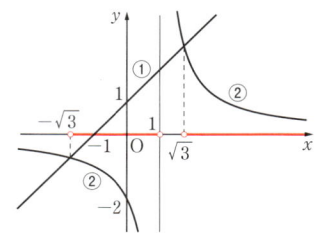

80 次の不等式を解け。

(1) $\dfrac{2x+6}{x+1}\leqq x$

(2) $\dfrac{-3x+2}{x}\leqq -x$

📖 **ガイド** (1) $\dfrac{2x+6}{x+1}=2+\dfrac{4}{x+1}$ より，$\dfrac{4}{x+1}\leqq x-2$ と変形して解く。

例題研究 グラフを利用して，$\sqrt{2x+4}-x\geqq 1$ を満たす x の値の範囲を求めよ。

着眼 $\sqrt{ax+b}>mx+n$ の形にして，両辺のグラフを考えるのがポイント。すなわち，$y=\sqrt{ax+b}$ のグラフが直線 $y=mx+n$ の上側となる x の値の範囲を求める。

解き方 $\sqrt{2x+4}-x\geqq 1$ から $\sqrt{2x+4}\geqq x+1$ ……①
ここで，$y=\sqrt{2x+4}$ ……②，$y=x+1$ ……③
とおいて，グラフをかけば右の図のようになる。
②，③のグラフの交点の x 座標は
$\quad\sqrt{2x+4}=x+1$ ……④
の解である。④の両辺を2乗して整理すれば
$\quad x^2-3=0 \quad x=\pm\sqrt{3}$
図から，④の解は，$x=\sqrt{3}$
したがって，①の解，すなわち，②のグラフが③のグラフの上側にあるか，2つのグラフが共有点をもつ x の値の範囲は $\quad\boldsymbol{-2\leqq x\leqq\sqrt{3}}$ ……**答**

81 次の不等式を解け。
(1) $-x+5\geqq\sqrt{x+1}$
(2) $x+1>\sqrt{x+3}$

82 関数 $y=\sqrt{2x-2}$ のグラフが直線 $y=x+k$ に接するように，定数 k の値を定めよ。

83 関数 $y=\dfrac{2}{x+1}$ のグラフが直線 $y=-2x+k$ に接するように，定数 k の値を定めよ。

84 関数 $y=\sqrt{2x-4}$ と $y=x+k$ のグラフの共有点の個数を調べよ。ただし，k は定数とする。 **差がつく**

85 関数 $y=\sqrt{mx+n}$ が $-1\leqq x\leqq 3$ の範囲において最大値3，最小値1をとるように，定数 m, n の値を定めよ。

9 逆関数と合成関数

★ テストに出る重要ポイント

● **逆関数**…関数 $y=f(x)$ において，x の異なる値に対して，y の異なる値がそれぞれ対応するとき，すなわち $a \neq b$ ならば $f(a) \neq f(b)$ であるとき，この関数 $f(x)$ は **1対1** であるという。関数 $y=f(x)$ が1対1であるとき，値域に含まれる y の値を1つ定めれば，それに対応する x の値がただ1つ定まる。この y から x への対応によって定まる関数を $x=f^{-1}(y)$ で表す。関数の変数には，通常 x を用いるから変数を x として，この関数を $\boldsymbol{y=f^{-1}(x)}$ と表し，$y=f(x)$ の **逆関数** という。

① 逆関数の求め方
　関数 $y=f(x)$ を x について解き，得られた関数 $x=f^{-1}(y)$ について，x と y を入れかえればよい。

② $f^{-1}(x)$ の定義域 ＝ $f(x)$ の値域
　$f^{-1}(x)$ の値域 ＝ $f(x)$ の定義域

③ 関数 $y=f(x)$ とその逆関数 $y=f^{-1}(x)$ のグラフは **直線 $y=x$ に関して対称**。

● **合成関数**…関数 $f(x)$，$g(x)$ に対して，$y=f(x)$，$z=g(y)$ とすれば，$f(x)$ の値域が $g(y)$ の定義域に含まれるとき，x を z に対応させる関数 $z=g(f(x))$ が得られる。これを関数 $f(x)$ と $g(y)$ の **合成関数** といい，$(g \circ f)(x)$ で表す。すなわち　$(g \circ f)(x) = g(f(x))$
一般には　$(g \circ f)(x) \neq (f \circ g)(x)$，$(h \circ (g \circ f))(x) = ((h \circ g) \circ f)(x)$

基本問題　　　　　　　　　　　　　　　　　　解答 → 別冊 p.20

86 次の関数の値域を求めよ。

(1) $y=2x-3$ $(-1 \leq x \leq 2)$
(2) $y=x^2+2x-1$ $(0 \leq x \leq 2)$
(3) $y=\dfrac{1}{x-1}-4$ $(2 \leq x \leq 3)$
(4) $y=\sqrt{-x-4}$ $(-8 \leq x \leq -4)$

87 次の関数の逆関数を求めよ。また，(3)，(4)については，逆関数の定義域をいえ。

(1) $y=-3x-1$
(2) $y=3x+2$
(3) $y=-x+2$ $(1 \leq x < 4)$
(4) $y=3x-2$ $(0 \leq x < 3)$

88 次の関数 $f(x)$, $g(x)$ に対して，合成関数 $(g \circ f)(x)$ と $(f \circ g)(x)$ を求めよ。

- (1) $f(x) = x-1$, $g(x) = x^2$
- (2) $f(x) = \sqrt{x}$, $g(x) = 3-x^2$
- (3) $f(x) = a^x$, $g(x) = \log_a x$ $(a>0, \ a \neq 1)$
- (4) $f(x) = \dfrac{1}{x-1}$, $g(x) = \dfrac{2x}{x+1}$

例題研究 2次関数 $y = x^2 - 2x + 5$ $(-1 \leq x \leq 1)$ の逆関数とその定義域を求めよ。

着眼 グラフを利用するとわかりやすい。
まず，右辺を平方完成しておくとよい。

解き方 $y = x^2 - 2x + 5$ ……① $-1 \leq x \leq 1$ ……②
①を変形すると $y = (x-1)^2 + 4$ ……③
となるから，②の範囲での①のグラフは右の図の黒実線部分となる。したがって，その値域は
$4 \leq y \leq 8$ ……④
①を x について解くと，③から $x - 1 = \pm\sqrt{y-4}$
②の範囲では，$x - 1 \leq 0$ であるから
$x - 1 = -\sqrt{y-4}$ $x = 1 - \sqrt{y-4}$ ……⑤
逆関数は，⑤で x と y を入れかえて $\boldsymbol{y = 1 - \sqrt{x-4}}$ ……**答**
逆関数の定義域は，④から $\boldsymbol{4 \leq x \leq 8}$ ……**答**

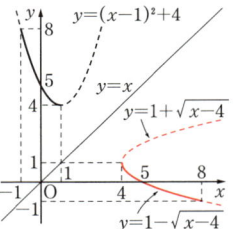

---

89 次の関数の逆関数を求めよ。また，逆関数の定義域をいえ。

- (1) $y = x^2 - 2$ $(x \geq 0)$
- (2) $y = \sqrt{x+1}$
- (3) $y = x^2 + 4x$ $(x \geq 1)$
- (4) $y = \dfrac{x-1}{x+1}$ $(x \geq 0)$

応用問題

90 次の関数の逆関数を求めよ。また，逆関数の定義域，値域を求め，そのグラフをかけ。

- (1) $y = \log_2(x-1) - 1$
- (2) $y = \left(\dfrac{1}{3}\right)^{x+1} - 1$

例題研究 関数 $f(x)=\dfrac{ax+b}{cx-d}$ $(d \neq 0)$ と $g(x)=\dfrac{-2x+3}{x-1}$ がある。
$(f \circ g)(x)=x$ となる関数 $f(x)$ を求めよ。

着眼 $(f \circ g)(x)=f(g(x))$, $(f \circ g)(x)=x$ より，x についての恒等式を解けばよい。

解き方 $(f \circ g)(x)=f(g(x))=\dfrac{ag(x)+b}{cg(x)-d}=\dfrac{a \cdot \dfrac{-2x+3}{x-1}+b}{c \cdot \dfrac{-2x+3}{x-1}-d}$

$=\dfrac{a(-2x+3)+b(x-1)}{c(-2x+3)-d(x-1)}=\dfrac{(-2a+b)x+3a-b}{(-2c-d)x+3c+d}$

$(f \circ g)(x)=x$ であるから

$\dfrac{(-2a+b)x+3a-b}{(-2c-d)x+3c+d}=x$

分母を払って整理すると

$(-2c-d)x^2+(2a-b+3c+d)x-3a+b=0$

これが x についての恒等式となるから

$-2c-d=0$ ……①　　$2a-b+3c+d=0$ ……②　　$-3a+b=0$ ……③

①より　$c=-\dfrac{1}{2}d$ ……①'　　②より　$2a-b=\dfrac{1}{2}d$ ……④

③+④より　$a=-\dfrac{1}{2}d$ ……⑤

③, ⑤より　$b=-\dfrac{3}{2}d$ ……⑥

よって，$f(x)$ に①', ⑤, ⑥を代入して　$f(x)=\dfrac{-\dfrac{1}{2}dx-\dfrac{3}{2}d}{-\dfrac{1}{2}dx-d}$

$d \neq 0$ であるから，求める関数 $f(x)$ は　$\boldsymbol{f(x)=\dfrac{x+3}{x+2}}$ ……**答**

91 関数 $f(x)=x-2$, $g(x)=3x+4$ がある。$(h \circ f)(x)=g(x)$ を満たす1次関数 $h(x)$ を求めよ。

92 $f(x)=x^2+1$, $g(x)=2x+3$ に対して
(1) $g(h(x))=f(x)$ を満たす関数 $h(x)$ を求めよ。
(2) $k(g(x))=f(x)$ を満たす関数 $k(x)$ を求めよ。

例題研究 分数関数 $f(x)=\dfrac{ax-b}{x-c}$ がある。逆関数 $f^{-1}(x)$ は $f^{-1}(1)=6$ を満たし，合成関数 $(f \circ f)(x)$ は $(f \circ f)\left(\dfrac{9}{4}\right)=1$ を満たしている。また，$y=f(x)$ のグラフの漸近線の1つは $y=2$ である。定数 a，b，c の値を求めよ。

着眼 逆関数の存在する関数は **1対1** である。よって $f(\alpha)=f(\beta)$ ならば $\alpha=\beta$
$y=\dfrac{k}{x-p}+q$ の漸近線は $x=p$，$y=q$ である。

解き方 $f(x)=\dfrac{ax-b}{x-c}=\dfrac{ac-b}{x-c}+a$ で $y=2$ が漸近線だから $a=2$
$f^{-1}(1)=6$ より $f(6)=1$
$(f \circ f)\left(\dfrac{9}{4}\right)=1$ だから $f(6)=(f \circ f)\left(\dfrac{9}{4}\right)=f\left(f\left(\dfrac{9}{4}\right)\right)$
$f(x)$ は1対1だから $6=f\left(\dfrac{9}{4}\right)$
$f(6)=1$ より $\dfrac{2 \cdot 6-b}{6-c}=1$ $12-b=6-c$ ……①
$f\left(\dfrac{9}{4}\right)=6$ より $\dfrac{2 \cdot \dfrac{9}{4}-b}{\dfrac{9}{4}-c}=6$ $\dfrac{9}{2}-b=\dfrac{27}{2}-6c$ ……②
①，②より $b=9$，$c=3$
よって $\boldsymbol{a=2}$，$\boldsymbol{b=9}$，$\boldsymbol{c=3}$ ……**答**

93 関数 $f(x)=\dfrac{ax+b}{x+c}$ の逆関数 $f^{-1}(x)$ は $f^{-1}(0)=2$ を満たし，$y=f(x)$ と $y=f^{-1}(x)$ のグラフは点 $(1, 1)$ を共有している。また，$y=f(x)$ の漸近線の1つは $x=3$ である。定数 a，b，c の値を求めよ。**◀差がつく**

94 関数 $f(x)=a+\dfrac{b}{2x-1}$ の逆関数が $g(x)=c+\dfrac{2}{x-1}$ であるとき，定数 a，b，c の値を求めよ。

95 関数 $f(x)=ax+b$ の逆関数がもとの関数と一致するための必要十分条件を求めよ。
　ガイド $a=0$，$a \neq 0$ の場合に分けて考える。

10 数列の極限

★ テストに出る重要ポイント

● 無限数列の極限値
項が限りなく続く数列(**無限数列**){a_n}で n が限りなく大きくなるとき，a_n が一定の値 α に限りなく近づくならば {a_n} は α に**収束する**といい，α をその**極限値**という。

$$\lim_{n\to\infty} a_n = \alpha \quad \text{または} \quad n\to\infty \text{ のとき } a_n \to \alpha \quad \text{と表す。}$$

また，数列 {a_n} が収束しないとき，数列 {a_n} は**発散する**という。

● 無限数列の収束・発散

収束　　$\lim_{n\to\infty} a_n = \alpha$　　（極限値 α）

発散　$\begin{cases} \lim_{n\to\infty} a_n = \infty & \text{（正の無限大に発散する）} \\ \lim_{n\to\infty} a_n = -\infty & \text{（負の無限大に発散する）} \\ \text{振動する} & \text{（極限はない）} \end{cases}$

● 数列の極限値の性質

数列 {a_n}，{b_n} が収束し，$\lim_{n\to\infty} a_n = \alpha$, $\lim_{n\to\infty} b_n = \beta$ のとき

① $\lim_{n\to\infty} k a_n = k\alpha$　　（ただし，k は定数）

② $\lim_{n\to\infty} (a_n \pm b_n) = \alpha \pm \beta$　　（複号同順）

③ $\lim_{n\to\infty} a_n b_n = \alpha\beta$　　④ $\lim_{n\to\infty} \dfrac{a_n}{b_n} = \dfrac{\alpha}{\beta}$　　（ただし，$\beta \neq 0$）

● 数列の極限と不等式

① $\lim_{n\to\infty} a_n = \alpha$, $\lim_{n\to\infty} b_n = \beta$ のとき，すべての n に対して

○ $a_n \leqq b_n$ ならば $\alpha \leqq \beta$

○ $a_n \leqq c_n \leqq b_n$ かつ $\alpha = \beta$ ならば $\lim_{n\to\infty} c_n = \alpha$　　（**はさみうちの原理**）

② すべての n に対して $a_n \leqq b_n$ かつ $\lim_{n\to\infty} a_n = \infty$ ならば $\lim_{n\to\infty} b_n = \infty$

第3章 関数と極限

基本問題

96 次の数列の収束，発散を調べよ．

(1) $1, \dfrac{4}{3}, \dfrac{5}{3}, 2, \dfrac{7}{3}, \cdots$

(2) $1, -\dfrac{1}{3}, \dfrac{1}{9}, -\dfrac{1}{27}, \cdots$

(3) $2, 0, -2, -4, \cdots$

(4) $2, 1, 2, 1, \cdots$

97 次の無限数列を第4項まで求めて，極限を調べよ．

(1) $\left\{1+\dfrac{1}{n}\right\}$

(2) $\{3n\}$

(3) $\{4-3n\}$

98 次の数列の収束，発散を調べよ．

(1) $\{\sqrt{n+1}\}$

(2) $\{(-1)^n+2\}$

(3) $\left\{-\dfrac{2}{n^2}\right\}$

例題研究 次の極限を求めよ．

(1) $\displaystyle\lim_{n\to\infty}\dfrac{3n^2-2n}{4n^2+1}$

(2) $\displaystyle\lim_{n\to\infty}\dfrac{3n^3+4n}{(n-1)(n+2)}$

着眼 分母，分子がともに n の整式になっている．このような場合，分母の最高次の項で，分母，分子を割るとうまくいく場合が多い．

解き方 (1) $\displaystyle\lim_{n\to\infty}\dfrac{3n^2-2n}{4n^2+1}=\lim_{n\to\infty}\dfrac{3-\dfrac{2}{n}}{4+\dfrac{1}{n^2}}=\dfrac{3}{4}$ ……**答**

(2) $\displaystyle\lim_{n\to\infty}\dfrac{3n^3+4n}{(n-1)(n+2)}=\lim_{n\to\infty}\dfrac{3n+\dfrac{4}{n}}{\left(1-\dfrac{1}{n}\right)\left(1+\dfrac{2}{n}\right)}=\infty$ ……**答**

---

99 次の極限を求めよ．

(1) $\displaystyle\lim_{n\to\infty}\dfrac{3n-4}{n-1}$

(2) $\displaystyle\lim_{n\to\infty}\dfrac{2n^2+4n}{3n^2-4}$

(3) $\displaystyle\lim_{n\to\infty}\dfrac{(2+n)(5n-1)}{2n^2+1}$

(4) $\displaystyle\lim_{n\to\infty}\dfrac{3n^2+5}{n(n-1)(n+1)}$

例題研究▶ 次の極限を求めよ。

(1) $\lim_{n\to\infty}\sqrt{n+1}(\sqrt{n+2}-\sqrt{n})$ (2) $\lim_{n\to\infty}(3n^2-4n^3)$

[着眼] (1)のような無理式の場合は，分母が1の分数と考えて，分子の有理化を行うとうまくいく場合が多い。
(2)のような場合は，最高次の項をかっこの外にくくり出すとよい。

[解き方] (1) $\lim_{n\to\infty}\sqrt{n+1}(\sqrt{n+2}-\sqrt{n})$
→ $\sqrt{n+2}+\sqrt{n}$ を分母・分子に掛ける

$= \lim_{n\to\infty}\sqrt{n+1}\cdot\dfrac{(\sqrt{n+2}-\sqrt{n})(\sqrt{n+2}+\sqrt{n})}{\sqrt{n+2}+\sqrt{n}}$

$= \lim_{n\to\infty}\dfrac{2\sqrt{n+1}}{\sqrt{n+2}+\sqrt{n}}$

$= \lim_{n\to\infty}\dfrac{2\sqrt{1+\dfrac{1}{n}}}{\sqrt{1+\dfrac{2}{n}}+1} = \dfrac{2}{1+1} = 1$ ……答

(2) $\lim_{n\to\infty}(3n^2-4n^3) = \lim_{n\to\infty}n^3\left(\dfrac{3}{n}-4\right) = -\infty$ ……答

---

100 次の極限を求めよ。 ◀テスト必出

(1) $\lim_{n\to\infty}(\sqrt{n^2+2n-3}-n)$ (2) $\lim_{n\to\infty}(n-3)(5-n)$

(3) $\lim_{n\to\infty}\dfrac{\sqrt{n+1}-\sqrt{n+2}}{\sqrt{n+1}-\sqrt{n}}$ (4) $\lim_{n\to\infty}\dfrac{1}{\sqrt{n+1}-\sqrt{n}}$

応用問題 ……………………………………………… 解答 → 別冊 p.23

101 次の極限を求めよ。

(1) $\lim_{n\to\infty}\dfrac{1+2+3+\cdots+n}{n^2}$ (2) $\lim_{n\to\infty}\dfrac{1+2+3+\cdots+n}{1+3+5+\cdots+(2n-1)}$

102 次の極限を求めよ。

(1) $\lim_{n\to\infty}\dfrac{1^2+2^2+3^2+\cdots+n^2}{n^3}$

(2) $\lim_{n\to\infty}\left(\dfrac{1+2+3+\cdots+n}{n+2}-\dfrac{n}{2}\right)$

第3章 関数と極限

例題研究▷ 一般項が次の式で表される数列の極限を求めよ。

(1) $\dfrac{(-1)^n}{\sqrt{n}}$　　　(2) $\dfrac{1}{2^n}\cos\dfrac{n\pi}{2}$

着眼 いずれも極限値を予想してみる。次に，一般項をはさむ不等式をみつけ出すとよい。（はさみうちの原理を利用する）

解き方 (1) $-1\leqq(-1)^n\leqq 1$ であるから　$-\dfrac{1}{\sqrt{n}}\leqq\dfrac{(-1)^n}{\sqrt{n}}\leqq\dfrac{1}{\sqrt{n}}$

ここで，$\displaystyle\lim_{n\to\infty}\left(-\dfrac{1}{\sqrt{n}}\right)=0$, $\displaystyle\lim_{n\to\infty}\dfrac{1}{\sqrt{n}}=0$ より　$\displaystyle\lim_{n\to\infty}\dfrac{(-1)^n}{\sqrt{n}}=\mathbf{0}$ ……**答**

(2) $-1\leqq\cos\dfrac{n\pi}{2}\leqq 1$ であるから　$-\dfrac{1}{2^n}\leqq\dfrac{1}{2^n}\cos\dfrac{n\pi}{2}\leqq\dfrac{1}{2^n}$

ここで，$\displaystyle\lim_{n\to\infty}\left(-\dfrac{1}{2^n}\right)=0$, $\displaystyle\lim_{n\to\infty}\dfrac{1}{2^n}=0$ より　$\displaystyle\lim_{n\to\infty}\dfrac{1}{2^n}\cos\dfrac{n\pi}{2}=\mathbf{0}$ ……**答**

103 次の極限値を求めよ。ただし，$[x]$ は x を超えない最大の整数を表すものとする。　**＜差がつく**

☐ (1) $\displaystyle\lim_{n\to\infty}\dfrac{\sin n\theta}{2n+1}$　　　☐ (2) $\displaystyle\lim_{n\to\infty}\dfrac{\left[\dfrac{n}{3}\right]}{n}$

104 一般項が次の式で表される数列の極限を求めよ。

☐ (1) $\log_2(2n+1)-\log_2(4n+1)$

☐ (2) $\sin\dfrac{n\pi}{n+1}$

105 数列 $\{(1+h)^n\}$ $(h>0,\ n=1,\ 2,\ 3,\ \cdots)$ について，次の問いに答えよ。

☐ (1) $(1+h)^n\geqq 1+nh$ を示せ。

☐ (2) 数列 $\{(1+h)^n\}$ の極限を求めよ。

11 無限等比数列

★ テストに出る重要ポイント

○ 無限等比数列 $\{r^n\}$ の極限

$r > 1$ のとき $\displaystyle\lim_{n \to \infty} r^n = \infty$

$r = 1$ のとき $\displaystyle\lim_{n \to \infty} r^n = 1$ ⎫
$-1 < r < 1$ のとき $\displaystyle\lim_{n \to \infty} r^n = 0$ ⎬ **収束する**

$r \leqq -1$ のとき $\{r^n\}$ は**発散(振動)**する

基本問題
解答 → 別冊 p.24

106 次の無限等比数列の極限を調べよ。

(1) $1, \dfrac{3}{2}, \dfrac{9}{4}, \dfrac{27}{8}, \cdots$

(2) $2, -1, \dfrac{1}{2}, -\dfrac{1}{4}, \cdots$

(3) $9, 3, 1, \dfrac{1}{3}, \cdots$

(4) $-4, 10, -25, \dfrac{125}{2}, \cdots$

107 次の数列の極限を調べよ。

(1) $\left\{2\left(\dfrac{1}{3}\right)^n\right\}$

(2) $\left\{\left(\dfrac{1}{\sqrt{3}}\right)^{n+1}\right\}$

(3) $\left\{-3\left(\dfrac{1}{4}\right)^n\right\}$

(4) $\left\{\left(\dfrac{5}{2}\right)^n\right\}$

(5) $\{(1-\sqrt{3})^n\}$

(6) $\left\{\left(\dfrac{1}{\sqrt{3}-\sqrt{2}}\right)^n\right\}$

108 次の数列の極限を調べよ。 **◀ テスト必出**

(1) $\left\{\dfrac{3^n+1}{2^n-3^n}\right\}$

(2) $\{3^n-2^n\}$

(3) $\{(-2)^n-3^n\}$

(4) $\left\{\dfrac{2\cdot 3^n}{3^n+(-2)^n}\right\}$

(5) $\left\{\dfrac{3^n+\sqrt{3^n}}{\sqrt{9^n}}\right\}$

📖 **ガイド** (1) 分母の最大の項 3^n で分母, 分子を割ればよい。

応用問題

例題研究 一般項 a_n が次の式で表される数列の極限を求めよ。

$$a_n = \frac{r^n - 1}{r^n + 1} \quad (r \neq -1)$$

[着眼] 無限等比数列 $\{r^n\}$ の極限が基本であるから，$|r|<1$，$r=1$，$|r|>1$ の場合に分けて考えればよい。

[解き方] $|r|<1$ のとき，$\displaystyle\lim_{n\to\infty} r^n = 0$

よって $\displaystyle\lim_{n\to\infty} \frac{r^n - 1}{r^n + 1} = \frac{0-1}{0+1} = -1$

$r=1$ のとき，$\displaystyle\lim_{n\to\infty} \frac{r^n - 1}{r^n + 1} = \frac{1-1}{1+1} = 0$

$|r|>1$ のとき，$\displaystyle\lim_{n\to\infty} \left(\frac{1}{r}\right)^n = 0$

よって $\displaystyle\lim_{n\to\infty} \frac{r^n - 1}{r^n + 1} = \lim_{n\to\infty} \frac{1 - \left(\frac{1}{r}\right)^n}{1 + \left(\frac{1}{r}\right)^n} = \frac{1-0}{1+0} = 1$

したがって **$|r|<1$ のとき -1, $r=1$ のとき 0, $|r|>1$ のとき 1** ……**答**

109 次の数列の極限を求めよ。

(1) $\left\{\dfrac{r^{n+1}}{1+r^n}\right\} \quad (r \neq -1)$

(2) $\left\{\dfrac{r^{2n}-1}{r^{2n}+1}\right\}$

(3) $\left\{\dfrac{r^n - r^{-n}}{r^n + r^{-n}}\right\} \quad (r>0)$

(4) $\left\{\dfrac{r^{n+1} - 3^{n+1}}{r^n + 3^n}\right\} \quad (r \neq -3)$

ガイド (3) $0<r<1$，$r=1$，$r>1$ の場合に分けて考える。
(4) $|r|<3$，$r=3$，$|r|>3$ の場合に分けて考える。

110 一般項 a_n が次の式で表される数列の極限を求めよ。 **差がつく**

$$a_n = \frac{r^{n+2} + 2r - 2}{r^n + 1} \quad (r \neq -1)$$

例題研究 数列 $\left\{\left(\dfrac{x}{1-2x}\right)^n\right\}$ が収束するように，実数 x の値の範囲を定め，そのときの数列の極限値を求めよ．

着眼 収束条件は $-1<$ 公比 $\leqq 1$ であるから，その不等式を解けばよい．

解き方 与えられた数列が収束する条件は，$-1<\dfrac{x}{1-2x}\leqq 1$ である．
　　　　　　　　　　　　　　　　　　　　　　　　↳ 等号をよく忘れるので注意

すなわち，$\dfrac{x}{1-2x}=1$ または $\left|\dfrac{x}{1-2x}\right|<1$ である．

(i) $\dfrac{x}{1-2x}=1$ のとき，$x=1-2x$ より　$x=\dfrac{1}{3}$

　このとき　$\displaystyle\lim_{n\to\infty}\left(\dfrac{x}{1-2x}\right)^n=1$

(ii) $\left|\dfrac{x}{1-2x}\right|<1$ のとき，$\left(\dfrac{x}{1-2x}\right)^2<1$ より　$x^2<(1-2x)^2$

　これより　$x<\dfrac{1}{3},\ 1<x$　このとき　$\displaystyle\lim_{n\to\infty}\left(\dfrac{x}{1-2x}\right)^n=0$

(i)，(ii)より，収束する条件は　$x\leqq\dfrac{1}{3},\ 1<x$ ……**答**

また，$x=\dfrac{1}{3}$ のとき，$\displaystyle\lim_{n\to\infty}\left(\dfrac{x}{1-2x}\right)^n=1$ ……**答**

　$x<\dfrac{1}{3},\ 1<x$ のとき，$\displaystyle\lim_{n\to\infty}\left(\dfrac{x}{1-2x}\right)^n=0$ ……**答**

---

111 次の数列が収束するような実数 x の値の範囲を求めよ．また，そのときの極限値を求めよ．

☐ (1) $\{x(x-1)^{n-1}\}$ 　　　　　　☐ (2) $\{(x^2-5x+5)^n\}$

☐ (3) $\left\{\left(\dfrac{x-1}{2x+3}\right)^n\right\}$ 　　　　　　☐ (4) $\left\{\left(\dfrac{3x}{x^2+2}\right)^n\right\}$

　ガイド　(1) 与えられた数列が収束する条件は，$x=0$ または $-1<x-1\leqq 1$
　　　　　(2)～(4)は，初項＝公比だから，$-1<$ 公比 $\leqq 1$ で収束条件は求められる．

12 漸化式と極限

★ テストに出る重要ポイント

- **漸化式と一般項**…一般項を求めるには，次の方法がある。
  ① 階差数列を利用する。
  ② 漸化式を変形して，等比数列に帰着させる。
  ③ 一般項を類推して，数学的帰納法で証明する。
- **漸化式と極限**…漸化式で定義された数列の極限を求めるには，上記のような方法で一般項を求め，その極限を考えればよい。なお，一般項が容易に求められないときは，まず，極限値の存在を仮定して，極限値 α を推定し，次に，α に収束することを不等式などを用いて証明すればよい。

基本問題 ………………………………………………………… 解答 ➡ 別冊 p.27

112 次の漸化式で定義される数列の極限を求めよ。

(1) $a_1=2$, $a_{n+1}=3+a_n$
(2) $a_1=1$, $a_{n+1}=2a_n$
(3) $a_1=1$, $3a_{n+1}=a_n$
(4) $a_1=2$, $a_{n+1}=-2+a_n$

例題研究 漸化式 $a_1=1$, $a_{n+1}=\dfrac{1}{3}a_n+2$ で定義される数列の極限を求めよ。

[着眼] 漸化式から一般項を求めるには，$a_{n+1}=\alpha$, $a_n=\alpha$ として α を求めて，与式を変形する。

[解き方] 漸化式 $a_{n+1}=\dfrac{1}{3}a_n+2$ は，$\alpha=\dfrac{1}{3}\alpha+2$ を満たす α

すなわち $\alpha=3$ を用いて，$a_{n+1}-3=\dfrac{1}{3}(a_n-3)$ と変形できる。
→ 定型パターンであるから，しっかり覚える

これは，数列 $\{a_n-3\}$ が初項 $a_1-3=-2$，公比 $\dfrac{1}{3}$ の等比数列であることを示している。

$$a_n-3=-2\left(\dfrac{1}{3}\right)^{n-1} \quad \text{すなわち} \quad a_n=-2\left(\dfrac{1}{3}\right)^{n-1}+3$$

よって $\displaystyle\lim_{n\to\infty}a_n=\lim_{n\to\infty}\left\{-2\left(\dfrac{1}{3}\right)^{n-1}+3\right\}=3$ ……**答**

113 次の漸化式で定義される数列の極限を求めよ。 テスト必出

- (1) $a_1=1$, $a_{n+1}=\dfrac{1}{2}a_n+1$
- (2) $a_1=-1$, $a_{n+1}=2a_n+3$
- (3) $a_1=2$, $a_{n+1}=-\dfrac{1}{3}a_n+4$

応用問題

解答 ➡ 別冊 *p.27*

例題研究　数列 $\{a_n\}$ が，$a_1=1$, $a_{n+1}=\dfrac{a_n}{2a_n+3}$ （$n=1, 2, 3, \cdots$）で定義されているとき，次の問いに答えよ。

(1) $b_n=\dfrac{1}{a_n}$ とおくとき，b_{n+1} と b_n の関係式を求めよ。
(2) a_n を n の式で表せ。
(3) $\displaystyle\lim_{n\to\infty}a_n$ を求めよ。

[着眼] (1) まず $a_n\neq 0$ であることを示し，与式の両辺の逆数をとる。
(2) b_n, b_{n+1} の関係より b_n を n で表せばよい。

[解き方] (1) $a_{n+1}=0$ と仮定すると，$\dfrac{a_n}{2a_n+3}=0$ より　$a_n=0$
よって，$a_{n+1}=a_n=a_{n-1}=\cdots=a_1=0$ となり
$a_1=1$ に反するので　$a_n\neq 0$ （$n=1, 2, 3, \cdots$）
　→ これは，よく忘れるので注意すること

与式の両辺の逆数をとると
$$\dfrac{1}{a_{n+1}}=\dfrac{2a_n+3}{a_n}\quad \dfrac{1}{a_{n+1}}=3\cdot\dfrac{1}{a_n}+2$$
したがって　$\boldsymbol{b_{n+1}=3b_n+2}$　……①　……[答]

(2) ①より　$b_{n+1}+1=3(b_n+1)$
また，$b_1=\dfrac{1}{a_1}=1$ であるから，数列 $\{b_n+1\}$ は初項 $b_1+1=2$，公比 3 の等比数列である。
$$b_n+1=2\cdot 3^{n-1} \qquad b_n=2\cdot 3^{n-1}-1$$
よって　$\boldsymbol{a_n=\dfrac{1}{b_n}=\dfrac{1}{2\cdot 3^{n-1}-1}}$　……[答]

(3) $\displaystyle\lim_{n\to\infty}a_n=\boldsymbol{0}$　……[答]

114 数列 $\{a_n\}$ が, $a_1=1$, $a_{n+1}=\dfrac{2a_n}{6a_n+1}$ ($n=1, 2, 3, \cdots$) で定義されているとき, 次の問いに答えよ。

☐ (1) $b_n=\dfrac{1}{a_n}$ とおくとき, b_{n+1} と b_n の関係式を求めよ。

☐ (2) a_n を n の式で表せ。

☐ (3) $\lim\limits_{n\to\infty} a_n$ を求めよ。

📖 ガイド　(1) まず $a_n \neq 0$ であることを示す。そのために $a_{n+1}=0$ と仮定すると, 条件に反することを示す。あとは, 与式の両辺の逆数をとれば b_{n+1} と b_n の関係が求められる。

115 数列 $a_1, a_2, a_3, \cdots, a_n, \cdots$ において, $a_1=\dfrac{1}{2}$, $a_{n+1}=\dfrac{2}{3-a_n}$ ($n=1, 2, 3, \cdots$) とするとき, 次の問いに答えよ。

☐ (1) $\dfrac{1}{1-a_n}=b_n$ とおくとき, b_n と b_{n+1} の関係式を求めよ。

☐ (2) a_n を n の式で表せ。

☐ (3) $\lim\limits_{n\to\infty} a_n$ を求めよ。

116 数列 $\{a_n\}$ が, $a_1=\dfrac{1}{2}$, $a_{n+1}=a_n+\dfrac{1}{(2n)^2-1}$ ($n\geq 1$) で定義されているとき, 次の問いに答えよ。

☐ (1) a_n を n の式で表せ。

☐ (2) $\lim\limits_{n\to\infty} a_n$ を求めよ。

117 数列 $\{a_n\}$ が, $a_1=1$, $a_{n+1}-a_n=\dfrac{1}{2}(n+1)(n+2)$ ($n=1, 2, \cdots$) で定義されているとき, 次の問いに答えよ。　◀差がつく

☐ (1) a_n を n の式で表せ。

☐ (2) $b_n=\dfrac{1}{3a_n}$ とするとき, $\sum\limits_{k=1}^{n} b_k$ を求めよ。

☐ (3) $\lim\limits_{n\to\infty}\sum\limits_{k=1}^{n} b_k$ を求めよ。

例題研究 $a_1=2$, $a_{n+1}=\dfrac{1}{2}\left(a_n+\dfrac{3}{a_n}\right)$ を満たす数列 $\{a_n\}$ について，次の問いに答えよ。

(1) $0 \leqq a_{n+1}-\sqrt{3} \leqq \dfrac{1}{2}(a_n-\sqrt{3})$ を示せ。

(2) $\displaystyle\lim_{n\to\infty} a_n$ を求めよ。

着眼 (1) $a_n>0$ は明らかである。「大小関係は差をとれ」が鉄則である。
(2) はさみうちの原理を利用する。

解き方 (1) $a_n>0$ は明らかである。
$$a_{n+1}-\sqrt{3}=\dfrac{1}{2}\left(a_n+\dfrac{3}{a_n}\right)-\sqrt{3}=\dfrac{a_n{}^2+3-2\sqrt{3}\,a_n}{2a_n}$$
$$=\dfrac{(a_n-\sqrt{3})^2}{2a_n}\geqq 0$$
よって $a_{n+1}-\sqrt{3}\geqq 0$
$a_1=2$ とこれより $a_n-\sqrt{3}\geqq 0$
したがって $\dfrac{1}{2}(a_n-\sqrt{3})-(a_{n+1}-\sqrt{3})$
$$=\dfrac{a_n-\sqrt{3}}{2}-\dfrac{(a_n-\sqrt{3})^2}{2a_n}=\dfrac{\sqrt{3}(a_n-\sqrt{3})}{2a_n}\geqq 0$$
よって $0\leqq a_{n+1}-\sqrt{3}\leqq \dfrac{1}{2}(a_n-\sqrt{3})$ 〔証明終〕

(2) (1)より
$$0\leqq a_n-\sqrt{3}\leqq \dfrac{1}{2}(a_{n-1}-\sqrt{3})\leqq \left(\dfrac{1}{2}\right)^2(a_{n-2}-\sqrt{3})$$
$$\leqq \cdots \leqq \left(\dfrac{1}{2}\right)^{n-1}(a_1-\sqrt{3})=\left(\dfrac{1}{2}\right)^{n-1}(2-\sqrt{3})$$
$\displaystyle\lim_{n\to\infty}\left(\dfrac{1}{2}\right)^{n-1}(2-\sqrt{3})=0$ だから，はさみうちの原理より $\displaystyle\lim_{n\to\infty}(a_n-\sqrt{3})=0$
よって $\displaystyle\lim_{n\to\infty}a_n=\sqrt{3}$ ……**答**

118 関数 $f(x)=4x-x^2$ に対し，数列 $\{a_n\}$ を
$a_1=c$, $a_{n+1}=\sqrt{f(a_n)}$ $(n=1, 2, 3, \cdots)$ で与える。
ただし，c は $0<c<2$ を満たす定数である。

(1) $0<a_n<2$, $a_n<a_{n+1}$ $(n=1, 2, 3, \cdots)$ を示せ。

(2) $2-a_{n+1}<\dfrac{2-c}{2}(2-a_n)$ $(n=1, 2, 3, \cdots)$ を示せ。

(3) $\displaystyle\lim_{n\to\infty} a_n$ を求めよ。

13 無限級数の和

★ テストに出る重要ポイント

◎ Σ の性質と数列の和

① $\displaystyle\sum_{k=1}^{n}(\alpha a_k+\beta b_k)=\alpha\sum_{k=1}^{n}a_k+\beta\sum_{k=1}^{n}b_k$ （α, β は定数）

② $\displaystyle\sum_{k=1}^{n}c=nc$ （c は定数） ③ $\displaystyle\sum_{k=1}^{n}k=\frac{1}{2}n(n+1)$

④ $\displaystyle\sum_{k=1}^{n}k^2=\frac{1}{6}n(n+1)(2n+1)$ ⑤ $\displaystyle\sum_{k=1}^{n}r^{k-1}=\frac{1-r^n}{1-r}$ （$r\neq1$）

◎ 無限級数の収束, 発散

…無限数列 $\{a_n\}$ の各項を順に加えた式を **無限級数** といい, $a_1+a_2+a_3+\cdots+a_n+\cdots=\displaystyle\sum_{n=1}^{\infty}a_n$ と書く。

無限級数に対して, 初項から第 n 項までの和 $\displaystyle\sum_{k=1}^{n}a_k=a_1+a_2+a_3+\cdots+a_n$ を無限級数の **部分和** という。

無限級数 $\displaystyle\sum_{n=1}^{\infty}a_n=a_1+a_2+a_3+\cdots+a_n+\cdots$ について

部分和の数列 $\{S_n\}$: S_1, S_2, S_3, $\cdots$, S_n, $\cdots$ （$S_n=a_1+a_2+\cdots+a_n$）が,

① 収束して, $\displaystyle\lim_{n\to\infty}S_n=S$ のとき, $\displaystyle\sum_{n=1}^{\infty}a_n$ は収束して, 和は S

② 発散するとき, $\displaystyle\sum_{n=1}^{\infty}a_n$ は発散する

◎ 無限級数と数列の極限

① 無限級数 $\displaystyle\sum_{n=1}^{\infty}a_n$ が収束するならば $\displaystyle\lim_{n\to\infty}a_n=0$

② 数列 $\{a_n\}$ が 0 に収束しないならば無限級数 $\displaystyle\sum_{n=1}^{\infty}a_n$ は発散する

◎ 無限等比級数 $\displaystyle\sum_{n=1}^{\infty}ar^{n-1}$ の収束, 発散

① $a=0$ のとき, 収束し, その和は 0

$a\neq0$ のとき, $|r|<1$ ならば収束し, その和は $\dfrac{a}{1-r}$

② $a\neq0$ かつ $|r|\geq1$ ならば発散する

◎ 循環小数

…無限等比級数と考えて, 分数で表すことができる。

基本問題

解答 → 別冊 p.29

例題研究 次の無限級数の収束,発散を調べ,収束するものについては,その和を求めよ。

(1) $\dfrac{1}{1\cdot 3}+\dfrac{1}{3\cdot 5}+\dfrac{1}{5\cdot 7}+\cdots+\dfrac{1}{(2n-1)(2n+1)}+\cdots$

(2) $\dfrac{1}{1+\sqrt{3}}+\dfrac{1}{\sqrt{3}+\sqrt{5}}+\dfrac{1}{\sqrt{5}+\sqrt{7}}+\cdots+\dfrac{1}{\sqrt{2n-1}+\sqrt{2n+1}}+\cdots$

着眼 部分和 S_n を求めることができるものについては,$\lim\limits_{n\to\infty} S_n$ を調べればよい。極限値が存在すれば,その値が和で,存在しないときは無限級数は発散する。

解き方 (1) 第 n 項は $\dfrac{1}{(2n-1)(2n+1)}=\dfrac{1}{2}\left(\dfrac{1}{2n-1}-\dfrac{1}{2n+1}\right)$ と変形できるから,部分和を S_n とすると

$$S_n=\dfrac{1}{1\cdot 3}+\dfrac{1}{3\cdot 5}+\dfrac{1}{5\cdot 7}+\cdots+\dfrac{1}{(2n-1)(2n+1)}$$
$$=\dfrac{1}{2}\left\{\left(\dfrac{1}{1}-\dfrac{1}{3}\right)+\left(\dfrac{1}{3}-\dfrac{1}{5}\right)+\left(\dfrac{1}{5}-\dfrac{1}{7}\right)+\cdots+\left(\dfrac{1}{2n-1}-\dfrac{1}{2n+1}\right)\right\}$$
$$=\dfrac{1}{2}\left(1-\dfrac{1}{2n+1}\right)$$

よって $\lim\limits_{n\to\infty} S_n=\lim\limits_{n\to\infty}\dfrac{1}{2}\left(1-\dfrac{1}{2n+1}\right)=\dfrac{1}{2}$

したがって,この級数は**収束し,その和は $\dfrac{1}{2}$** である。……**答**

(2) 第 n 項 $\dfrac{1}{\sqrt{2n-1}+\sqrt{2n+1}}$ を有理化すると $\dfrac{\sqrt{2n-1}-\sqrt{2n+1}}{-2}$ であるから,部分和を S_n とすると

$$S_n=\dfrac{1-\sqrt{3}}{-2}+\dfrac{\sqrt{3}-\sqrt{5}}{-2}+\dfrac{\sqrt{5}-\sqrt{7}}{-2}+\cdots+\dfrac{\sqrt{2n-1}-\sqrt{2n+1}}{-2}$$
$$=\dfrac{1-\sqrt{2n+1}}{-2}=\dfrac{\sqrt{2n+1}-1}{2}$$

よって $\lim\limits_{n\to\infty} S_n=\lim\limits_{n\to\infty}\dfrac{\sqrt{2n+1}-1}{2}=\infty$

したがって,この級数は**発散する**。……**答**

119 次の無限級数の収束，発散を調べ，収束するものについては，その和を求めよ。

(1) $\dfrac{1}{2^2-1}+\dfrac{1}{4^2-1}+\dfrac{1}{6^2-1}+\cdots+\dfrac{1}{(2n)^2-1}+\cdots$

(2) $\dfrac{1}{2}+\dfrac{2}{3}+\dfrac{3}{4}+\cdots+\dfrac{n}{n+1}+\cdots$

(3) $\dfrac{1}{1\cdot 3}+\dfrac{1}{2\cdot 4}+\dfrac{1}{3\cdot 5}+\cdots+\dfrac{1}{n(n+2)}+\cdots$

(4) $\dfrac{1}{1+\sqrt{2}}+\dfrac{1}{\sqrt{2}+\sqrt{3}}+\dfrac{1}{\sqrt{3}+2}+\cdots+\dfrac{1}{\sqrt{n}+\sqrt{n+1}}+\cdots$

120 次の無限等比級数の収束，発散を調べ，収束するものについては，その和を求めよ。

(1) $1-\dfrac{1}{3}+\dfrac{1}{9}-\dfrac{1}{27}+\cdots$

(2) $1+\sqrt{5}+5+\cdots$

(3) $9-6+4-\dfrac{8}{3}+\cdots$

(4) $\dfrac{1}{16}+\dfrac{1}{8}+\dfrac{1}{4}+\cdots$

121 次の無限等比級数が収束するような x の値の範囲とそのときの和を求めよ。

(1) $1+2x+4x^2+\cdots$

(2) $3-x+\dfrac{x^2}{3}-\cdots$

122 次の無限級数の和を求めよ。 ◀テスト必出

(1) $\displaystyle\sum_{n=1}^{\infty}\left(\dfrac{1}{2^n}+\dfrac{1}{3^n}\right)$

(2) $\displaystyle\sum_{n=1}^{\infty}\dfrac{2^n-1}{5^n}$

123 次の無限級数の和を求めよ。

$\left(1-\dfrac{1}{2}\right)+\left(\dfrac{1}{3}-\dfrac{1}{4}\right)+\left(\dfrac{1}{9}-\dfrac{1}{8}\right)+\left(\dfrac{1}{27}-\dfrac{1}{16}\right)+\cdots$

124 次の循環小数を分数に直せ。(4)は計算し，結果を循環小数で表せ。

(1) $0.\dot{3}$

(2) $0.\dot{3}\dot{6}$

(3) $0.3\dot{4}\dot{5}$

(4) $1.\dot{2}\dot{5}\div 0.\dot{0}\dot{5}$

応用問題

例題研究▶ 次の無限等比級数が収束するように x の値の範囲を定め，その和を求めよ。
$$x+x(3-x^2)+x(3-x^2)^2+\cdots$$

[着眼] 初項 a，公比 r の無限等比級数は $a=0$ のとき，0 に収束し，$a \neq 0$ のとき，$|r|<1$ ならば $\dfrac{a}{1-r}$ に収束する。したがって，初項が 0 か 0 でないかでまず場合分けをする。

[解き方] $x=0$ のとき
この級数は $0+0+0+\cdots$ となり収束し，その和は 0 である。
$x \neq 0$ のとき
公比は $3-x^2$ であるから，収束条件は $-1<3-x^2<1$
$-1<3-x^2$ より $x^2-4<0$ $-2<x<0$, $0<x<2$ ……①
$3-x^2<1$ より $x^2-2>0$ $x<-\sqrt{2}$, $\sqrt{2}<x$ ……②
①，②より $-2<x<-\sqrt{2}$, $\sqrt{2}<x<2$
このとき，和は $\dfrac{x}{1-(3-x^2)}=\dfrac{x}{x^2-2}$
これは $x=0$ のときも成り立つ。
よって，$-2<x<-\sqrt{2}$，$x=0$，$\sqrt{2}<x<2$ のとき収束して，和は $\dfrac{x}{x^2-2}$ ……**答**

125 次の無限等比級数が収束するように x の値の範囲を定め，その和を求めよ。
(1) $1+(x^2-2)+(x^2-2)^2+\cdots$
(2) $\cos x+\cos x(1-4\cos^2 x)+\cos x(1-4\cos^2 x)^2+\cdots$ $(0<x<\pi)$
(3) $x+x(x^2-x+1)+x(x^2-x+1)^2+\cdots$ $(x>0)$

126 和が 1 の無限等比級数がある。この各項を 2 乗して作った無限等比級数の和は 3 である。各項を 3 乗して作った無限等比級数の和を求めよ。

例題研究 $\angle A=60°$，$\angle C=90°$，$AC=2$ である直角三角形 ABC の内部に，右の図のように正方形 S_1，S_2，S_3，…を作るとき，S_1，S_2，S_3，…の周の長さの和を求めよ。

[着眼] S_n の1辺の長さを a_n として，a_{n+1}，a_n の関係を $\angle A=60°$ であることから考えよ。

[解き方] S_n の1辺の長さを a_n とすると $a_{n+1}=\sqrt{3}(a_n-a_{n+1})$

よって $a_{n+1}=\dfrac{\sqrt{3}}{1+\sqrt{3}}a_n$

また，$a_1=\sqrt{3}(2-a_1)$ より $a_1=\dfrac{2\sqrt{3}}{1+\sqrt{3}}$

よって，$\{a_n\}$ は初項 $\dfrac{2\sqrt{3}}{1+\sqrt{3}}$，公比 $\dfrac{\sqrt{3}}{1+\sqrt{3}}$ の等比数列であるから

$$a_n=2\left(\dfrac{\sqrt{3}}{1+\sqrt{3}}\right)^n$$

S_n の周の長さを l_n とおくと $l_n=4a_n=4\cdot 2\left(\dfrac{\sqrt{3}}{1+\sqrt{3}}\right)^n$

よって，$\{l_n\}$ は初項 $\dfrac{8\sqrt{3}}{1+\sqrt{3}}$，公比 $\dfrac{\sqrt{3}}{1+\sqrt{3}}$ の等比数列であるから求める和は

$$\dfrac{\dfrac{8\sqrt{3}}{1+\sqrt{3}}}{1-\dfrac{\sqrt{3}}{1+\sqrt{3}}}=\mathbf{8\sqrt{3}} \quad \cdots\cdots \text{【答】}$$

127 あるボールを床に落とすと，常に落ちる高さの $\dfrac{4}{5}$ まではね返る。このボールを 5m の高さから落としたとき，静止するまでに，このボールが移動した距離の和を求めよ。

128 次の無限級数の収束，発散を調べ，収束する場合は和も求めよ。

《差がつく》

$$1+\dfrac{1}{3}+\dfrac{1}{2}+\dfrac{1}{9}+\dfrac{1}{4}+\dfrac{1}{27}+\dfrac{1}{8}+\dfrac{1}{81}+\cdots$$

ガイド 第 $2k$ 項までの部分和 S_{2k} について $\lim_{k\to\infty}S_{2k}$ を求め，同様にして第 $2k-1$ 項までの部分和 S_{2k-1} について $\lim_{k\to\infty}S_{2k-1}$ を求める。

14 関数の極限

☆ テストに出る重要ポイント

◯ **極限値の性質**…$\lim_{x \to a} f(x) = \alpha$, $\lim_{x \to a} g(x) = \beta$ のとき

① $\lim_{x \to a} kf(x) = k\alpha$ （k は定数）

② $\lim_{x \to a} \{f(x) \pm g(x)\} = \alpha \pm \beta$ （複号同順）

③ $\lim_{x \to a} f(x)g(x) = \alpha\beta$ ④ $\lim_{x \to a} \dfrac{f(x)}{g(x)} = \dfrac{\alpha}{\beta}$ （$\beta \neq 0$）

◯ **右側極限と左側極限**…x が a より大きい値をとりながら a に限りなく近づくときの $f(x)$ の極限を**右側極限**といい，$\lim_{x \to a+0} f(x)$ と表す。同様に，x が a より小さい値をとりながら a に近づくときの極限を**左側極限**といい，$\lim_{x \to a-0} f(x)$ と表す。

なお，$\lim_{x \to a+0} f(x) = \lim_{x \to a-0} f(x) = \alpha$ のとき $\lim_{x \to a} f(x) = \alpha$

$\lim_{x \to a+0} f(x) \neq \lim_{x \to a-0} f(x)$ のとき $\lim_{x \to a} f(x)$ はない。

◯ **関数の極限と不等式**…$\lim_{x \to a} f(x) = \alpha$, $\lim_{x \to a} g(x) = \beta$ のとき

① x が a に近いとき，常に $f(x) \leq g(x)$ ならば $\alpha \leq \beta$

② x が a に近いとき，常に $f(x) \leq h(x) \leq g(x)$ かつ $\alpha = \beta$ ならば
$$\lim_{x \to a} h(x) = \alpha \quad \text{（はさみうちの原理）}$$

◯ **指数関数，対数関数の極限**

① $a > 1$ のとき $\lim_{x \to \infty} a^x = \infty$, $\lim_{x \to -\infty} a^x = 0$

$0 < a < 1$ のとき $\lim_{x \to \infty} a^x = 0$, $\lim_{x \to -\infty} a^x = \infty$

② $a > 1$ のとき $\lim_{x \to \infty} \log_a x = \infty$, $\lim_{x \to +0} \log_a x = -\infty$

$0 < a < 1$ のとき $\lim_{x \to \infty} \log_a x = -\infty$, $\lim_{x \to +0} \log_a x = \infty$

◯ **三角関数の極限**

$\lim_{x \to 0} \dfrac{\sin x}{x} = 1$ $\left(\lim_{x \to 0} \dfrac{x}{\sin x} = 1 \right)$ （x の単位はラジアン）

基本問題

129 次の極限を求めよ。

(1) $\lim_{x \to 1}(x^2+2x+1)$
(2) $\lim_{x \to 3}\sqrt{-x+3}$
(3) $\lim_{x \to 0}(2x^2+3)$
(4) $\lim_{x \to 0}\dfrac{x^2-2x+1}{x-1}$
(5) $\lim_{x \to 1}\dfrac{x^2-3}{x+1}$
(6) $\lim_{x \to 0}\dfrac{2x^2-3}{x^2-1}$

130 次の極限を求めよ。

(1) $\lim_{x \to 2}\dfrac{x^2+x-6}{x-2}$
(2) $\lim_{x \to \infty}\dfrac{x-3}{3+x^2}$
(3) $\lim_{x \to -\infty}\dfrac{x^3-1}{x^2-2}$
(4) $\lim_{x \to -2}\dfrac{x^3+8}{x^2-x-6}$

131 次の極限を求めよ。 ◀テスト必出

(1) $\lim_{x \to 2+0}\dfrac{1}{x-2}$
(2) $\lim_{x \to +0}\dfrac{2x+1}{(x-1)^3}$
(3) $\lim_{x \to -0}\left(1-\dfrac{1}{x^2}\right)$
(4) $\lim_{x \to \infty}\dfrac{2x-1}{\sqrt{x^2+1}}$
(5) $\lim_{x \to 2}\dfrac{x-2}{\sqrt{x}-\sqrt{2}}$
(6) $\lim_{x \to 1}\dfrac{\sqrt{x+3}-2}{x-1}$

132 次の極限を求めよ。 ◀テスト必出

(1) $\lim_{x \to 0}\dfrac{\sin 2x}{x}$
(2) $\lim_{x \to 0}\dfrac{\sin 3x}{\sin 5x}$
(3) $\lim_{x \to 0}\dfrac{1-\cos x}{x}$
(4) $\lim_{x \to 0}\dfrac{\sin 6x}{\tan x}$
(5) $\lim_{x \to 0}\dfrac{2x}{x+\sin x}$
(6) $\lim_{x \to 0}\dfrac{\sin x-\tan x}{x^3}$

📖 **ガイド** (4), (6) $\tan x$ を $\sin x$, $\cos x$ で表せ。

133 次の極限を求めよ。

(1) $\lim_{x \to \infty}\dfrac{2^{x+1}}{1+2^x}$
(2) $\lim_{x \to \infty}\log_a(x-\sqrt{x^2-1})$ $(a>0,\ a \neq 1)$
(3) $\lim_{x \to 1}\{\log_2|x^2-1|-\log_2|x-1|\}$

📖 **ガイド** (2) まず $\lim_{x \to \infty}(x-\sqrt{x^2-1})$ を調べ、$0<a<1$, $a>1$ の場合について考えよ。

応用問題

例題研究 次の極限を求めよ。

(1) $\lim_{x \to -\infty} (\sqrt{x^2+3x+1} + x)$

(2) $\lim_{x \to \infty} \dfrac{\sin x}{x}$

着眼 (1) $t=-x$ とおくと $x \to -\infty$ のとき $t \to \infty$ となる。
(2) はさみうちの原理を利用する。

解き方 (1) $t=-x$ とおくと $x \to -\infty$ のとき $t \to \infty$ となるので　→ ポイント

与式 $= \lim_{t \to \infty} \{\sqrt{(-t)^2+3(-t)+1} + (-t)\}$

$= \lim_{t \to \infty} \dfrac{(\sqrt{t^2-3t+1} - t)(\sqrt{t^2-3t+1} + t)}{\sqrt{t^2-3t+1} + t}$

$= \lim_{t \to \infty} \dfrac{t^2-3t+1-t^2}{\sqrt{t^2-3t+1}+t} = \lim_{t \to \infty} \dfrac{-3+\dfrac{1}{t}}{\sqrt{1-\dfrac{3}{t}+\dfrac{1}{t^2}}+1} = -\dfrac{3}{2}$ ……**答**

(2) $x>0$ のとき，$-1 \leq \sin x \leq 1$ より

$-\dfrac{1}{x} \leq \dfrac{\sin x}{x} \leq \dfrac{1}{x}$

$\lim_{x \to \infty}\left(-\dfrac{1}{x}\right)=0$, $\lim_{x \to \infty}\dfrac{1}{x}=0$ だから　$\lim_{x \to \infty}\dfrac{\sin x}{x}=0$ ……**答**

---

134 次の極限を求めよ。

(1) $\lim_{x \to -\infty} \log_3 |\cos 4^x|$

(2) $\lim_{x \to \infty} \dfrac{3\cos x}{x}$

(3) $\lim_{x \to 0} \dfrac{\sin(\sin x)}{x}$

(4) $\lim_{x \to 1} \dfrac{\sin \pi x}{x-1}$

135 次の極限を求めよ。 **差がつく**

(1) $\lim_{x \to \infty} (\sqrt{x+2} - \sqrt{x})$

(2) $\lim_{x \to -\infty} x(\sqrt{x^2+2} + x)$

(3) $\lim_{x \to -\infty} \dfrac{x-2}{\sqrt{x^2+1}+1}$

(4) $\lim_{x \to -\infty} \dfrac{\sqrt{x^2+1}-3}{x-2}$

136 次の極限を求めよ。

(1) $\lim_{x \to 0} \dfrac{2x}{|x|}$

(2) $\lim_{x \to 0} \dfrac{x^2-2x}{|x|}$

> **例題研究** 次の等式が成り立つように，定数 a, b の値を定めよ。
> $$\lim_{x \to 2} \frac{\sqrt{x-a}+b}{x-2} = \frac{1}{6}$$
>
> **着眼** 極限値が存在し，$x \to 2$ のとき分母 $\to 0$ だから分子 $\to 0$ となる必要がある。
>
> **解き方** $\lim_{x \to 2}(x-2)=0$ であるから $\lim_{x \to 2}(\sqrt{x-a}+b)=\lim_{x \to 2}\frac{\sqrt{x-a}+b}{x-2} \cdot (x-2) = \frac{1}{6} \cdot 0 = 0$
> 一方 $\lim_{x \to 2}(\sqrt{x-a}+b)=\sqrt{2-a}+b$　よって　$\sqrt{2-a}+b=0$
> すなわち $b=-\sqrt{2-a}$　……①
> 与式 $=\lim_{x \to 2}\frac{\sqrt{x-a}-\sqrt{2-a}}{x-2} \cdot \frac{\sqrt{x-a}+\sqrt{2-a}}{\sqrt{x-a}+\sqrt{2-a}}$
> $=\lim_{x \to 2}\frac{x-2}{(x-2)(\sqrt{x-a}+\sqrt{2-a})} = \frac{1}{2\sqrt{2-a}}$
> よって　$\frac{1}{2\sqrt{2-a}}=\frac{1}{6}$　$\sqrt{2-a}=3$　$2-a=9$　$a=-7$
> ①より　$b=-3$
> したがって　$a=-7, b=-3$　……**答**

137 次の等式が成り立つように，定数 a, b の値を定めよ。 ◀差がつく

(1) $\lim_{x \to 3} \dfrac{x^2-ax-b}{x-3} = 7$

(2) $\lim_{x \to 1} \dfrac{a\sqrt{x+1}+b}{x-1} = 1$

(3) $\lim_{x \to -3} \dfrac{\sqrt{ax-b}-1}{x^2+8x+15} = \dfrac{5}{4}$

(4) $\lim_{x \to \infty}(\sqrt{9x^2-ax+5}+bx)=1$

138 $f(x)=ax^3-bx^2+cx-d$ のとき
$\lim_{x \to \infty}\dfrac{f(x)}{x^2-1}=1$　$\lim_{x \to 1}\dfrac{f(x)}{x^2-1}=2$　となるように，定数 a, b, c, d の値を定めよ。

139 次の等式を満たす整式 $f(x)$ を求めよ。ただし，a は $a \neq 0$ かつ $a \neq 1$ を満たす実数の定数とする。
$\lim_{x \to \infty}\dfrac{f(x)}{x^3-1}=a$, $\lim_{x \to 1}\dfrac{f(x)}{x^3-1}=\dfrac{2}{3}$, $\lim_{x \to a}\dfrac{f(x)}{x-a}=-6$

ガイド 1つ目の条件より $f(x)$ は3次式で x^3 の係数は a である。

15 関数の連続性

テストに出る重要ポイント

- **連続の定義**…関数 $y=f(x)$ の定義域に属する a に対して，$f(a)$ と極限値 $\lim_{x \to a} f(x)$ が存在し，かつ $\lim_{x \to a} f(x) = f(a)$ であるとき，関数 $y=f(x)$ は $x=a$ で**連続である**という。

- **連続関数の性質**…関数 $f(x)$, $g(x)$ がともに $x=a$ で連続であるとき，$kf(x)$（k は定数），$f(x)+g(x)$，$f(x)-g(x)$，$f(x)g(x)$，$\dfrac{f(x)}{g(x)}$（$g(a) \neq 0$）も $x=a$ で連続である。

- **中間値の定理**
  ① 関数 $y=f(x)$ が閉区間 $[a, b]$ で連続で，$f(a) \neq f(b)$ ならば，$f(a)$ と $f(b)$ の間の任意の k に対して，$f(c)=k$ となる実数 c が，a と b の間に少なくとも1つ存在する。
  ② 関数 $y=f(x)$ が閉区間 $[a, b]$ で連続で，$f(a)$ と $f(b)$ が異符号ならば，方程式 $f(x)=0$ は，a と b の間に少なくとも1つ実数解をもつ。

基本問題　　　　　　　　　　　　　　　　　　　　　　　　解答 ➡ 別冊 *p.36*

140 次の関数について，与えられた x の値における連続，不連続を調べよ。ただし，$[x]$ は x を超えない最大の整数を表す。

- (1) $f(x)=2x-1$ $(x=0)$
- (2) $f(x)=x^2-1$ $(x=1)$
- (3) $f(x)=x^3-2x$ $(x=1)$
- (4) $f(x)=[x]$ $(x=1)$
- (5) $f(x)=\dfrac{x+2}{x^2-1}$ $(x=0)$
- (6) $f(x)=[\cos x]$ $(x=0)$

141 次の方程式は与えられた区間に実数解をもつことを示せ。　テスト必出

- (1) $x^3-3x+1=0$ $(0, 1)$
- (2) $3x-\cos x-2=0$ $(-1, 1)$

142 方程式 $x\sin x = \cos x$ は 0 と 1 の間に少なくとも 1 つの実数解をもつことを示せ。

143 方程式 $\sin x = \dfrac{\pi}{4} - x$ は $0 < x < \dfrac{\pi}{2}$ の範囲に実数解をもつことを示せ。

例題研究 次の関数 $f(x)$ が不連続となる x の値を求めよ。(n は整数)
$$f(x) = \begin{cases} \dfrac{|\sin x|}{\sin x} & (x \neq n\pi) \\ 0 & (x = n\pi) \end{cases}$$

着眼 $f(x)$ が $x = a$ で不連続であるというのは,
① $\lim\limits_{x \to a} f(x)$ が存在しない, ② $\lim\limits_{x \to a} f(x)$ と $f(a)$ が一致しない
のうち, いずれかが成り立つ場合である。グラフでいえば, 切れ目がある点で不連続である。

解き方 $x = n\pi$ のとき, $f(x) = 0$
$x \neq n\pi$ のとき, n が偶数とすると
$n\pi < x < (n+1)\pi$ では, $\sin x > 0$ より $f(x) = 1$ だから, $f(x)$ は連続。
$(n-1)\pi < x < n\pi$ では, $\sin x < 0$ より $f(x) = -1$ だから, $f(x)$ は連続。
また $\lim\limits_{x \to n\pi + 0} \dfrac{|\sin x|}{\sin x} = \lim\limits_{x \to n\pi + 0} \dfrac{\sin x}{\sin x} = 1$
$\lim\limits_{x \to n\pi - 0} \dfrac{|\sin x|}{\sin x} = \lim\limits_{x \to n\pi - 0} \dfrac{-\sin x}{\sin x} = -1$
よって, $\lim\limits_{x \to n\pi} f(x)$ は存在しない。
n が奇数とすると, $n\pi < x < (n+1)\pi$ では $\sin x < 0$
$(n-1)\pi < x < n\pi$ では $\sin x > 0$
よって, $\lim\limits_{x \to n\pi + 0} f(x) = -1$, $\lim\limits_{x \to n\pi - 0} f(x) = 1$ より, $\lim\limits_{x \to n\pi} f(x)$ は存在しない。
以上より, $f(x)$ が不連続となる x の値は $\boldsymbol{x = n\pi}$ ……**答**

---

144 次の関数 $f(x)$ が不連続となる x の値を求めよ。ただし, $[x]$ は x を超えない最大の整数を表す。

(1) $f(x) = \begin{cases} \dfrac{|x| - 1}{|x - 1|} & (x \neq 1) \\ 1 & (x = 1) \end{cases}$

(2) $f(x) = [x] - x$

15 関数の連続性

応用問題　　　　　　　　　　　　　解答 → 別冊 p.37

例題研究 次の極限によって定義される関数 $f(x)$ の連続性を調べ，$y=f(x)$ のグラフをかけ。ただし，$x \ne -1$ とする。

$$f(x) = \lim_{n \to \infty} \frac{x^n - 1}{x^n + 1}$$

着眼 この極限は，x のおのおのの値に対する極限であるから，関数の極限ではなく，数列の極限である。$|x|$ と 1 の大小で場合に分けて考えればよい。

解き方 (i) $|x| > 1$ のとき $\displaystyle\lim_{n \to \infty} \frac{1}{x^n} = 0$ だから

$$f(x) = \lim_{n \to \infty} \frac{x^n - 1}{x^n + 1} = \lim_{n \to \infty} \frac{1 - \dfrac{1}{x^n}}{1 + \dfrac{1}{x^n}} = 1$$

(ii) $x = 1$ のとき　$\displaystyle f(x) = \lim_{n \to \infty} \frac{1^n - 1}{1^n + 1} = 0$

(iii) $|x| < 1$ のとき　$\displaystyle \lim_{n \to \infty} x^n = 0$ だから

$$f(x) = \lim_{n \to \infty} \frac{x^n - 1}{x^n + 1} = -1$$

よって，**$x = 1$ で不連続**である。グラフは右の図である。……**答**

145 次の関数について，$y = f(x)$ のグラフをかき，関数の連続性を調べよ。

＜ 差がつく

☐ (1) $\displaystyle f(x) = \lim_{n \to \infty} \frac{x^2}{1 + x^{2n}}$　　　　☐ (2) $\displaystyle f(x) = \lim_{n \to \infty} \frac{x^{2n+1} + 1}{x^{2n} + 1}$

146 次の関数の連続性を調べよ。ただし，n は整数とし，$[x]$ は x を超えない最大の整数を表すものとする。

☐ (1) $f(x) = \begin{cases} \dfrac{\cos x}{1 - \sin x} & \left(x \ne \left(2n + \dfrac{1}{2}\right)\pi\right) \\ 0 & \left(x = \left(2n + \dfrac{1}{2}\right)\pi\right) \end{cases}$　　☐ (2) $f(x) = \begin{cases} \log_{10} |1 - x| & (x \ne 1) \\ 0 & (x = 1) \end{cases}$

☐ (3) $f(x) = x[x]$ $(0 \le x \le 3)$　　　　☐ (4) $f(x) = x^2 - [x]$ $(-1 \le x \le 1)$

例題研究 $f(x)=\lim_{n\to\infty}\dfrac{x^{2n-1}-ax^2-bx}{2x^{2n}+1}$ で定義された関数が，すべての実数 x について連続であるように，定数 a, b の値を定めよ。

着眼 「$f(x)$ が $x=m$ で連続である」というのは，
「$\lim_{x\to m-0} f(x) = \lim_{x\to m+0} f(x) = f(m)$ が成り立つ」ということである。

解き方 $|x|<1$ のとき $f(x)=\lim_{n\to\infty}\dfrac{x^{2n-1}-ax^2-bx}{2x^{2n}+1}=-ax^2-bx$

$|x|>1$ のとき $f(x)=\lim_{n\to\infty}\dfrac{\dfrac{1}{x}-\dfrac{a}{x^{2n-2}}-\dfrac{b}{x^{2n-1}}}{2+\dfrac{1}{x^{2n}}}=\dfrac{1}{2x}$

$f(1)=\dfrac{1-a-b}{2+1}=\dfrac{1-a-b}{3}$

$f(-1)=\dfrac{-1-a+b}{2+1}=\dfrac{-1-a+b}{3}$

$x=1$ で連続である条件は
$\lim_{x\to 1-0} f(x) = \lim_{x\to 1+0} f(x) = f(1)$ より

$-a-b=\dfrac{1}{2}=\dfrac{1-a-b}{3}$ ……①

$x=-1$ で連続である条件は
$\lim_{x\to -1-0} f(x) = \lim_{x\to -1+0} f(x) = f(-1)$ より

$-\dfrac{1}{2}=-a+b=\dfrac{-1-a+b}{3}$ ……②

①, ②より $\boldsymbol{a=0,\ b=-\dfrac{1}{2}}$ ……**答**

---

147 a, b を定数とするとき，$f(x)=\lim_{n\to\infty}\dfrac{2x^{2n+1}-ax-b}{x^{2n+2}+4x^{2n+1}+5}$ で定義される関数について，次の問いに答えよ。

□ (1) (i) $|x|>1$ (ii) $|x|<1$ のそれぞれの場合について関数 $f(x)$ を求めよ。

□ (2) 関数 $f(x)$ がすべての実数 x について連続であるように，定数 a, b の値を定めよ。

16 微分係数と導関数

★ テストに出る重要ポイント

- **微分係数**

$$f'(a) = \lim_{h \to 0} \frac{f(a+h) - f(a)}{h} = \lim_{x \to a} \frac{f(x) - f(a)}{x - a}$$

- **微分可能と連続**…関数 $f(x)$ について，$x=a$ における微分係数 $f'(a)$ が存在するとき，$f(x)$ は $x=a$ において **微分可能** であるという。
  関数 $f(x)$ が $x=a$ で微分可能ならば，$f(x)$ は $x=a$ で連続である。
  逆は成り立たない。

- **導関数**

$$f'(x) = \lim_{h \to 0} \frac{f(x+h) - f(x)}{h} = \lim_{\Delta x \to 0} \frac{\Delta y}{\Delta x} = \lim_{\Delta x \to 0} \frac{f(x + \Delta x) - f(x)}{\Delta x}$$

- **和・差・積・商の微分法**
  ① $\{kf(x) + lg(x)\}' = kf'(x) + lg'(x)$ （k，l は定数）
  ② $\{f(x)g(x)\}' = f'(x)g(x) + f(x)g'(x)$
  ③ $\left\{\dfrac{f(x)}{g(x)}\right\}' = \dfrac{f'(x)g(x) - f(x)g'(x)}{\{g(x)\}^2}$ 　とくに $\left\{\dfrac{1}{g(x)}\right\}' = -\dfrac{g'(x)}{\{g(x)\}^2}$

- **x^n の導関数**
  n が整数のとき　$(x^n)' = nx^{n-1}$

基本問題

解答 → 別冊 p.39

148 次の関数を微分せよ。

(1) $y = x^3 - 2x^2 + x - 3$

(2) $y = x - 2 + \dfrac{1}{x}$

(3) $y = (x-1)(x^2 + x + 2)$

(4) $y = (x^2 - x + 1)(x^2 + x)$

(5) $y = \dfrac{x-1}{x^2}$

(6) $y = \dfrac{1}{x^2 - 1}$

(7) $y = \left(x - \dfrac{1}{x^2}\right)^2$

(8) $y = \dfrac{x^2 + x - 3}{x^2 - x + 1}$

> **例題研究》** 定義にしたがって，次の関数を微分せよ。
>
> (1) $f(x)=\sqrt{x-1}$ (2) $f(x)=\dfrac{1}{x^2}$
>
> **[着眼]** $y=f(x)$ のとき，導関数の定義の式は
> $$f'(x)=\lim_{h\to 0}\frac{f(x+h)-f(x)}{h}=\lim_{\Delta x\to 0}\frac{\Delta y}{\Delta x}=\lim_{\Delta x\to 0}\frac{f(x+\Delta x)-f(x)}{\Delta x}$$
>
> **[解き方]** (1) $f(x+h)-f(x)=\sqrt{(x+h)-1}-\sqrt{x-1}=\dfrac{h}{\sqrt{x+h-1}+\sqrt{x-1}}$
>
> よって $f'(x)=\lim_{h\to 0}\dfrac{f(x+h)-f(x)}{h}=\lim_{h\to 0}\dfrac{1}{\sqrt{x+h-1}+\sqrt{x-1}}=\dfrac{\mathbf{1}}{\mathbf{2\sqrt{x-1}}}$ ……**答**
>
> (2) $f(x+h)-f(x)=\dfrac{1}{(x+h)^2}-\dfrac{1}{x^2}=\dfrac{-2xh-h^2}{x^2(x+h)^2}$
>
> よって $f'(x)=\lim_{h\to 0}\dfrac{f(x+h)-f(x)}{h}=\lim_{h\to 0}\dfrac{-2x-h}{x^2(x+h)^2}$
>
> $=\dfrac{-2x}{x^4}=-\dfrac{\mathbf{2}}{\mathbf{x^3}}$ ……**答**

149 定義にしたがって，次の関数を微分せよ。 **◁テスト必出**

☐ (1) $f(x)=-x^3$ ☐ (2) $f(x)=\sqrt[3]{x}$

☐ (3) $f(x)=\dfrac{1}{x^2-1}$ ☐ (4) $f(x)=\dfrac{1}{\sqrt{x}-1}$

150 定義にしたがって，次の関数の $x=a$ における微分係数を求めよ。

☐ (1) $f(x)=2x^3$ ☐ (2) $f(x)=\dfrac{1}{x}$

151 $z=\dfrac{2x}{x-y}$ のとき，次の問いに答えよ。

☐ (1) z を x で微分せよ。
☐ (2) z を y で微分せよ。

152 次の関数を〔 〕内の文字について微分せよ。

☐ (1) $S=2t-\dfrac{1}{t^3}$ 〔t〕 ☐ (2) $m=\dfrac{2n+3}{n-1}$ 〔n〕

応用問題

例題研究 次の極限値を $f'(a)$, $f(a)$ を用いて表せ。

(1) $\displaystyle\lim_{h\to 0}\dfrac{(a+h)f(a+3h)-af(a)}{h}$

(2) $\displaystyle\lim_{x\to a}\dfrac{af(x)-xf(a)}{x-a}$

着眼 (1)は $f'(a)$ の定義を使えるよう変形すればよい。

(2)は $\dfrac{f(x)-f(a)}{x-a}$ の形が現れるように変形する。

解き方 (1) 与式 $=\displaystyle\lim_{h\to 0}\dfrac{hf(a+3h)+af(a+3h)-af(a)}{h}$

→ この変形がポイント

$=\displaystyle\lim_{h\to 0}\left\{f(a+3h)+a\cdot\dfrac{f(a+3h)-f(a)}{3h}\cdot 3\right\}$

→ 忘れないように！

$=\boldsymbol{f(a)+3af'(a)}$ ……**答**

(2) 与式 $=\displaystyle\lim_{x\to a}\dfrac{af(x)-af(a)+af(a)-xf(a)}{x-a}$

→ テクニックとして覚えておこう

$=\displaystyle\lim_{x\to a}\dfrac{a\{f(x)-f(a)\}-f(a)(x-a)}{x-a}=\displaystyle\lim_{x\to a}\left\{a\cdot\dfrac{f(x)-f(a)}{x-a}-f(a)\right\}$

$=\boldsymbol{af'(a)-f(a)}$ ……**答**

---

153 次の極限値を $f'(a)$, $f(a)$ を用いて表せ。 **差がつく**

(1) $\displaystyle\lim_{h\to 0}\left[\dfrac{1}{h}\left\{\dfrac{1}{f(a+2h)}-\dfrac{1}{f(a)}\right\}\right]$

(2) $\displaystyle\lim_{x\to a}\dfrac{a^2 f(x)-x^2 f(a)}{x-a}$

154 次の関数 $f(x)$ が $x=0$ で微分可能かどうかを調べよ。

(1) $x<0$ のとき $f(x)=x^2$, $x\geqq 0$ のとき $f(x)=-x^2$

(2) $x<0$ のとき $f(x)=x$, $x\geqq 0$ のとき $f(x)=-x$

155 $f(x)=\begin{cases} x^2+1 & (x\leqq 1) \\ -2x^2-ax-b & (x>1) \end{cases}$

で関数 $f(x)$ を定めるとき, $f(x)$ が $x=1$ で微分可能となる a, b を求めよ。

156 関数 $f(x)=x|x|$ の $x=0$ における連続性と微分可能性を調べよ。

ガイド 微分可能ならば連続である。しかし, 逆は成り立たない。

17 合成関数の微分法

★ テストに出る重要ポイント

- **合成関数の微分法**…y が微分可能な2つの関数 $y=f(u)$, $u=g(x)$ の合成関数であるとき

  $$\frac{dy}{dx}=\frac{dy}{du}\cdot\frac{du}{dx} \quad \text{あるいは} \quad \frac{d}{dx}f(g(x))=f'(g(x))g'(x)$$

  とくに，n が整数のとき $[\{f(x)\}^n]'=n\{f(x)\}^{n-1}f'(x)$

- **x^r の微分法**

  r が有理数のとき $(x^r)'=rx^{r-1}$

- **曲線の方程式と微分法**

  y が x の関数のとき $\dfrac{d}{dx}f(y)=f'(y)\dfrac{dy}{dx}$

- **逆関数の微分法**

  $$\frac{dy}{dx}=\frac{1}{\dfrac{dx}{dy}} \quad \left(\frac{dx}{dy}\neq 0\right)$$

基本問題

解答 ⇒ 別冊 p.41

157 次の関数を微分せよ。

(1) $y=(2x+1)^3$ (2) $y=(2-3x)^2$ (3) $y=(x^2-2)^3$

(4) $y=(x^2-2x+3)^4$ (5) $y=(x-3)^{-2}$ (6) $y=(1-x)^{-4}$

158 次の関数を微分せよ。

(1) $y=\dfrac{1}{(x-1)^2}$ (2) $y=\dfrac{1}{(2x+3)^3}$ (3) $y=\dfrac{x}{(x+1)^3}$

159 次の関数を微分せよ。

(1) $y=x^{\frac{1}{3}}$ (2) $y=x^{-\frac{4}{3}}$ (3) $y=x^2\sqrt{x}$

(4) $y=\sqrt[3]{x^4}$ (5) $y=-\dfrac{1}{\sqrt{x}}$ (6) $y=\dfrac{2}{x\sqrt{x}}$

17 合成関数の微分法

160 次の関数を微分せよ。

(1) $y=\sqrt{3x-1}$ (2) $y=\sqrt{x^2-2x+3}$ (3) $y=\sqrt[3]{x^2-1}$

(4) $y=\dfrac{1}{\sqrt{2x-1}}$ (5) $y=\dfrac{x}{\sqrt{x^2-1}}$ (6) $y=\sqrt{\dfrac{x+1}{x-1}}$

161 次の関数を微分せよ。 テスト必出

(1) $y=(x^2+3)^3(2x-5)^2$ (2) $y=(3x-1)^2(x^2+3x)^3$

(3) $y=\sqrt[3]{x^2+2x-3}$ (4) $y=(x-\sqrt{x^2+1})^2$

162 次の方程式から $\dfrac{dy}{dx}$ を求めよ。

(1) $xy=2$ (2) $y^2=3x$

(3) $x^2+y^2=4$ (4) $4x^2-9y^2=36$

応用問題 ·· 解答 → 別冊 p.42

> **例題研究** 関数 $y=\sqrt[3]{\dfrac{(1+x)^2}{1+x^2}}$ を微分せよ。
>
> **着眼** 指数を使って表すと $y=(1+x)^{\frac{2}{3}}(1+x^2)^{-\frac{1}{3}}$ となり，合成関数の微分法で求められる。対数微分法を使うこともできる(p.69 例題研究参照)。
>
> **解き方** $y=(1+x)^{\frac{2}{3}}(1+x^2)^{-\frac{1}{3}}$ と表せるから
> $y'=\dfrac{2}{3}(1+x)^{-\frac{1}{3}}(1+x^2)^{-\frac{1}{3}}+(1+x)^{\frac{2}{3}}\cdot\left(-\dfrac{1}{3}\right)(1+x^2)^{-\frac{4}{3}}\cdot 2x$
> $\quad=\dfrac{2}{3}(1+x)^{-\frac{1}{3}}(1+x^2)^{-\frac{4}{3}}\{(1+x^2)-x(1+x)\}$
> $\quad=\dfrac{2(1-x)}{3(1+x)^{\frac{1}{3}}(1+x^2)^{\frac{4}{3}}}=\dfrac{\mathbf{2(1-x)}}{\mathbf{3(1+x^2)\sqrt[3]{(1+x)(1+x^2)}}}$ ……答

163 次の関数を微分せよ。

(1) $y=(x+1)\sqrt{3x+1}$ (2) $y=\sqrt{x+\sqrt{x-1}}$

(3) $y=\dfrac{1}{x+\sqrt{x^2+1}}$ (4) $y=\dfrac{x-\sqrt{x^2+2}}{x+\sqrt{x^2+2}}$

例題研究

方程式 $x^2+y^2=10$ で定められる x の関数 y について，$x=-1$，$y=3$ における微分係数を求めよ。

[着眼] $\dfrac{d}{dx}f(y)=f'(y)\dfrac{dy}{dx}$ に注意して，与式の両辺を x で微分し，$\dfrac{dy}{dx}$ を求める。

求める微分係数は円 $x^2+y^2=10$ 上の点 $(-1, 3)$ における接線の傾きを表している。

[解き方] $x^2+y^2=10$ の両辺を x で微分すると
$$2x+2y\dfrac{dy}{dx}=0$$
$y \neq 0$ のとき $\quad \dfrac{dy}{dx}=-\dfrac{x}{y} \quad \cdots\cdots ①$

$x=-1$，$y=3$ を①に代入して，求める微分係数は $\quad -\dfrac{-1}{3}=\dfrac{1}{3} \quad \cdots\cdots$ **答**

---

164 次の方程式で定められる x の関数 y について，(　)内の x，y の値における微分係数を求めよ。

- (1) $xy=5 \quad (x=1, y=5)$
- (2) $y^2=3x \quad (x=3, y=-3)$

165 次の方程式から $\dfrac{dy}{dx}$ を求めよ。　**差がつく**

- (1) $y^2=4x-1$
- (2) $\sqrt{x}-\sqrt{y}=1$
- (3) $\dfrac{x^2}{4}+\dfrac{y^2}{9}=1$
- (4) $\dfrac{x^2}{4}-\dfrac{y^2}{3}=1$
- (5) $xy=(x-y)^2$
- (6) $x^3+3xy-y^3=0$

166 逆関数の微分法を用いて，次の関数の導関数 $\dfrac{dy}{dx}$ を求めよ。

- (1) $y=x^{\frac{1}{4}}$
- (2) $y=\sqrt{3x-1}$
- (3) $y=\sqrt[3]{x+2}$
- (4) $x=y^2-1 \quad (y>0)$

ガイド (1) $x=y^4$ より $\dfrac{dx}{dy}$ を求める。

(2), (3) x について解き，その両辺を y について微分すればよい。

18 いろいろな関数の微分法

★ テストに出る重要ポイント

- **三角関数の導関数**

  $(\sin x)' = \cos x$, $(\cos x)' = -\sin x$, $(\tan x)' = \dfrac{1}{\cos^2 x}$

- **指数関数の導関数**

  $(e^x)' = e^x$, $(a^x)' = a^x \log a$

- **対数関数の導関数**

  $(\log x)' = \dfrac{1}{x}$, $(\log |x|)' = \dfrac{1}{x}$, $(\log_a x)' = \dfrac{1}{x \log a}$, $(\log_a |x|)' = \dfrac{1}{x \log a}$

- **対数微分法**

  両辺の自然対数をとってから両辺を微分する方法を**対数微分法**という。

- **x^α の導関数**

  α が実数のとき $(x^\alpha)' = \alpha x^{\alpha-1}$

- **第 n 次導関数**

  関数 $f(x)$ を n 回微分した関数を**第 n 次導関数**といい,

  $y^{(n)}$, $f^{(n)}(x)$, $\dfrac{d^n y}{dx^n}$, $\dfrac{d^n}{dx^n} f(x)$ で表す。

- **媒介変数で表された関数の導関数**

  $x = f(t)$, $y = g(t)$ のとき $\dfrac{dy}{dx} = \dfrac{\frac{dy}{dt}}{\frac{dx}{dt}} = \dfrac{g'(t)}{f'(t)}$ $\left(\dfrac{dx}{dt} \neq 0\right)$

基本問題

解答 ➡ 別冊 p.44

167 次の関数を微分せよ。

- (1) $y = \sin 4x$
- (2) $y = \cos(3x - 1)$
- (3) $y = \tan \dfrac{x}{3}$
- (4) $y = \sin^2 x$
- (5) $y = \dfrac{1}{\cos^3 x}$
- (6) $y = \tan^2 x$
- (7) $y = \sin(3x + 2)$
- (8) $y = \cos^2(x - 1)$

168 次の関数を微分せよ。

- (1) $y = \log 3x$
- (2) $y = \log(3x+2)$
- (3) $y = \log_{10} x$
- (4) $y = (\log x)^2$
- (5) $y = x^3 \log x$
- (6) $y = \log|x^2 - 2|$

169 次の関数を微分せよ。

- (1) $y = e^{4x}$
- (2) $y = 10^x$
- (3) $y = a^{-x}$ $(a > 0)$
- (4) $y = e^{x^3}$
- (5) $y = xe^x$
- (6) $y = e^x \log x$

170 次の関数の第2次導関数と第3次導関数を求めよ。 ◀テスト必出

- (1) $y = x^4$
- (2) $y = \cos 3x$
- (3) $y = 2^x$
- (4) $y = \log(x+2)$
- (5) $y = \dfrac{1}{x-2}$
- (6) $y = \sqrt{3x-1}$
- (7) $y = \cos x - \sin x$
- (8) $y = xe^x$

171 次の等式を証明せよ。

- (1) $y = -x + 1 + \dfrac{a}{2}e^{-x}$ のとき，$y' + y + x = 0$
- (2) $x^2 + y^2 = 3$ のとき，$1 + (y')^2 + yy'' = 0$

172 媒介変数表示された次の関数について，$\dfrac{dy}{dx}$ を求めよ。 ◀テスト必出

- (1) $x = t - 1$, $y = 2t - 1$
- (2) $x = \sqrt{t}$, $y = t^2 - 2t + 1$
- (3) $x = t - \dfrac{1}{t}$, $y = \dfrac{1}{t} + 1$
- (4) $x = \dfrac{1-t^2}{1+t^2}$, $y = \dfrac{2t}{1+t^2}$

応用問題　　　　　　　　　　　　　　　　解答 ➡ 別冊 *p.45*

173 次の関数を微分せよ。

- (1) $y = e^x \sin 3x$
- (2) $y = x^3 \cos x$
- (3) $y = \log|\sin x|$
- (4) $y = x \log x$
- (5) $y = \dfrac{\log x}{x}$
- (6) $y = x^3 e^{-x}$

174 次の関数を微分せよ。

- (1) $y = \cos x \log x$
- (2) $y = e^{3x} \log x$
- (3) $y = \dfrac{\cos x}{x}$
- (4) $y = \dfrac{\sin x + \cos x}{\sin x - \cos x}$

18 いろいろな関数の微分法

例題研究 対数を利用した微分法を用いて，次の関数を微分せよ。
$$y = x^{\log x} \quad (x > 0)$$

[着眼] まず，両辺の自然対数をとり，$\dfrac{d}{dx}\log y = \dfrac{d}{dy}\log y \cdot \dfrac{dy}{dx} = \dfrac{1}{y} \cdot y'$ を用いる。

[解き方] $x > 0$ より，$x^{\log x} > 0$ だから，両辺の自然対数をとると
$$\log y = \log x^{\log x} = \log x \cdot \log x = (\log x)^2$$
両辺を x で微分すると
$$\frac{1}{y} \cdot y' = 2\log x (\log x)' = 2(\log x) \cdot \frac{1}{x} = \frac{2}{x} \log x$$
よって $y' = y \cdot \dfrac{2}{x} \log x = x^{\log x} \cdot \dfrac{2}{x} \log x = \boldsymbol{2x^{-1+\log x} \log x}$ ……**答**

---

175 対数を利用した微分法を用いて，次の関数を微分せよ。

(1) $y = x^{\sqrt{5}} \quad (x > 0)$ 　　(2) $y = 2^x$

(3) $y = x^{-x} \quad (x > 0)$ 　　(4) $y = x^{\cos x} \quad (x > 0)$

(5) $y = \sqrt[3]{(x+1)(x^2+3)}$ 　　(6) $y = \sqrt[x]{x} \quad (x > 0)$

(7) $y = \dfrac{x+1}{(x+3)^2(x+2)^3}$ 　　(8) $y = \sqrt{\dfrac{1+\cos x}{1-\cos x}}$

(9) $y = (\tan x)^{\sin x} \left(0 < x < \dfrac{\pi}{2}\right)$ 　　(10) $y = (\log x)^x \quad (x > 1)$

176 次の関数の第 2 次導関数と第 3 次導関数を求めよ。

(1) $y = x \sin x$ 　　(2) $y = e^x \log x$

177 次の等式を証明せよ。
$(x-a)^2 + (y-b)^2 = r^2$ のとき，$(ry'')^2 = \{1+(y')^2\}^3$ 　（a，b，r は定数）

178 関数 $f(x)$ の $x=0$ における微分係数の定義 $f'(0) = \lim\limits_{h \to 0} \dfrac{f(h)-f(0)}{h}$ を用いて，次の極限値を求めよ。 **◀差がつく**

(1) $\lim\limits_{h \to 0} \dfrac{e^h - 1}{h}$ 　　(2) $\lim\limits_{h \to 0} \dfrac{\log(1+h)}{h}$

ガイド (1) $f(x) = e^x$ とおく。(2) $f(x) = \log(1+x)$ とおく。

> **例題研究**　関数 $f(x)=xe^x$ の第 n 次導関数を推定し，数学的帰納法で証明せよ。
>
> **着眼**　$f'(x)$, $f''(x)$, $f'''(x)$ を求めて，$f^{(n)}(x)$ を推定する。
>
> **解き方**　$f'(x)=e^x+xe^x=e^x(1+x)$
> $f''(x)=e^x(1+x)+e^x=e^x(2+x)$
> $f'''(x)=e^x(2+x)+e^x=e^x(3+x)$
> よって
> 　　$f^{(n)}(x)=e^x(n+x)$ ……①
> と推定できる。
> ①を数学的帰納法を用いて証明する。
> (I)　$n=1$ のとき　左辺$=f'(x)=e^x+xe^x=e^x(1+x)$, 右辺$=e^x(1+x)$
> 　　よって，$n=1$ のとき①は成り立つ。
> (II)　$n=k$ のとき，①が成り立つと仮定する。
> 　　すなわち，$f^{(k)}(x)=e^x(k+x)$ が成り立つと仮定する。
> 　　このとき　$f^{(k+1)}(x)=\{e^x(k+x)\}'=e^x(k+x)+e^x$
> 　　　　　　　　　　　　$=e^x\{(k+1)+x\}$
> 　　これは，①が $n=k+1$ のときも成り立つことを示している。
> 　ゆえに(I), (II)より，①はすべての自然数 n について成り立つ。
> したがって　$f^{(n)}(x)=e^x(n+x)$　〔証明終〕

179　次の関数の第 n 次導関数を推定し，数学的帰納法で証明せよ。　**差がつく**
(1)　$y=\log x$　　　　　　　　(2)　$y=\sin x$

180　媒介変数表示された次の関数について，$\dfrac{dy}{dx}$ を求めよ。
(1)　$x=\log(\log t)$, $y=\log t$
(2)　$x=a\cos^3 t$, $y=a\sin^3 t$

181　3 次以上の整式 $f(x)$ が $(x-\alpha)^3$ で割り切れるための必要十分条件は，$f(\alpha)=f'(\alpha)=f''(\alpha)=0$ であることを証明せよ。
　ガイド　商を $Q(x)$, 余りを px^2+qx+r とおくと，$f(x)=(x-\alpha)^3 Q(x)+px^2+qx+r$

19 接線と法線

⭐ テストに出る重要ポイント

- **接線と法線の方程式**…曲線 $y=f(x)$ 上の点 (x_1, y_1) における

  接線の方程式：$\boldsymbol{y-y_1=f'(x_1)(x-x_1)}$

  法線の方程式：$\boldsymbol{y-y_1=-\dfrac{1}{f'(x_1)}(x-x_1)}$ $(f'(x_1)\neq 0)$

- **2次曲線の接線の方程式**…各曲線上の点 (x_1, y_1) における接線の方程式は

  ① $ax^2+by^2=c$ のとき　$\boldsymbol{ax_1x+by_1y=c}$

  　$a(x-h)^2+b(y-k)^2=c$ のとき

  　　　　　　$a(x_1-h)(x-h)+b(y_1-k)(y-k)=c$

  ② $y^2=4px$ のとき　$\boldsymbol{y_1y=2p(x+x_1)}$

基本問題　　　　　　　　　　　　　　　　　　　　解答 ➡ 別冊 *p.48*

182 次の曲線上の点 P における接線および法線の方程式を求めよ。

- (1) $y=x^2-x$　P(2, 2)
- (2) $y=x^3+x$　P(1, 2)
- (3) $y=e^{2x}$　P(0, 1)
- (4) $y=\log x$　P(e, 1)
- (5) $y=3\sin x$　P$\left(\dfrac{\pi}{3}, \dfrac{3\sqrt{3}}{2}\right)$
- (6) $y=\sqrt{x-1}$　P(2, 1)
- (7) $y=\dfrac{1}{x-1}$　P(2, 1)
- (8) $y=\log\dfrac{1}{x}$　P(e, -1)

183 次の2次曲線上の点 P における接線および法線の方程式を求めよ。

- (1) $x^2+y^2=5$　P(1, -2)
- (2) $y^2=3x$　P(2, $-\sqrt{6}$)
- (3) $x^2-y^2=2$　P(-2, $\sqrt{2}$)
- (4) $xy=5$　P(5, 1)

184 曲線 $y=e^x+2e^{-x}$ 上の点 P における接線の傾きが 1 であるとき，この接線の方程式と接点 P の座標を求めよ。

185 曲線 $y=x\log x$ に点 $(0, -3)$ から引いた接線の方程式を求めよ。 ◀テスト必出

応用問題 ········· 解答 ➡ 別冊 $p.49$

例題研究 次の式で表される曲線上の点 $(2, 4)$ における接線の方程式を求めよ。 $x=t^2-t$, $y=t^2+t-2$

[着眼] 曲線 $x=f(t)$, $y=g(t)$ の $t=t_1$ における接線の傾き m は $\boldsymbol{m=\dfrac{g'(t_1)}{f'(t_1)}}$ である。

[解き方] $x=2$ とおくと $t^2-t=2$ $(t+1)(t-2)=0$ $t=2, -1$
$t=2$ のとき $y=4$, $t=-1$ のとき $y=-2$ よって $t=2$
一方 $\dfrac{dx}{dt}=2t-1$, $\dfrac{dy}{dt}=2t+1$

よって $\dfrac{dy}{dx}=\dfrac{\dfrac{dy}{dt}}{\dfrac{dx}{dt}}=\dfrac{2t+1}{2t-1}$ $t=2$ のとき $\dfrac{dy}{dx}=\dfrac{5}{3}$

したがって,点 $(2, 4)$ における接線の方程式は
$y-4=\dfrac{5}{3}(x-2)$ $\boldsymbol{y=\dfrac{5}{3}x+\dfrac{2}{3}}$ ……答

186 曲線 $x=\cos t$, $y=\cos 2t$ の $t=\dfrac{\pi}{3}$ に対応する点における接線の方程式を求めよ。

187 曲線 $x=\cos^3 t$, $y=\sin^3 t$ の $t=\dfrac{\pi}{6}$ に対応する点における接線および法線の方程式を求めよ。

188 曲線 $x=\sqrt{t}$, $y=t^2+1$ の $t=4$ に対応する点における接線および法線の方程式を求めよ。

189 曲線 $x=a\cos\theta$, $y=b\sin\theta$ $(a>0, b>0, 0\leqq\theta<2\pi)$ 上の $\theta=\dfrac{\pi}{6}$ に対応する点における接線の方程式を求めよ。

> **例題研究** 2曲線 $y=x^2$, $y=\dfrac{1}{x}$ の共通接線の方程式と接点の座標を求めよ。
>
> **[着眼]** 曲線 $y=x^2$ 上の点における接線と曲線 $y=\dfrac{1}{x}$ 上の点における接線が一致する。
>
> **[解き方]** 曲線 $y=x^2$ 上の点 (a, a^2) における接線の方程式を求めると
> $y'=2x$ より $y-a^2=2a(x-a)$ $y=2ax-a^2$ ……①
> 曲線 $y=\dfrac{1}{x}$ 上の点 $\left(b, \dfrac{1}{b}\right)$ における接線の方程式を求めると
> $y'=-\dfrac{1}{x^2}$ より $y-\dfrac{1}{b}=-\dfrac{1}{b^2}(x-b)$ $y=-\dfrac{1}{b^2}x+\dfrac{2}{b}$ ……②
> この2つの接線が共通接線となるためには，①，②が一致すればよい。
> 係数を比較して $2a=-\dfrac{1}{b^2}$ ……③, $-a^2=\dfrac{2}{b}$ ……④
> ③より $a=-\dfrac{1}{2b^2}$ ……③′ これを④に代入して $-\dfrac{1}{4b^4}=\dfrac{2}{b}$ $b^3=-\dfrac{1}{8}$
> よって $b=-\dfrac{1}{2}$
> これを③′に代入して $a=-2$
> したがって，**求める共通接線の方程式は** $y=-4x-4$ ……**[答]**
> また，**曲線 $y=x^2$ 上の接点の座標は $(-2, 4)$** ……**[答]**
> 　　　曲線 $y=\dfrac{1}{x}$ 上の接点の座標は $\left(-\dfrac{1}{2}, -2\right)$ ……**[答]**

190 曲線 $y=(2x-a)^2$ と曲線 $y=e^x$ が共有点をもち，その点における2曲線の接線が一致するとき，定数 a の値を求めよ。**◁差がつく**

191 2曲線 $C_1: y=e^{x+\alpha}+\beta$, $C_2: y=\log x$ について，点 $(1, 0)$ における C_2 の接線が C_1 にも接しているものとする。
(1) β を α で表せ。
(2) C_1, C_2 の共通接線の方程式をすべて求め，α を用いて表せ。

192 点 $(a, 0)$ から曲線 $y=xe^x$ に2本の接線が引けるような，定数 a の値の範囲を求めよ。ただし，この曲線に2点で接する接線は存在しないことを用いてもよい。

20 関数の値の変化

★ テストに出る重要ポイント

- **平均値の定理**
  関数 $f(x)$ が $a \leq x \leq b$ で連続で，$a<x<b$ で微分可能なとき
  ① $\dfrac{f(b)-f(a)}{b-a} = f'(c)$，$a<c<b$ を満たす c が存在する。
  ② $f(a+h) = f(a) + hf'(a+\theta h)$，$0<\theta<1$ を満たす θ が存在する。

- **関数の増減**…$a \leq x \leq b$ で連続で，$a<x<b$ で微分可能な関数 $f(x)$ に対して，区間 $a<x<b$ で常に
  $f'(x)>0$ のとき，$f(x)$ は $a \leq x \leq b$ で **増加**
  $f'(x)=0$ のとき，$f(x)$ は $a \leq x \leq b$ で **定数**
  $f'(x)<0$ のとき，$f(x)$ は $a \leq x \leq b$ で **減少**

- **関数の極値の判定**
  関数 $f(x)$ に対して，$f'(a)=0$ であるとき，$x=a$ を境にして
  $f'(x)$ の符号が **正から負に** 変わるとき，$x=a$ で **極大**，極大値 $f(a)$
  $f'(x)$ の符号が **負から正に** 変わるとき，$x=a$ で **極小**，極小値 $f(a)$

- **極値と微分係数**…関数 $f(x)$ が $x=a$ で極値をとり，$f'(a)$ が存在するならば，$f'(a)=0$ である。しかし，$f'(a)=0$ のとき，$f(x)$ が $x=a$ で極値をとるとは限らない。

基本問題 ……………………………………………… 解答 ⇒ 別冊 $p.51$

193 次の関数について，平均値の定理 $f(b)-f(a)=(b-a)f'(c)$ $(a<c<b)$ を満たす c の値を求めよ。

- (1) $f(x)=x^2$, $a=0$, $b=2$
- (2) $f(x)=e^x$, $a=0$, $b=2$
- (3) $f(x)=\sqrt{x}$, $a=2$, $b=4$
- (4) $f(x)=\log x$, $a=1$, $b=e$

194 次の関数について，平均値の定理 $f(a+h)=f(a)+hf'(a+\theta h)$ $(0<\theta<1)$ を満たす θ の値を求めよ。

- (1) $f(x)=\sqrt{x+1}$, $a=0$, $h=2$
- (2) $f(x)=e^x$, $a=0$, $h=2$

20 関数の値の変化

例題研究 次の関数の増減を調べ，極値を求めよ。
$$f(x)=\sin x+\frac{1}{2}\sin 2x \quad (0\leqq x\leqq 2\pi)$$

[着眼] 関数 $f(x)$ の増減は，その導関数 $f'(x)$ の符号で判定することができる。
$f'(x)>0$ ならば，$f(x)$ は増加，$f'(x)<0$ ならば，$f(x)$ は減少。

[解き方] $f'(x)=\cos x+\cos 2x=\cos x+2\cos^2 x-1$
$\qquad\qquad =(\cos x+1)(2\cos x-1)$

$f'(x)=0$ とおくと $\cos x=-1,\ \dfrac{1}{2}$

この解は，$0\leqq x\leqq 2\pi$ では $x=\dfrac{\pi}{3},\ \pi,\ \dfrac{5}{3}\pi$

$0\leqq x\leqq 2\pi$ における $f(x)$ の増減表は次のようになる。

x	0	$\cdots$	$\dfrac{\pi}{3}$	$\cdots$	π	$\cdots$	$\dfrac{5}{3}\pi$	$\cdots$	2π
$f'(x)$		$+$	0	$-$	0	$-$	0	$+$	
$f(x)$	0	↗	$\dfrac{3\sqrt{3}}{4}$	↘	0	↘	$-\dfrac{3\sqrt{3}}{4}$	↗	0

よって，$\mathbf{0\leqq x\leqq \dfrac{\pi}{3},\ \dfrac{5}{3}\pi\leqq x\leqq 2\pi}$ のとき増加

$\dfrac{\pi}{3}\leqq x\leqq \dfrac{5}{3}\pi$ のとき減少 ……**答**

$x=\dfrac{\pi}{3}$ のとき極大値 $\dfrac{3\sqrt{3}}{4}$，$x=\dfrac{5}{3}\pi$ のとき極小値 $-\dfrac{3\sqrt{3}}{4}$ ……**答**

---

195 次の関数の増減を調べよ。

☐ (1) $f(x)=2x^3+3x^2$ 　　　☐ (2) $f(x)=x^2 e^x$

☐ (3) $f(x)=\dfrac{x-2}{x+1}$ 　　　☐ (4) $f(x)=\dfrac{x}{e^x}$

196 次の関数の増減を調べ，極値を求めよ。

☐ (1) $f(x)=\sqrt{x(2-x)}$ 　　　☐ (2) $f(x)=e^x\sin x\ (0\leqq x\leqq \pi)$

☐ (3) $f(x)=\dfrac{x-1}{x^2+3}$ 　　　☐ (4) $f(x)=x+\dfrac{1}{x}$

197 次の関数の増減を調べ，極値を求めよ。　**◀テスト必出**

☐ (1) $f(x)=x^2(x-1)$ 　　　☐ (2) $f(x)=x-\log x$

☐ (3) $f(x)=e^x+e^{-x}$ 　　　☐ (4) $f(x)=\sin x-x\ (0\leqq x\leqq 2\pi)$

応用問題

> **例題研究** 平均値の定理を利用して，$x>0$ のとき，$0<\log\dfrac{e^x-1}{x}<x$ であることを証明せよ。
>
> **着眼** 平均値の定理は，「関数 $f(x)$ が $a\leqq x\leqq b$ で連続で，$a<x<b$ で微分可能なとき，$\dfrac{f(b)-f(a)}{b-a}=f'(c)$，$a<c<b$ を満たす c が存在する。」
>
> **解き方** $f(t)=e^t$ とおくと，$f(t)$ は実数全体で微分可能で $f'(t)=e^t$
> $0\leqq t\leqq x$ で平均値の定理を用いると
> $\dfrac{f(x)-f(0)}{x-0}=f'(c)$，$0<c<x$ を満たす c が存在する。
> すなわち，$\dfrac{e^x-1}{x}=e^c$ より $c=\log\dfrac{e^x-1}{x}$
> よって，$0<c<x$ であるから $0<\log\dfrac{e^x-1}{x}<x$ 〔証明終〕

198 平均値の定理を利用して，$m<n$ のとき，$e^m<\dfrac{e^n-e^m}{n-m}<e^n$ を証明せよ。

〈差がつく〉

199 関数 $f(x)=x^3$ について，平均値の定理 $f(a+h)=f(a)+hf'(a+\theta h)$ $(a>0,\ h>0,\ 0<\theta<1)$ を満たす θ を a, h を用いて表せ。
また，$\lim\limits_{h\to 0}\theta$ を求めよ。

ガイド $f'(x)$ を求め，条件式より θ を求める。

200 次の関数の増減を調べ，極値を求めよ。

(1) $f(x)=\dfrac{2x+3}{x^2-2}$

(2) $f(x)=\dfrac{x^2-x+1}{x^2+x+1}$

(3) $f(x)=\dfrac{\sin x}{1+\sin x}$ $\left(0\leqq x\leqq 2\pi,\ ただし,\ x\neq\dfrac{3}{2}\pi\right)$

例題研究 関数 $f(x) = \dfrac{ax^2 - bx + 4}{x^2 + 1}$ が $x=1$ で極大値 7 をとるとき，定数 a，b の値を求めよ．

[着眼] $f(x)$ は微分可能であるから，$x=1$ で極大値 7 をとる必要条件は
$f(1)=7$ かつ $f'(1)=0$

[解き方] $f'(x) = \dfrac{(2ax-b)(x^2+1) - (ax^2-bx+4)\cdot 2x}{(x^2+1)^2}$

$= \dfrac{bx^2 + 2(a-4)x - b}{(x^2+1)^2}$

$f'(1)=0$ より　$b + 2a - 8 - b = 0$　　よって　$a=4$
また，$f(1)=7$ より　$a - b + 4 = 14$
$a=4$ であるから　$b = -6$
$a=4$，$b=-6$ のとき　$f'(x) = -\dfrac{6(x^2-1)}{(x^2+1)^2} = -\dfrac{6(x+1)(x-1)}{(x^2+1)^2}$
　→ 十分性を示すことを忘れるな
となるので，$f'(x)$ は $x=1$ の前後で正から負に変わる．
よって，$f(x)$ は $x=1$ で極大となる．
したがって　$\boldsymbol{a=4}$，$\boldsymbol{b=-6}$　……**答**

201 関数 $f(x) = x - \dfrac{a}{x}$ が $x=1$ で極値をとるように，定数 a の値を定めよ．

202 関数 $f(x) = \dfrac{ax - b}{x^2 - 1}$ が $x=2$ で極値 1 をとるように，定数 a，b の値を定めよ．　**＜差がつく**

[ガイド] $x=2$ で極値 1 をとるから $f(2)=1$，$f'(2)=0$ より a，b を求める．

203 関数 $f(x) = \dfrac{e^x}{1 - ax^2}$ について，次の問いに答えよ．ただし，$a < 0$ とする．

(1) $f'(x)$ を求めよ．
(2) $f(x)$ が極値をもつ a の値の範囲を求めよ．

[ガイド] 微分可能な関数 $f(x)$ が $x=t$ で極値をとるとは，$f'(t)=0$ かつ $f'(x)$ が $x=t$ の前後で符号が変わることである．

21 最大・最小

★ テストに出る重要ポイント

● 最大・最小を調べるときの注意
① **定義域全体にわたって調べる**こと。とくに，端点における関数の状況の吟味を忘れてはいけない。
② 閉区間で連続な関数は，最大値および最小値を必ずもつ。**極値と端点での値を比べて**決定する。

基本問題 …… 解答 → 別冊 p.54

例題研究　$f(x)=|x-1|+\sqrt{x}$　$(0 \leq x \leq 2)$ の最大値，最小値を求めよ。

[着眼] 変域の場合分けをして，$f(x)$ の増減表を作る。$x=0$，2 のときの $f(x)$ の値と増減表より最大値，最小値を求めればよい。

[解き方] $f(x)=\begin{cases} x-1+\sqrt{x} & (1 \leq x \leq 2) \\ 1-x+\sqrt{x} & (0 \leq x < 1) \end{cases}$　より　$f'(x)=\begin{cases} 1+\dfrac{1}{2\sqrt{x}} & (1 < x \leq 2) \\ -1+\dfrac{1}{2\sqrt{x}} & (0 < x < 1) \end{cases}$

したがって，増減表は下の通り。

x	0	…	$\dfrac{1}{4}$	…	1	…	2
$f'(x)$		+	0	−		+	
$f(x)$	1	↗	$\dfrac{5}{4}$	↘	1	↗	$1+\sqrt{2}$

よって
$\begin{cases} x=2 \text{ のとき，最大値 } 1+\sqrt{2} \\ x=0, 1 \text{ のとき，最小値 } 1 \end{cases}$ ……答

204 次の関数の最大値と最小値を求めよ。 [テスト必出]

- (1) $f(x)=x-2\sqrt{x}$　$(0 \leq x \leq 1)$
- (2) $f(x)=x+\dfrac{1}{x}$　$\left(\dfrac{1}{3} \leq x \leq 2\right)$
- (3) $f(x)=x+2\sin x$　$(0 \leq x \leq \pi)$
- (4) $f(x)=x-e^{|x|}$　$(-1 \leq x \leq 1)$

応用問題　　　解答 → 別冊 p.55

例題研究 関数 $f(x) = \dfrac{x-2}{x^2+1}$ の最大値，最小値を求めよ。

[着眼] 定義域は実数全体であるから，極大，極小のほかに $\lim\limits_{x \to -\infty} f(x)$, $\lim\limits_{x \to \infty} f(x)$ を調べる必要がある。

[解き方] $f'(x) = \dfrac{1 \cdot (x^2+1) - (x-2) \cdot 2x}{(x^2+1)^2} = -\dfrac{x^2 - 4x - 1}{(x^2+1)^2}$

$f'(x) = 0$ とおくと　$x^2 - 4x - 1 = 0$ より　$x = 2 \pm \sqrt{5}$

$f(2+\sqrt{5}) = \dfrac{(2+\sqrt{5})-2}{(2+\sqrt{5})^2+1} = \dfrac{\sqrt{5}}{10+4\sqrt{5}} = \dfrac{\sqrt{5}-2}{2}$

$f(2-\sqrt{5}) = \dfrac{(2-\sqrt{5})-2}{(2-\sqrt{5})^2+1} = \dfrac{-\sqrt{5}}{10-4\sqrt{5}} = -\dfrac{\sqrt{5}+2}{2}$

増減表は次のようになる。

x	$\cdots$	$2-\sqrt{5}$	$\cdots$	$2+\sqrt{5}$	$\cdots$
$f'(x)$	$-$	0	$+$	0	$-$
$f(x)$	$\searrow$	極小 $-\dfrac{\sqrt{5}+2}{2}$	$\nearrow$	極大 $\dfrac{\sqrt{5}-2}{2}$	$\searrow$

ところで　$\lim\limits_{x \to -\infty} \dfrac{x-2}{x^2+1} = 0$, $\lim\limits_{x \to \infty} \dfrac{x-2}{x^2+1} = 0$

したがって，**$x = 2+\sqrt{5}$ のとき最大値 $\dfrac{\sqrt{5}-2}{2}$**

$x = 2-\sqrt{5}$ のとき最小値 $-\dfrac{\sqrt{5}+2}{2}$　……**[答]**

205 次の関数の最大値，最小値を求めよ。

(1) $y = x + \sqrt{1-x^2}$

(2) $y = \sqrt{1+x} + \sqrt{1-x}$

(3) $y = \dfrac{2-x}{x^2+2}$

(4) $y = x\sqrt{4-x^2}$

(5) $y = \dfrac{x^2-4x}{x^2+4}$

206 次の関数の最大値，最小値を求めよ。

- (1) $y = \sin x + \sin^2 x \quad (0 \leq x \leq \pi)$
- (2) $y = (x-1)\sin x + \cos x \quad (0 \leq x \leq \pi)$
- (3) $y = x \log x$
- (4) $y = \log(x^2+1) - \log x \quad \left(\dfrac{1}{2} \leq x \leq 2\right)$

207 関数 $f(x) = (3x - 2x^2)e^{-x} \ (x \geq 0)$ の最大値，最小値を求めよ。ただし，必要ならば $\lim\limits_{x \to \infty} xe^{-x} = 0$，$\lim\limits_{x \to \infty} x^2 e^{-x} = 0$ を用いてもよい。 **◀差がつく**

例題研究 半径 r の円に内接する頂角の大きさが θ の二等辺三角形の面積を S とする。
(1) S を r，θ で表せ。
(2) S を最大にする θ の値を求めよ。

着眼 題意より図を正確にかいて考える。頂角の大きさが θ であるから，円周角と中心角の関係に気がつけば簡単である。

解き方 (1) $0 < \theta < \dfrac{\pi}{2}$ のとき，右の図より，二等辺三角形の底辺は $BC = 2r\sin\theta$，高さは $AH = r + r\cos\theta$ となる。

これは $\dfrac{\pi}{2} \leq \theta < \pi$ のときも成り立つ。

よって，二等辺三角形の面積 S は
$$S = \dfrac{1}{2} \cdot 2r\sin\theta \cdot (r + r\cos\theta)$$
$$= r^2 \sin\theta (1 + \cos\theta) \quad \cdots\cdots \text{答}$$

(2) $\dfrac{dS}{d\theta} = r^2\{\cos\theta(1+\cos\theta) - \sin\theta \cdot \sin\theta\}$
$= r^2(2\cos^2\theta + \cos\theta - 1)$
$= r^2(\cos\theta + 1)(2\cos\theta - 1)$

$\dfrac{dS}{d\theta} = 0$ とすると $\cos\theta = -1, \dfrac{1}{2}$

題意より，$0 < \theta < \pi$ であるから $\theta = \dfrac{\pi}{3}$ →**隠れた条件**

S の増減表は右のようになって $\theta = \dfrac{\pi}{3}$ のとき，S は最大となる。

したがって $\boldsymbol{\theta = \dfrac{\pi}{3}}$ $\cdots\cdots$**答**

θ	0	$\cdots$	$\dfrac{\pi}{3}$	$\cdots$	π
$\dfrac{dS}{d\theta}$		$+$	0	$-$	
S		↗	極大 $\dfrac{3\sqrt{3}}{4}r^2$	↘	

208 半径 a の円に内接する頂角の大きさが 2θ の二等辺三角形がある。
- (1) この三角形の周の長さ l を θ で表せ。
- (2) l を最大にする θ の値と，そのときの l の値を求めよ。

209 長さ $2a$ の線分 AB を直径とする半円がある。直径 AB に平行な弦 PQ を引いたとき，台形 PABQ の面積を最大にする ∠PAB の大きさを求めよ。

📖 **ガイド** 半円の中心（AB の中点）を O として，∠POA＝θ とおくと簡単。

210 半径 a の球 O に外接する直円錐の体積の最小値を求めよ。

211 表面積が一定値 S の直円柱で，体積が最大のものを作りたい。底面の直径と高さの比をいくらにすればよいか。 **差がつく**

212 半径 r，高さ r の直円柱に外接する直円錐の体積の最小値を r で表せ。

213 曲線 $y=e^x$ 上の点 P$(a,\ e^a)$ における接線と，x 軸，y 軸とで囲まれる三角形の面積を S とするとき，S の最大値とそのときの a の値を求めよ。ただし，$a<0$ とする。

214 楕円 $\dfrac{x^2}{9}+\dfrac{y^2}{4}=1$ の第 1 象限内の弧の上の点 P における接線が，x 軸，y 軸と交わる点をそれぞれ Q，R とする。線分 QR の長さが最小となるような接点 P とそのときの線分 QR の長さを求めよ。

📖 **ガイド** 楕円の接線の公式を利用し，Q，R の座標を求めてみよう。

215 平面上を動く 2 点 P，Q の時刻 t における座標が，それぞれ P$(\sqrt{2}\cos t,\ \sin t)$，Q$(\sin t,\ \sqrt{2})$ で与えられている。このとき，P と Q の距離が最大および最小となる時刻 t をそれぞれ求めよ。ただし，$0\leqq t\leqq 2\pi$ とする。

📖 **ガイド** 2 点間の距離は PQ であるが，PQ² を t の関数で表せ。

22 第2次導関数の応用

★ テストに出る重要ポイント

- **第2次導関数による極値の判定**…第2次導関数をもつ関数 $f(x)$ で
  $f'(a)=0$, $f''(a)>0$ のとき, $f(a)$ は**極小値**
  $f'(a)=0$, $f''(a)<0$ のとき, $f(a)$ は**極大値**

- **曲線の凹凸**
  $f''(x)>0$ である区間で, 曲線 $y=f(x)$ は**下に凸**
  $f''(x)<0$ である区間で, 曲線 $y=f(x)$ は**上に凸**

- **変曲点**…$f''(a)=0$ であって, $f''(x)$ の符号が $x=a$ の前後で変わるならば, 点 $(a, f(a))$ は曲線 $y=f(x)$ の**変曲点**である。

- **グラフをかく手順**
  ① 定義域を確かめる。
  ② 対称性（x軸, y軸, 原点などに関して対称か）を調べる。
  ③ 関数の増減, 極値を調べる。
  ④ グラフの凹凸, 変曲点を調べる。
  ⑤ 座標軸との交点が求められれば求めておく。
  ⑥ 遠方での曲線のようすを調べる。とくに, 漸近線があれば求める。

- **漸近線の求め方**
  ① x 軸に垂直な漸近線
     $\lim_{x \to a+0} f(x)$ または $\lim_{x \to a-0} f(x)$ が ∞ か $-\infty$ ならば直線 $x=a$ が漸近線
  ② y 軸に垂直な漸近線
     $\lim_{x \to \infty} f(x)=b$ または $\lim_{x \to -\infty} f(x)=b$ ならば直線 $y=b$ が漸近線
  ③ x 軸に垂直でない漸近線
     $\lim_{x \to \infty}\{f(x)-(ax+b)\}=0$ または $\lim_{x \to -\infty}\{f(x)-(ax+b)\}=0$ ならば
     直線 $y=ax+b$ が漸近線
     $a=\lim_{x \to \pm\infty}\dfrac{f(x)}{x}$, $b=\lim_{x \to \pm\infty}\{f(x)-ax\}$ より求める。

基本問題

216 次の関数の第2次導関数を求めよ。

(1) $y = x^3 - 3x^2$
(2) $y = \sqrt{x-1}$
(3) $y = \dfrac{1}{x+2}$
(4) $y = \dfrac{\log x}{x}$
(5) $y = \sin x$
(6) $y = (x-1)e^x$

217 第2次導関数を用いて，次の関数の極値を求めよ。

(1) $y = x^3 + 3x^2$
(2) $y = x^2 e^{-x}$
(3) $y = x + 2\cos x \ (0 \leqq x \leqq 2\pi)$
(4) $y = \dfrac{2}{x^2+1}$

ガイド $f'(a)=0, f''(a)<0$ ならば $f(a)$ は極大値，$f'(a)=0, f''(a)>0$ ならば $f(a)$ は極小値である。

例題研究 次の曲線の凹凸を調べ，変曲点を求めよ。

$$y = x - 2\cos x \ (0 \leqq x \leqq 2\pi)$$

着眼 変曲点は「上に凸から下に凸へ」または「下に凸から上に凸へ」と変化する点である。すなわち，y'' の符号が変わる点である。

解き方 $y' = 1 + 2\sin x, \ y'' = 2\cos x$
よって，y'' の符号を調べると下の表のようになる。

x	0	…	$\dfrac{\pi}{2}$	…	$\dfrac{3}{2}\pi$	…	2π
y''		+	0	−	0	+	
y	−2	∪	$\dfrac{\pi}{2}$	∩	$\dfrac{3}{2}\pi$	∪	$2\pi-2$

(i) $0<x<\dfrac{\pi}{2}, \ \dfrac{3}{2}\pi<x<2\pi$ のとき $y''>0$ であるから，下に凸。

(ii) $\dfrac{\pi}{2}<x<\dfrac{3}{2}\pi$ のとき $y''<0$ であるから，上に凸。

よって，$\dfrac{\pi}{2}<x<\dfrac{3}{2}\pi$ のとき上に凸，$0<x<\dfrac{\pi}{2}, \ \dfrac{3}{2}\pi<x<2\pi$ のとき下に凸 ……**答**

また，$x=\dfrac{\pi}{2}$ と $x=\dfrac{3}{2}\pi$ の前後で y'' は符号を変えるから，

変曲点は $\left(\dfrac{\pi}{2}, \dfrac{\pi}{2}\right), \ \left(\dfrac{3}{2}\pi, \dfrac{3}{2}\pi\right)$ ……**答**

218 次の曲線の凹凸を調べ，変曲点を求めよ。

- (1) $y = x^3 - 3x^2 + 2$
- (2) $y = -x^4 + x^3 + 1$
- (3) $y = e^{-x^2}$
- (4) $y = \log(1 + x^2)$
- (5) $y = -\sin^2 x + 2\sin x \ (0 < x < 2\pi)$

219 次の関数のグラフの漸近線を求めよ。

- (1) $y = \dfrac{x^2}{x-1}$
- (2) $y = \dfrac{x^2}{x+1}$
- (3) $y = 2x - \dfrac{1}{x-1} + \dfrac{1}{x+1}$

例題研究 関数 $y = \dfrac{x^2 - 3x + 2}{x^2}$ のグラフをかけ。

[着眼] p.82 の「グラフをかく手順」にしたがって，調べていけばよい。

[解き方] $y = 1 - \dfrac{3}{x} + \dfrac{2}{x^2}$ と変形して

$$y' = \dfrac{3}{x^2} - \dfrac{4}{x^3} = \dfrac{3x-4}{x^3}$$

$$y'' = -\dfrac{6}{x^3} + \dfrac{12}{x^4} = -\dfrac{6(x-2)}{x^4}$$

y', y'' の符号を調べて，表を作ると右のようになる。よって，$x = \dfrac{4}{3}$ のとき極小値 $-\dfrac{1}{8}$ をとる。変曲点は $(2, 0)$

また，$\lim\limits_{x \to \infty}\left(1 - \dfrac{3}{x} + \dfrac{2}{x^2}\right) = 1$,

$\lim\limits_{x \to -\infty}\left(1 - \dfrac{3}{x} + \dfrac{2}{x^2}\right) = 1$ だから，直線 $y = 1$ は漸近線。

$\lim\limits_{x \to +0} \dfrac{x^2 - 3x + 2}{x^2} = \infty$, $\lim\limits_{x \to -0} \dfrac{x^2 - 3x + 2}{x^2} = \infty$

だから，直線 $x = 0$ は漸近線。

以上より，グラフの概形は**右の図** ……**答**

x	$\cdots$	0	$\cdots$	$\dfrac{4}{3}$	$\cdots$	2	$\cdots$
y'	$+$	/	$-$	0	$+$	$+$	$+$
y''	$+$	/	$+$	$+$	$+$	0	$-$
y	↗	/	↘	$-\dfrac{1}{8}$	↗	0	↗

220 次の関数のグラフをかけ。 ◀テスト必出

(1) $y = \dfrac{x^2+1}{x-1}$

(2) $y = \dfrac{2x^2-1}{1-x^2}$

応用問題 ………………………………………………… 解答 ➡ 別冊 p.59

例題研究　関数 $y = 2\sin x + \sin 2x$ （$0 \leqq x \leqq 2\pi$）のグラフをかけ。

［着眼］ $0 \leqq x \leqq 2\pi$ での y', y'' の符号を調べる。

［解き方］ 定義域 $0 \leqq x \leqq 2\pi$ ……① で，y は連続である。

$y' = 2\cos x + 2\cos 2x = 2\cos x + 2(2\cos^2 x - 1)$
$= 2(2\cos^2 x + \cos x - 1) = 2(\cos x + 1)(2\cos x - 1)$

$y' = 0$ とおくと，①の範囲では $x = \dfrac{\pi}{3},\ \pi,\ \dfrac{5}{3}\pi$

また　$y'' = -2\sin x - 4\sin 2x = -2\sin x - 4(2\sin x \cos x)$
$= -2\sin x (4\cos x + 1)$

$y'' = 0$ とおくと，①の範囲では $x = 0,\ \alpha_1,\ \pi,\ \alpha_2,\ 2\pi$

$\left(\text{ただし，}\alpha_1,\ \alpha_2 \text{ は } \cos x = -\dfrac{1}{4} \text{ を満たし，} \dfrac{\pi}{2} < \alpha_1 < \pi < \alpha_2 < \dfrac{3}{2}\pi\right)$

y', y'' の符号を調べて，表を作ると，次のようになる。

x	0	…	$\dfrac{\pi}{3}$	…	α_1	…	π	…	α_2	…	$\dfrac{5}{3}\pi$	…	2π
y'		+	0	−		−	0	−		−	0	+	
y''		−		−	0	+	0	−	0	+		+	
y	0	↗	極大 $\dfrac{3\sqrt{3}}{2}$	↘	$\dfrac{3\sqrt{15}}{8}$	↘	0	↘	$-\dfrac{3\sqrt{15}}{8}$	↘	極小 $-\dfrac{3\sqrt{3}}{2}$	↗	0

$x = \dfrac{\pi}{3}$ のとき極大値 $\dfrac{3\sqrt{3}}{2}$，$x = \dfrac{5}{3}\pi$ のとき極小値 $-\dfrac{3\sqrt{3}}{2}$ をとる。

座標軸との共有点は
　　$(0,\ 0),\ (\pi,\ 0),\ (2\pi,\ 0)$

変曲点は $(\pi,\ 0)$ および $\left(\alpha_1,\ \dfrac{3\sqrt{15}}{8}\right)$，

$\left(\alpha_2,\ -\dfrac{3\sqrt{15}}{8}\right)$ である。

また，漸近線はない。

以上より，グラフの概形は**右の図** ……**答**

221 関数 $y=x^2 e^{-x}$ のグラフをかけ。ただし，$\lim_{x \to \infty} x^2 e^{-x}=0$ を用いてもよい。

◀差がつく

例題研究▷ 関数 $y=\log\dfrac{x+1}{1-x}$ $(-1<x<1)$ のグラフは，その変曲点に関して対称であることを証明せよ。

［着眼］ 曲線 $y=f(x)$ が原点に関して対称ならば $f(-x)=-f(x)$

［解き方］ $y=\log(x+1)-\log(1-x)$ より

$y'=\dfrac{1}{x+1}+\dfrac{1}{1-x}$

$y''=\dfrac{-1}{(x+1)^2}+\dfrac{1}{(x-1)^2}=\dfrac{4x}{(x+1)^2(x-1)^2}$

y'' の符号を調べると右の表のようになる。
この表より，変曲点は $(0, 0)$ である。
$f(x)=\log\dfrac{x+1}{1-x}$ とおくと

x	-1	$\cdots$	0	$\cdots$	1
y''		$-$	0	$+$	
y		上に凸	0	下に凸	

$f(-x)=\log\dfrac{-x+1}{1+x}=\log\left(\dfrac{x+1}{1-x}\right)^{-1}=-\log\dfrac{x+1}{1-x}=-f(x)$

となるから，$y=f(x)$ のグラフは原点に関して対称である。すなわち，$y=f(x)$ のグラフは変曲点に関して対称である。〔証明終〕

---

222 曲線 $y=x^3-3x^2-12x+1$ は変曲点に関して対称であることを示せ。

223 方程式 $y^2=x^2(1+x)$ が表す曲線の概形をかけ。

📖ガイド y について解くと，$y=\pm x\sqrt{1+x}$ だから，曲線 $y=x\sqrt{1+x}$ と曲線 $y=-x\sqrt{1+x}$ をあわせてかけばよい。

224 曲線 $x=t^2+1$，$y=2t-t^2$ のグラフをかけ。

📖ガイド t を消去して，x，y の関係式を作ればよい。

23 方程式・不等式への応用

★ テストに出る重要ポイント

● 方程式の実数解の個数
① 方程式 $f(x)=0$ の実数解の個数は **$y=f(x)$ のグラフと x 軸との共有点の個数** に等しい。また，方程式 $f(x)=g(x)$ の実数解の個数は **$y=f(x)$ のグラフと $y=g(x)$ のグラフの共有点の個数** に等しい。

② 方程式が定数 a を含むときは $a=f(x)$ の形に変形し，$f(x)$ の値の変化を調べればよい。すなわち，**$y=f(x)$ のグラフと直線 $y=a$ の共有点の個数** を調べる。

● 不等式の証明
① 「$x>a$ のとき $f(x)>0$」の証明は，$f(x)$ の最小値 >0 を示す。
 とくに，$f(x)$ が増加関数のときは，$f(a)≧0$ を示す。つまり，$f'(x)>0$，$f(a)≧0$ を示す。

② 「$f(x)>g(x)$」の証明は，$F(x)=f(x)-g(x)>0$ すなわち，$F(x)$ の最小値 >0 を示す。

③ 平均値の定理を利用して，不等式を証明する。

基本問題　　　　　　　　　　　　　　解答 ➡ 別冊 p.60

例題研究▷ 方程式 $e^x=3x$ の異なる実数解の個数を調べよ。

［着眼］ $f(x)=\dfrac{e^x}{x}$ とおき，$y=f(x)$ のグラフと $y=3$ のグラフの共有点の個数を調べる。

［解き方］ $x=0$ は $e^x=3x$ の解ではないから，
$e^x=3x$ の解と $3=\dfrac{e^x}{x}$ の解は一致する。

$f(x)=\dfrac{e^x}{x}$ とおくと　$f'(x)=\dfrac{e^x(x-1)}{x^2}$

x	$\cdots$	0	$\cdots$	1	$\cdots$
$f'(x)$	$-$	/	$-$	0	$+$
$f(x)$	↘	/	↘	e	↗

$\lim_{x\to-\infty}\dfrac{e^x}{x}=0$，$\lim_{x\to\infty}\dfrac{e^x}{x}=\infty$，$\lim_{x\to-0}\dfrac{e^x}{x}=-\infty$，$\lim_{x\to+0}\dfrac{e^x}{x}=\infty$

$y=f(x)$ のグラフと直線 $y=3$ の共有点の個数が $e^x=3x$ の解の個数に等しいから　**2 個**　……**答**

225 次の方程式の異なる実数解の個数を求めよ。

- (1) $e^x = x+2$
- (2) $2x - \cos x = 0$
- (3) $4\log x = x$
- (4) $x^4 - 6x^2 - 5 = 0$

例題研究 (1) $x>0$ のとき，不等式 $e^x > 1+x$ が成立することを証明せよ。

(2) $x>0$ のとき，不等式 $e^x > 1+x+\dfrac{x^2}{2}$ が成立することを証明し，これを利用して $\lim\limits_{x\to\infty}\dfrac{e^x}{x} = \infty$ を示せ。

着眼 $p(x) > q(x)$ を示すには $f(x) = p(x) - q(x)$ とおき，$f(x)$ の増減を調べて $f(x) > 0$ が成立することを示す。

解き方 (1) $f(x) = e^x - (1+x)$ とおくと $f'(x) = e^x - 1$
$x>0$ のとき，$f'(x) > 0$ である。
また，$f(0) = 0$ であり，$f(x)$ は連続であるから
$x>0$ のとき，$f(x) > 0$ である。
すなわち，$x>0$ のとき $e^x > 1+x$ 〔証明終〕

x	0	$\cdots$
$f'(x)$		$+$
$f(x)$	0	↗

(2) $g(x) = e^x - \left(1+x+\dfrac{x^2}{2}\right)$ とおくと，
$g'(x) = e^x - (1+x)$ で，(1)の結果より，
$x>0$ のとき，$e^x > 1+x$ であるから，$g'(x) > 0$ である。
また，$g(0) = 0$ であり，$g(x)$ は連続であるから，$x>0$ のとき，$g(x) > 0$ である。
すなわち $x>0$ のとき $e^x > 1+x+\dfrac{x^2}{2}$ 〔証明終〕

x	0	$\cdots$
$g'(x)$		$+$
$g(x)$	0	↗

この両辺を $x\,(x>0)$ で割ると $\dfrac{e^x}{x} > \dfrac{1}{x} + 1 + \dfrac{x}{2}$

ここで $\lim\limits_{x\to\infty}\left(\dfrac{1}{x} + 1 + \dfrac{x}{2}\right) = \infty$ であるから $\lim\limits_{x\to\infty}\dfrac{e^x}{x} = \infty$ 〔証明終〕

---

226 次の不等式が成り立つことを証明せよ。 **テスト必出**

- (1) $x>1$ のとき $x^4 - 4x + 3 > 0$
- (2) $x \geqq -1$ のとき $1 + \dfrac{1}{2}x \geqq \sqrt{1+x}$
- (3) $x>0$ のとき $x > \log(x+1)$

23 方程式・不等式への応用

応用問題　解答 ➡ 別冊 p.61

例題研究 　3次方程式 $x^3-3x^2-3ax-a-2=0$ の相異なる実数解の個数を調べよ。ただし，a は実数の定数とする。

着眼 $f(x)=a$（$f(x)$ は a を含まない形）に変形し，$y=f(x)$，$y=a$ のグラフの共有点の個数を調べればよい。

解き方 $x^3-3x^2-3ax-a-2=0$ より　$x^3-3x^2-2=(3x+1)a$　……①

①は $x=-\dfrac{1}{3}$ を解にもたないので，$\dfrac{x^3-3x^2-2}{3x+1}=a$　……②

と同値である。

$f(x)=\dfrac{x^3-3x^2-2}{3x+1}$ とおくと

$$f'(x)=\dfrac{(3x^2-6x)(3x+1)-(x^3-3x^2-2)\cdot 3}{(3x+1)^2}=\dfrac{6(x^3-x^2-x+1)}{(3x+1)^2}$$

$$=\dfrac{6(x+1)(x-1)^2}{(3x+1)^2}$$

$f'(x)=0$ とおくと　$x=\pm 1$

$f'(x)$ の符号を調べ，増減表を作ると，次のようになる。

x	$\cdots$	-1	$\cdots$	$-\dfrac{1}{3}$	$\cdots$	1	$\cdots$
$f'(x)$	$-$	0	$+$		$+$	0	$+$
$f(x)$	↘	3	↗		↗	-1	↗

ところで　$\lim\limits_{x\to\pm\infty}f(x)=\infty$

また，$\lim\limits_{x\to-\frac{1}{3}-0}f(x)=\infty$，$\lim\limits_{x\to-\frac{1}{3}+0}f(x)=-\infty$ より，

$y=f(x)$ のグラフは $x=-\dfrac{1}{3}$ を漸近線としている。

以上より，$y=f(x)$ のグラフをかくと，右の図のようになる。$y=f(x)$ と直線 $y=a$ との共有点の個数を考えて，方程式②，すなわち，方程式①の実数解の個数は

$a<3$ のとき 1 個，$a=3$ のとき 2 個，$a>3$ のとき 3 個 ……**答**

---

227 k を実数の定数とするとき，x についての方程式
$x^2(x+8)+k(x^2-1)(x+4)=0$ の相異なる実数解の個数を求めよ。　**差がつく**

例題研究 x が 1 でない正の数であるとき,次の不等式を証明せよ。
$$\sqrt{x} < \frac{x-1}{\log x} < \frac{x+1}{2}$$

[着眼] 与えられた不等式は $x>1$ のとき,$\dfrac{2(x-1)}{x+1} < \log x < \dfrac{x-1}{\sqrt{x}}$ と同値。

[解き方] $g(x) = \log x - \dfrac{2(x-1)}{x+1}$ とおくと $g'(x) = \dfrac{(x-1)^2}{x(x+1)^2}$

ゆえに,$x>0$,$x \neq 1$ ならば $g'(x)>0$ また,$g(1)=0$ であるから

(i) $0<x<1$ のとき $g(x)<0$

よって $\dfrac{2(x-1)}{x+1} > \log x$

ここで,$\log x < 0$,$x+1>0$ だから $\dfrac{x-1}{\log x} < \dfrac{x+1}{2}$

(ii) $x>1$ のとき $g(x)>0$

よって $\dfrac{2(x-1)}{x+1} < \log x$

ここで,$\log x > 0$,$x+1>0$ だから $\dfrac{x-1}{\log x} < \dfrac{x+1}{2}$

(i),(ii)いずれの場合も $\dfrac{x-1}{\log x} < \dfrac{x+1}{2}$ ……①

また,$h(x) = \dfrac{x-1}{\sqrt{x}} - \log x$ とおくと $h'(x) = \dfrac{(\sqrt{x}-1)^2}{2x\sqrt{x}}$

ゆえに,$x>0$,$x \neq 1$ ならば $h'(x)>0$ また,$h(1)=0$ であるから

$g(x)$ の場合と同様にして $\sqrt{x} < \dfrac{x-1}{\log x}$ ……②

①,②より $\sqrt{x} < \dfrac{x-1}{\log x} < \dfrac{x+1}{2}$ 〔証明終〕

228 平均値の定理を利用して,次の不等式を証明せよ。

☐ (1) $x>0$ のとき $\dfrac{x}{x+1} < \log(x+1) < x$

☐ (2) n は 2 以上の整数で,$x>0$ のとき $x^n - 1 \geq n(x-1)$

24 極限値への応用

★ テストに出る重要ポイント

○ 関数の極限値を求める問題

① 微分係数の定義の式 $f'(a)=\lim_{h\to 0}\dfrac{f(a+h)-f(a)}{h}=\lim_{x\to a}\dfrac{f(x)-f(a)}{x-a}$ に帰着させる。

② $\lim_{h\to 0}(1+h)^{\frac{1}{h}}=e$ を使う。

応用問題 ……………………………………………… 解答 ➡ 別冊 p.62

229 $f(x)$ が $x=a$ で微分可能であるとき,次の極限値を $f(a)$, $f'(a)$ を用いて表せ。

□ (1) $\displaystyle\lim_{x\to a}\dfrac{x^3 f(a)-a^3 f(x)}{x-a}$

□ (2) $\displaystyle\lim_{h\to 0}\dfrac{f(a+3h)-f(a-2h)}{h}$

230 微分係数の定義を利用して,次の極限値を求めよ。

□ (1) $\displaystyle\lim_{x\to a}\dfrac{\sin x-\sin a}{\sin(x-a)}$

□ (2) $\displaystyle\lim_{x\to 0}\dfrac{\log(x+1)}{e^{3x}-1}$

□ (3) $\displaystyle\lim_{x\to a}\dfrac{\tan x-\tan a}{\sqrt{x}-\sqrt{a}}$

□ (4) $\displaystyle\lim_{x\to 0}\dfrac{\sin(a+x)-\sin a}{\sqrt[3]{a+x}-\sqrt[3]{a}}$

📖 **ガイド** 与えられた式を変形して $\displaystyle\lim_{x\to a}\dfrac{f(x)-f(a)}{x-a}=f'(a)$ が使えるようにする。

例題研究 $\lim_{h \to 0}(1+h)^{\frac{1}{h}}=e$ であることを用いて，次の極限値を求めよ。

(1) $\lim_{x \to \infty}\left(1+\dfrac{3}{x}\right)^x$ (2) $\lim_{x \to 0}\dfrac{\log(1+3x)}{x}$

[着眼] (1) $h=\dfrac{3}{x}$ とおき換える。

(2) $\dfrac{\log(1+3x)}{x}=\log(1+3x)^{\frac{1}{x}}$ となるから $h=3x$ とおき換える。

[解き方] (1) $h=\dfrac{3}{x}$ とおくと $x \to \infty$ のとき $h \to 0$

よって $\lim_{x \to \infty}\left(1+\dfrac{3}{x}\right)^x = \lim_{h \to 0}(1+h)^{\frac{3}{h}} = \lim_{h \to 0}\{(1+h)^{\frac{1}{h}}\}^3 = \boldsymbol{e^3}$ ……**答**

(2) $h=3x$ とおくと $x \to 0$ のとき $h \to 0$

よって $\lim_{x \to 0}\dfrac{\log(1+3x)}{x} = \lim_{x \to 0}\log(1+3x)^{\frac{1}{x}} = \lim_{h \to 0}\log(1+h)^{\frac{3}{h}}$

$= \lim_{h \to 0}3\log(1+h)^{\frac{1}{h}} = 3\log e = \boldsymbol{3}$ ……**答**

---

231 $\lim_{h \to 0}(1+h)^{\frac{1}{h}}=e$ であることを用いて，次の極限値を求めよ。 **◀差がつく**

☐ (1) $\lim_{x \to \infty}\left(1-\dfrac{2}{x}\right)^x$ ☐ (2) $\lim_{x \to 0}\dfrac{e^{3x}-1}{x}$ ☐ (3) $\lim_{x \to 0}\dfrac{4^x-1}{x}$

232 次の極限値を求めよ。ただし，ロピタルの定理

「$\lim_{x \to a}f(x)=0$, $\lim_{x \to a}g(x)=0$ のとき，すなわち $\lim_{x \to a}\dfrac{f(x)}{g(x)}$ が $\dfrac{0}{0}$ の不定形であるとき，次式の右辺が存在すれば，左辺が存在し，等号が成り立つ。

$\lim_{x \to a}\dfrac{f(x)}{g(x)} = \lim_{x \to a}\dfrac{f'(x)}{g'(x)}$」

を用いてもよい。

☐ (1) $\lim_{x \to +0}\dfrac{\log(\sin x)}{\log x}$ ☐ (2) $\lim_{x \to \infty}\dfrac{x^2}{e^x-1}$ ☐ (3) $\lim_{x \to 0}\dfrac{\sin 3x}{x+\sin x}$

📖ガイド 「ロピタルの定理」は，$\lim_{x \to a}\dfrac{f(x)}{g(x)}$ が $\dfrac{\infty}{\infty}$ の不定形の場合にも使える。

25 速度と近似式

★ テストに出る重要ポイント

- **直線上の運動**…数直線上の動点 P の座標 x が，時刻 t の関数として，$x=f(t)$ で表されるとき
  ① 速度 $v=\dfrac{dx}{dt}=f'(t)$，速さ $|v|$
  ② 加速度 $\alpha=\dfrac{dv}{dt}=\dfrac{d^2x}{dt^2}=f''(t)$，加速度の大きさ $|\alpha|$

- **平面上の運動**…座標平面上の動点 P の座標 (x, y) が，時刻 t の関数として表されるとき
  ① 速度（速度ベクトル）$\vec{v}=\left(\dfrac{dx}{dt},\ \dfrac{dy}{dt}\right)$，速さ $|\vec{v}|=\sqrt{\left(\dfrac{dx}{dt}\right)^2+\left(\dfrac{dy}{dt}\right)^2}$
  ② 加速度（加速度ベクトル）$\vec{\alpha}=\left(\dfrac{d^2x}{dt^2},\ \dfrac{d^2y}{dt^2}\right)$，
  加速度の大きさ $|\vec{\alpha}|=\sqrt{\left(\dfrac{d^2x}{dt^2}\right)^2+\left(\dfrac{d^2y}{dt^2}\right)^2}$

- **1次の近似式**
  ① h が 0 に近いとき　$f(a+h) \fallingdotseq f(a)+f'(a)h$
  ② x が 0 に近いとき　$f(x) \fallingdotseq f(0)+f'(0)x$

基本問題

233 初速度 v_0 で真上に投げ上げた物体の t 秒後の高さ h は
$h=v_0 t-\dfrac{1}{2}gt^2$ で与えられる。次の問いに答えよ。ただし，g は定数とする。
- (1) t 秒後の速度と加速度を求めよ。
- (2) 物体が最高点に到達するのは何秒後か。

234 数直線上を動く点 P の動き始めてから t 秒後の座標 x が，$x=t^3-6t^2$ で表されているとき，次の問いに答えよ。◀テスト必出
- (1) 1秒後の点 P の位置，速度，速さ，運動の向き，加速度を求めよ。
- (2) 点 P が運動の向きを変えるのは，何秒後か。

例題研究 数直線上を運動する点 P の座標 x が時刻 t の関数として $x = \sin 2t + \cos 2t$ で表されるとき,次の問いに答えよ。
(1) P の速さが最大となる時刻および速さの最大値を求めよ。
(2) P の加速度は P の座標に比例することを示せ。

着眼 速さは $|v| = \left|\dfrac{dx}{dt}\right|$,加速度は $\alpha = \dfrac{dv}{dt} = \dfrac{d^2x}{dt^2}$ である。

解き方 (1) P の速度を v とすると
$$v = \dfrac{dx}{dt} = 2\cos 2t - 2\sin 2t = 2\sqrt{2}\sin\left(2t + \dfrac{3}{4}\pi\right)$$
よって $|v| = 2\sqrt{2}\left|\sin\left(2t + \dfrac{3}{4}\pi\right)\right| \leq 2\sqrt{2}$
したがって,**速さの最大値は $2\sqrt{2}$** ……**答**
速さが最大となる時刻は
$$2t + \dfrac{3}{4}\pi = \dfrac{\pi}{2} + n\pi \quad (n \text{ は整数})$$
すなわち $\boldsymbol{t = -\dfrac{\pi}{8} + \dfrac{1}{2}n\pi}$ (**n は整数**) ……**答**

(2) P の加速度を α とすると
$$\alpha = \dfrac{dv}{dt} = -4\sin 2t - 4\cos 2t = -4(\sin 2t + \cos 2t)$$
$$= -4x$$
すなわち,P の加速度は P の座標に比例する。 〔証明終〕

235 数直線上を運動する点 P の座標 x が $x = 2t - \sin t$ で表されるとき,P の速さが最大となる時刻およびそのときの速さの最大値を求めよ。

236 動点 P の座標 (x, y) が時刻 t の関数として,$x = t + 2$,$y = t^2 - 2t$ で表されるとき,$t = 2$ における速度ベクトル,速さ,加速度ベクトル,加速度の大きさを求めよ。

237 時刻 t における点 P の座標 (x, y) が,$x = \sqrt{2}\cos\dfrac{\pi}{4}t$,$y = \sqrt{2}\sin\dfrac{\pi}{4}t$ で与えられるとき,$t = 2$ における速度ベクトル $\vec{v}$ と加速度ベクトル $\vec{\alpha}$ を求めよ。

238 $x ≒ 0$ のとき,次の関数の1次の近似式を求めよ。
- (1) $(1+x)^4$
- (2) $\sin x$
- (3) e^{x+2}
- (4) $\sqrt{1+x}$
- (5) $\dfrac{1}{1+x}$

239 1次の近似式を使って,次の数の近似値を求めよ。
- (1) $\sqrt[3]{7.9}$
- (2) $\sin 61°$

応用問題　　　　　　　　　　　　　　　　　　　　　解答 ➡ 別冊 p.64

例題研究　　動点 P の座標 (x, y) が時刻 t の関数として,$x = e^t \sin t$,$y = e^t \cos t$ で表されるとき,速度ベクトル $\vec{v}$ と位置ベクトル $\overrightarrow{\mathrm{OP}}$ のなす角 θ を求めよ。ただし,O は原点とする。

[着眼] $\vec{v}$ と $\overrightarrow{\mathrm{OP}}$ のなす角を θ とするとき,$\cos\theta = \dfrac{\vec{v} \cdot \overrightarrow{\mathrm{OP}}}{|\vec{v}||\overrightarrow{\mathrm{OP}}|}$ となることを用いる。

[解き方] $\dfrac{dx}{dt} = e^t \sin t + e^t \cos t$,$\dfrac{dy}{dt} = e^t \cos t - e^t \sin t$

ゆえに　$\vec{v} = (e^t(\sin t + \cos t),\ e^t(\cos t - \sin t))$

$|\vec{v}| = \sqrt{e^{2t}(\sin t + \cos t)^2 + e^{2t}(\cos t - \sin t)^2} = \sqrt{2}\, e^t$

また　$\overrightarrow{\mathrm{OP}} = (e^t \sin t,\ e^t \cos t)$

$|\overrightarrow{\mathrm{OP}}| = \sqrt{e^{2t}\sin^2 t + e^{2t}\cos^2 t} = e^t$

ここで　$\vec{v} \cdot \overrightarrow{\mathrm{OP}} = e^t(\sin t + \cos t) \cdot e^t \sin t + e^t(\cos t - \sin t) \cdot e^t \cos t$
$= e^{2t}(\sin^2 t + \cos^2 t) = e^{2t}$

したがって　$\cos\theta = \dfrac{\vec{v} \cdot \overrightarrow{\mathrm{OP}}}{|\vec{v}||\overrightarrow{\mathrm{OP}}|} = \dfrac{e^{2t}}{\sqrt{2}\, e^t \cdot e^t} = \dfrac{1}{\sqrt{2}}$

$0 \leq \theta \leq \pi$ であるから　$\theta = \dfrac{\pi}{4}$　……**答**

240 平面上を運動する動点 P の座標 (x, y) が $x = a\cos\dfrac{\pi}{4}t$,$y = a\sin\dfrac{\pi}{4}t$ $(a>0)$ で与えられるとき,次の問いに答えよ。　**＜差がつく**
- (1) 時刻 t における P の速さ,加速度の大きさを求めよ。
- (2) t が 0 から 8 まで変わるとき,P はどのような曲線を描くか。

241 点 P(x, y) が時刻 t を媒介変数として $x=a(t-\sin t)$, $y=a(1-\cos t)$ で表されるサイクロイドを描くとき,点 P の加速度 $\vec{a}$ の大きさは一定であることを示せ。ただし,$a>0$ とする。

例題研究 水面から 10m の高さの岸壁から,80m の綱で船を引き寄せている。毎秒 3m の速さで綱をたぐるとき,20 秒後の船の速さを求めよ。ただし,四捨五入によって小数第 1 位までの値で答えよ。

着眼 船の速さは,綱をたぐる速さの水平成分であると速断してはいけない。船と岸壁との距離および綱の長さが時刻 t の関数であることに着目せよ。

解き方 船の始めの位置を A,t 秒後の位置を P,岸壁を B とし,右の図のように座標軸をとる。
OP=xm, BP=ym とすると
$$x^2+100=y^2 \quad \cdots\cdots ①$$
x, y は t の関数であるから
①の両辺を t で微分すると
$$2x\frac{dx}{dt}=2y\frac{dy}{dt} \quad \text{よって} \quad \frac{dx}{dt}=\frac{y}{x}\cdot\frac{dy}{dt} \quad \cdots\cdots ②$$
$t=20$ のとき $y=80-3\cdot 20=20 \quad \cdots\cdots ③$
このとき,①より
$$x=\sqrt{20^2-100}=\sqrt{300}=10\sqrt{3} \quad \cdots\cdots ④$$
また,条件より
$$\frac{dy}{dt}=-3\text{(m/秒)} \quad \cdots\cdots ⑤$$
③,④,⑤を②に代入すると,20 秒後の船の速さは
$$\left|\frac{dx}{dt}\right|=\left|\frac{20}{10\sqrt{3}}\cdot(-3)\right|=2\sqrt{3}\fallingdotseq 3.46 \quad \text{答 } 3.5\text{m/秒}$$

---

242 鉛直な壁に立てかけた長さ 5m のはしごがある。このはしごの下端を毎秒 10cm の一定の速さで水平に引く。下端が壁から 2m になった瞬間における上端の速さは毎秒何 cm か。ただし,四捨五入によって小数第 1 位までの値で答えよ。

例題研究 右の図のような半径 5cm，高さ 10cm の直円錐形の容器がある。これに毎秒 2cm³ の割合で水を注ぐとき，深さが 6cm に達したときの水面の上昇する速さ，および水面の面積の広がる速さを求めよ。

着眼 t 秒後の水の深さを h cm，水面の面積を S cm² とすると
水面の上昇する速さは $\dfrac{dh}{dt}$ cm/秒　水面の面積の広がる速さは $\dfrac{dS}{dt}$ cm²/秒

解き方 t 秒後の水の深さを h cm，水面の半径を r cm，水の量を V cm³ とすると

$$V = \frac{1}{3}\pi r^2 h \quad \cdots\cdots ①$$

また，$r : 5 = h : 10$ より　$r = \dfrac{1}{2}h \quad \cdots\cdots ②$

② を ① に代入して　$V = \dfrac{1}{12}\pi h^3$

V, h はともに t の関数であるから，この両辺を t で微分すると

$$\frac{dV}{dt} = \frac{1}{4}\pi h^2 \frac{dh}{dt} \quad \cdots\cdots ③$$

題意より　$\dfrac{dV}{dt} = 2$ (cm³/秒)　これと，$h = 6$ を ③ に代入して

$$2 = \frac{1}{4}\pi \cdot 6^2 \cdot \frac{dh}{dt} \quad \text{よって} \quad \frac{dh}{dt} = \frac{2}{9\pi} \text{(cm/秒)} \quad \cdots\cdots ④$$

また，水面の面積を S cm² とすると　$S = \pi r^2 \quad \cdots\cdots ⑤$

② を ⑤ に代入して　$S = \dfrac{1}{4}\pi h^2$

S, h はともに t の関数であるから，この両辺を t で微分すると

$$\frac{dS}{dt} = \frac{1}{2}\pi h \frac{dh}{dt} \quad \cdots\cdots ⑥$$

$h = 6$ と ④ を ⑥ に代入して

$$\frac{dS}{dt} = \frac{1}{2}\pi \cdot 6 \cdot \frac{2}{9\pi} = \frac{2}{3} \text{(cm²/秒)}$$

よって

$$\begin{cases} 水面の上昇する速さは \dfrac{2}{9\pi} \text{cm/秒} \\ 水面の面積の広がる速さは \dfrac{2}{3} \text{cm²/秒} \end{cases} \quad \cdots\cdots \text{答}$$

243 体積が毎分 1m³ の割合で増大する球がある。その直径が 10m になった瞬間における表面積の増大する速さを求めよ。　＜差がつく＞

26 不定積分

★ テストに出る重要ポイント

○ **不定積分**……関数 $f(x)$ に対して，$F'(x)=f(x)$ を満たす関数 $F(x)$ を，$f(x)$ の**不定積分(原始関数)**といい
$$\int f(x)dx = F(x)+C \quad (C \text{ は積分定数})\text{と表される}。$$

○ **不定積分の性質**

① $\int kf(x)dx = k\int f(x)dx$ （k は 0 ではない定数）

② $\int \{f(x)\pm g(x)\}dx = \int f(x)dx \pm \int g(x)dx$ （複号同順）

○ **基本的な関数の不定積分**（C は積分定数）

① $\int x^\alpha dx = \dfrac{1}{\alpha+1}x^{\alpha+1}+C \ (\alpha \neq -1), \ \int \dfrac{1}{x}dx = \log|x|+C$

② $\int \sin x \, dx = -\cos x + C, \ \int \cos x \, dx = \sin x + C$

$\int \dfrac{1}{\cos^2 x}dx = \tan x + C, \ \int \dfrac{1}{\sin^2 x}dx = -\dfrac{1}{\tan x}+C$

③ $\int e^x dx = e^x + C, \ \int a^x dx = \dfrac{a^x}{\log a}+C$

基本問題 …… 解答 → 別冊 p.65

244 次の不定積分を求めよ。◀テスト必出

(1) $\int x^2(x^3-x)dx$

(2) $\int \left(1+\dfrac{1}{x}+\dfrac{1}{x^2}\right)dx$

(3) $\int \dfrac{(x+1)^2}{x^3}dx$

(4) $\int \dfrac{(\sqrt{x}-1)^2}{x}dx$

245 次の不定積分を求めよ。

(1) $\int (2-3e^x)dx$

(2) $\int (2^x - 5^x)dx$

(3) $\int (e^{2x-2}-3e^{x-4})e^{-x+2}dx$

例題研究 次の不定積分を求めよ。

(1) $\displaystyle\int \tan^2 x\, dx$ 　　(2) $\displaystyle\int \dfrac{\cos^2 x}{1-\sin x}\, dx$

着眼 基本公式が使える形に変形する。すなわち被積分関数を $\sin x$, $\cos x$, $\dfrac{1}{\cos^2 x}$ で表す。

解き方 (1) $\tan^2 x = \dfrac{1}{\cos^2 x} - 1$ だから

$$\int \tan^2 x\, dx = \int \left(\dfrac{1}{\cos^2 x} - 1\right) dx$$
$$= \tan x - x + C \quad (C \text{ は積分定数}) \quad \cdots\cdots\text{答}$$

(2) $\cos^2 x = 1 - \sin^2 x = (1+\sin x)(1-\sin x)$ だから

$$\int \dfrac{\cos^2 x}{1-\sin x}\, dx = \int (1+\sin x)\, dx$$
$$= x - \cos x + C \quad (C \text{ は積分定数}) \quad \cdots\cdots\text{答}$$

246 次の不定積分を求めよ。

□ (1) $\displaystyle\int (1+\tan x)\cos x\, dx$

□ (2) $\displaystyle\int \dfrac{3-2\cos^2 x}{1-\sin^2 x}\, dx$

□ (3) $\displaystyle\int \sin x\left(\dfrac{\tan x}{\cos x} - 1\right) dx$

応用問題　　　　　　　　　　　　　解答 ➡ 別冊 p.65

247 次の不定積分を求めよ。

□ (1) $\displaystyle\int \dfrac{x^2-2x+2}{\sqrt{x}}\, dx$ 　　□ (2) $\displaystyle\int \sqrt{x}\left(1-\dfrac{1}{\sqrt{x}}\right)^2 dx$

□ (3) $\displaystyle\int (\sqrt[3]{x}+2)^3\, dx$ 　　□ (4) $\displaystyle\int \dfrac{(x-2)^2}{\sqrt[3]{x}}\, dx$

27 不定積分の計算法

★ テストに出る重要ポイント

● 置換積分法

① $x=g(t)$ とおくと $\quad \int f(x)dx = \int f(g(t))g'(t)dt$

② $g(x)=t$ とおくと $\quad \int f(g(x))g'(x)dx = \int f(t)dt$

③ $f(x)$ の不定積分の1つを $F(x)$ とするとき

$$\int f(ax+b)dx = \frac{1}{a}F(ax+b)+C \quad (a \neq 0)$$

④ $\displaystyle\int \frac{f'(x)}{f(x)}dx = \log|f(x)|+C$

● 部分積分法

$$\int f(x)g'(x)dx = f(x)g(x) - \int f'(x)g(x)dx$$

● 分数関数の不定積分

① 分子を分母で割って,分子の次数を下げる。
② 部分分数に分解する。すなわち,簡単な分数の和の形に書きなおす。

● 三角関数の不定積分…次の公式を用いて,公式が使える形に変形。

① 2倍角の公式,半角の公式

$$\sin\theta\cos\theta = \frac{1}{2}\sin 2\theta, \quad \sin^2\theta = \frac{1-\cos 2\theta}{2}, \quad \cos^2\theta = \frac{1+\cos 2\theta}{2}$$

② 3倍角の公式

$$\sin 3\theta = 3\sin\theta - 4\sin^3\theta, \quad \cos 3\theta = 4\cos^3\theta - 3\cos\theta$$

③ 積→和の公式

$2\sin\alpha\cos\beta = \sin(\alpha+\beta) + \sin(\alpha-\beta)$

$2\cos\alpha\sin\beta = \sin(\alpha+\beta) - \sin(\alpha-\beta)$

$2\cos\alpha\cos\beta = \cos(\alpha+\beta) + \cos(\alpha-\beta)$

$2\sin\alpha\sin\beta = -\{\cos(\alpha+\beta) - \cos(\alpha-\beta)\}$

27 不定積分の計算法

基本問題 ……………………………… 解答 → 別冊 p.66

例題研究 次の不定積分を求めよ。

(1) $\displaystyle\int \frac{dx}{(3x+4)^5}$ (2) $\displaystyle\int \frac{2x-3}{x^2-3x+2}dx$

着眼 (1)は $f(ax+b)$ の形であるから，前ページの置換積分法③が利用できる。
(2)は前ページの置換積分法④が利用できる。

解き方 (1) $\displaystyle\int \frac{dx}{(3x+4)^5} = \int (3x+4)^{-5}dx = \frac{1}{3}\cdot\frac{(3x+4)^{-4}}{-4}+C$
$\qquad\qquad = -\frac{1}{12(3x+4)^4}+C$ （C は積分定数） ……**答**

(2) $\displaystyle\int \frac{2x-3}{x^2-3x+2}dx = \int \frac{(x^2-3x+2)'}{x^2-3x+2}dx$
$\qquad\qquad = \log|x^2-3x+2|+C$ （C は積分定数） ……**答**

---

248 次の不定積分を求めよ。

(1) $\displaystyle\int (2^{2x}+3^{3x})dx$ (2) $\displaystyle\int (2^x-4^{2x})dx$

249 次の不定積分を求めよ。

(1) $\displaystyle\int \frac{dx}{(3x+1)^2}$ (2) $\displaystyle\int \sin(2x-1)dx$

(3) $\displaystyle\int \sqrt{2x+3}\,dx$ (4) $\displaystyle\int \frac{dx}{x\log x}$

250 次の不定積分を求めよ。 **テスト必出**

(1) $\displaystyle\int x\sin x\,dx$ (2) $\displaystyle\int x\cos 2x\,dx$

(3) $\displaystyle\int xe^x dx$ (4) $\displaystyle\int (3x-1)e^x dx$

ガイド 部分積分法を利用する。前ページの公式で，$g'(x)$ は積分しやすいものを選び，$f(x)$ は微分すると簡単になるものを選ぶのがコツである。

251 次の不定積分を求めよ。

(1) $\displaystyle\int \frac{dx}{x(x+2)}$

(2) $\displaystyle\int \frac{dx}{x^2+x-6}$

(3) $\displaystyle\int \frac{x}{x^2+x-2}dx$

ガイド (3) $\dfrac{x}{x^2+x-2}=\dfrac{x}{(x-1)(x+2)}=\dfrac{A}{x-1}+\dfrac{B}{x+2}$ とおいて，A，B を求める。

252 次の不定積分を求めよ。

(1) $\displaystyle\int \sin^2 x\, dx$

(2) $\displaystyle\int \sin 2x \sin 4x\, dx$

例題研究 次の不定積分を求めよ。

(1) $\displaystyle\int \frac{e^{3x}+1}{e^x+1}dx$

(2) $\displaystyle\int \frac{dx}{\sqrt{x}-\sqrt{x-1}}$

着眼 (1) 被積分関数の分子を因数分解して，基本公式が使える形に変形する。
また，$(e^{2x})'=2e^{2x}$ だから，$\displaystyle\int e^{2x}dx=\frac{1}{2}e^{2x}+C$ となる。

(2) 被積分関数を有理化して，基本公式が使える形に変形する。

解き方 (1) $\displaystyle\int \frac{e^{3x}+1}{e^x+1}dx=\int \frac{(e^x+1)(e^{2x}-e^x+1)}{e^x+1}dx=\int (e^{2x}-e^x+1)dx$

$\qquad\qquad =\dfrac{1}{2}e^{2x}-e^x+x+C$ （C は積分定数） ……**答**

(2) $\displaystyle\int \frac{dx}{\sqrt{x}-\sqrt{x-1}}=\int \frac{\sqrt{x}+\sqrt{x-1}}{(\sqrt{x}-\sqrt{x-1})(\sqrt{x}+\sqrt{x-1})}dx=\int (\sqrt{x}+\sqrt{x-1})dx$

$\qquad\qquad =\dfrac{2}{3}\left\{x^{\frac{3}{2}}+(x-1)^{\frac{3}{2}}\right\}+C$

$\qquad\qquad =\dfrac{2}{3}\{x\sqrt{x}+(x-1)\sqrt{x-1}\}+C$ （C は積分定数） ……**答**

---

253 次の不定積分を求めよ。

(1) $\displaystyle\int \frac{e^{3x}-e^{-3x}}{e^x-e^{-x}}dx$

(2) $\displaystyle\int \frac{3}{\sqrt{x+1}+\sqrt{x-2}}dx$

27 不定積分の計算法

例題研究 次の不定積分を求めよ。

(1) $\displaystyle\int (x^3-1)^4 x^2 dx$ 　　　(2) $\displaystyle\int \cos^4 x \sin x dx$

着眼 (1)は $x^3-1=t$, (2)は $\cos x=t$ とおくと, p.100 の置換積分法②が利用できる。

解き方 (1) $x^3-1=t$ とおくと, $3x^2 dx = dt$ より

$$\int (x^3-1)^4 x^2 dx = \frac{1}{3}\int (x^3-1)^4 \cdot 3x^2 dx = \frac{1}{3}\int t^4 dt$$

$$= \frac{1}{15}t^5 + C = \frac{1}{15}(x^3-1)^5 + C \quad (C は積分定数) \quad \cdots\cdots \text{答}$$

(2) $\cos x = t$ とおくと, $-\sin x dx = dt$ より

$$\int \cos^4 x \sin x dx = -\int \cos^4 x \cdot (-\sin x)dx$$

$$= -\int t^4 dt = -\frac{1}{5}t^5 + C$$

$$= -\frac{1}{5}\cos^5 x + C \quad (C は積分定数) \quad \cdots\cdots \text{答}$$

---

254 次の不定積分を求めよ。

☐ (1) $\displaystyle\int x(3x+1)^4 dx$ 　　　☐ (2) $\displaystyle\int 6x\sqrt{3x^2-1}\, dx$

☐ (3) $\displaystyle\int (x+1)\sqrt{x-1}\, dx$ 　　　☐ (4) $\displaystyle\int (2x+1)(x^2+x-1)dx$

255 次の不定積分を求めよ。

☐ (1) $\displaystyle\int \cos^3 x dx$ 　　　☐ (2) $\displaystyle\int \sin^3 x \cos^2 x dx$

☐ (3) $\displaystyle\int \frac{\tan x}{\cos x} dx$ 　　　☐ (4) $\displaystyle\int \frac{dx}{\cos^4 x}$

256 次の不定積分を求めよ。

☐ (1) $\displaystyle\int \frac{4x+1}{\sqrt{1-2x}} dx$ 　　　☐ (2) $\displaystyle\int \frac{dx}{\sqrt[3]{2x-3}}$

☐ (3) $\displaystyle\int x\sqrt{x-1}\, dx$ 　　　☐ (4) $\displaystyle\int x\sqrt[3]{2x+1}\, dx$

例題研究 次の不定積分を求めよ。

(1) $\displaystyle\int x^2 e^{-x}dx$ 　　　　(2) $\displaystyle\int \log x\, dx$

着眼 (1) x^2 を 2 回微分すれば定数になることに着目する。
(2) $\log x = \log x \cdot (x)'$ と考え，$f(x) = \log x$，$g'(x) = 1$ とすればよい。

解き方 (1) 部分積分法を用いると
$$\int x^2 e^{-x}dx = \int x^2(-e^{-x})'dx = x^2(-e^{-x}) - \int 2x(-e^{-x})dx$$
$$= -x^2 e^{-x} + 2\int xe^{-x}dx$$

ふたたび部分積分法を用いると
$$\int x^2 e^{-x}dx = -x^2 e^{-x} + 2\int x(-e^{-x})'dx$$
$$= -x^2 e^{-x} + 2\Big\{x(-e^{-x}) - \int(-e^{-x})dx\Big\}$$
$$= -x^2 e^{-x} - 2xe^{-x} + 2\int e^{-x}dx$$
$$= -x^2 e^{-x} - 2xe^{-x} - 2e^{-x} + C$$
$$= -(x^2 + 2x + 2)e^{-x} + C \quad (C\text{ は積分定数}) \quad \cdots\cdots\text{答}$$

(2) 部分積分法を用いると
$$\int \log x\, dx = \int \log x \cdot (x)'dx = x\log x - \int \frac{1}{x}\cdot x\, dx = x\log x - \int dx$$
$$= x\log x - x + C \quad (C\text{ は積分定数}) \quad \cdots\cdots\text{答}$$

257 次の不定積分を求めよ。

(1) $\displaystyle\int x\log x\, dx$ 　　　　(2) $\displaystyle\int \log(x-1)dx$

(3) $\displaystyle\int (\log x)^2 dx$ 　　　　(4) $\displaystyle\int x^2 \cos 2x\, dx$

ガイド (3) $(\log x)^2$ を $(\log x)^2 \cdot 1$ と考えるとうまくいく。

応用問題　　　　　　　　　　　　　　　　　　　　　　解答 ➡ 別冊 *p.68*

258 次の問いに答えよ。《差がつく》

(1) 次の等式が成り立つように定数 a, b, c の値を定めよ。
$$\frac{-3x+5}{(x-1)^2(x+1)} = \frac{a}{(x-1)^2} + \frac{b}{x+1} + \frac{c}{x-1}$$

(2) $\displaystyle\int \frac{-3x+5}{(x-1)^2(x+1)}dx$ を求めよ。

27 不定積分の計算法

例題研究 次の不定積分を求めよ。

(1) $\displaystyle\int \frac{2x^2}{x+1}dx$ 　　(2) $\displaystyle\int \sin^5 x\,dx$

[着眼] (1) （分子の次数）≧（分母の次数）ならば，**まず分子の次数を下げる**。
(2) $\sin^5 x = \sin^4 x \cdot \sin x = (1-\cos^2 x)^2 \sin x$ と変形して，$\cos x = t$ とおく。

[解き方] (1) $\displaystyle\int \frac{2x^2}{x+1}dx = \int\left(2x-2+\frac{2}{x+1}\right)dx$

$\qquad\qquad\qquad = x^2 - 2x + 2\log|x+1| + C$ （C は積分定数） ……**答**

(2) $\sin^5 x = (1-\cos^2 x)^2 \sin x$ となるから，$\cos x = t$ とおくと $-\sin x\,dx = dt$

よって $\displaystyle\int \sin^5 x\,dx = -\int (1-\cos^2 x)^2 \cdot (-\sin x)dx$

$\qquad\qquad\qquad = -\int (1-t^2)^2 dt$

$\qquad\qquad\qquad = -\int (t^4 - 2t^2 + 1)dt$

$\qquad\qquad\qquad = -\frac{1}{5}t^5 + \frac{2}{3}t^3 - t + C$

$\qquad\qquad\qquad = -\frac{1}{5}\cos^5 x + \frac{2}{3}\cos^3 x - \cos x + C$ （C は積分定数） ……**答**

---

259 次の不定積分を求めよ。　**＜差がつく＞**

☐ (1) $\displaystyle\int \frac{x^2+x+3}{x+1}dx$ 　　☐ (2) $\displaystyle\int \frac{dx}{\cos x}$

☐ (3) $\displaystyle\int \frac{\sin^3 x}{\cos^2 x}dx$ 　　☐ (4) $\displaystyle\int \frac{\sin x}{1-\sin x}dx$

260 次の不定積分を求めよ。

☐ (1) $\displaystyle\int x\sin^2 x\,dx$ 　　☐ (2) $\displaystyle\int x\log(x^2-1)dx$

☐ (3) $\displaystyle\int x\sin x\cos x\,dx$ 　　☐ (4) $\displaystyle\int \cos x\log(\sin x)dx$

ガイド (1) $\sin^2 x = \dfrac{1-\cos 2x}{2}$ と次数を下げてから，部分積分法を用いる。

28 定積分の計算法

★ テストに出る重要ポイント

● **定積分**…関数 $f(x)$ の不定積分の1つを $F(x)$ とするとき

$$\int_a^b f(x)dx = \Big[F(x)\Big]_a^b = F(b) - F(a)$$

● **定積分の性質**

① $\displaystyle\int_a^b kf(x)dx = k\int_a^b f(x)dx$ （k は定数）

② $\displaystyle\int_a^b \{f(x) \pm g(x)\}dx = \int_a^b f(x)dx \pm \int_a^b g(x)dx$ （複号同順）

③ $\displaystyle\int_a^b f(x)dx = -\int_b^a f(x)dx$ とくに $\displaystyle\int_a^a f(x)dx = 0$

④ $\displaystyle\int_a^b f(x)dx = \int_a^c f(x)dx + \int_c^b f(x)dx$

⑤ $f(x)$ が**偶関数**のとき $\displaystyle\int_{-a}^a f(x)dx = 2\int_0^a f(x)dx$

　$f(x)$ が**奇関数**のとき $\displaystyle\int_{-a}^a f(x)dx = 0$

● **置換積分法**

① $x = g(t)$ のとき $a = g(\alpha),\ b = g(\beta)$ ならば

$$\int_a^b f(x)dx = \int_\alpha^\beta f(g(t))g'(t)dt$$

② $g(x) = t$ のとき $g(a) = u,\ g(b) = v$ ならば

$$\int_a^b f(g(x))g'(x)dx = \int_u^v f(t)dt$$

● **部分積分法**

$$\int_a^b f(x)g'(x)dx = \Big[f(x)g(x)\Big]_a^b - \int_a^b f'(x)g(x)dx$$

基本問題

261 次の定積分を求めよ。

(1) $\displaystyle\int_0^1 \sqrt[5]{x}\,dx$

(2) $\displaystyle\int_{-1}^0 \frac{1}{x-1}\,dx$

(3) $\displaystyle\int_0^{\log 9} e^{-x}\,dx$

(4) $\displaystyle\int_0^{\frac{\pi}{2}} \sin x\,dx$

(5) $\displaystyle\int_0^2 (2x-1)^2\,dx$

(6) $\displaystyle\int_1^{\frac{1}{e}} \frac{dx}{x}$

例題研究 次の定積分を求めよ。

(1) $\displaystyle\int_0^1 \frac{x}{(3+x)^2}\,dx$

(2) $\displaystyle\int_0^{\log 2} e^{-2x}\,dx$

[着眼] 被積分関数に $f(ax+b)$ を含むタイプは $ax+b=t$ とおけばよい。積分区間の対応に注意すること。

[解き方] (1) $3+x=t$ すなわち $x=t-3$ とおくと $dx=dt$

積分区間の対応は，右の表のようになるから

x	$0 \to 1$
t	$3 \to 4$

$$\int_0^1 \frac{x}{(3+x)^2}\,dx = \int_3^4 \frac{t-3}{t^2}\,dt$$
$$= \int_3^4 \left(\frac{1}{t} - \frac{3}{t^2}\right)dt = \left[\log|t| + \frac{3}{t}\right]_3^4$$
$$= \left(\log 4 + \frac{3}{4}\right) - (\log 3 + 1) = -\frac{1}{4} + \log\frac{4}{3} \quad \cdots\cdots \text{答}$$

(2) $-2x=t$ すなわち $x=-\frac{1}{2}t$ とおくと $dx=-\frac{1}{2}dt$

積分区間の対応は，右の表のようになるから

x	$0 \to \log 2$
t	$0 \to -2\log 2$

$$\int_0^{\log 2} e^{-2x}\,dx = \int_0^{-2\log 2} e^t\left(-\frac{1}{2}\right)dt$$
$$= \frac{1}{2}\int_{-2\log 2}^0 e^t\,dt = \frac{1}{2}\left[e^t\right]_{-2\log 2}^0 = \frac{1}{2}(1-e^{-2\log 2})$$
$$= \frac{1}{2}\left(1-e^{\log\frac{1}{4}}\right) = \frac{1}{2}\left(1-\frac{1}{4}\right) = \frac{3}{8} \quad \cdots\cdots \text{答}$$

(別解) $\displaystyle\int_0^{\log 2} e^{-2x}\,dx = \left[-\frac{1}{2}e^{-2x}\right]_0^{\log 2} = -\frac{1}{2}(e^{-2\log 2}-1) = -\frac{1}{2}\left(\frac{1}{4}-1\right) = \frac{3}{8}$

としてもよい。

262 次の定積分を求めよ。

(1) $\displaystyle\int_1^4 \sqrt[3]{(2x-1)^2}\,dx$

(2) $\displaystyle\int_0^{\frac{\pi}{3}} \cos 3x\,dx$

(3) $\displaystyle\int_{-\frac{\pi}{4}}^{\frac{\pi}{4}} (\cos x + \sin x)\,dx$

(4) $\displaystyle\int_{-\frac{1}{2}}^{\frac{1}{2}} \frac{x^3}{x^2-1}\,dx$

263 次の定積分を求めよ。 ◀テスト必出

(1) $\displaystyle\int_0^1 xe^x\,dx$

(2) $\displaystyle\int_1^e \log x\,dx$

(3) $\displaystyle\int_0^{\pi} x\cos 2x\,dx$

(4) $\displaystyle\int_1^e x(\log x)^2\,dx$

応用問題 ……………… 解答 ⇒ 別冊 p.70

例題研究 定積分 $\displaystyle\int_0^{\sqrt{3}} \frac{dx}{\sqrt{4-x^2}}$ を求めよ。

[着眼] $\sqrt{a^2-x^2}$ を含むタイプは，$x=a\sin\theta$ とおくと計算が簡単になる場合が多い。

[解き方] $x=2\sin\theta$ とおくと $dx=2\cos\theta d\theta$
積分区間の対応は，右の表のようになる。
また，$0\leqq\theta\leqq\dfrac{\pi}{3}$ で $\cos\theta>0$ だから

x	$0 \to \sqrt{3}$
θ	$0 \to \dfrac{\pi}{3}$

$\sqrt{4-x^2}=\sqrt{4-4\sin^2\theta}=2\sqrt{\cos^2\theta}=2\cos\theta$

よって $\displaystyle\int_0^{\sqrt{3}}\frac{dx}{\sqrt{4-x^2}}=\int_0^{\frac{\pi}{3}}\frac{1}{2\cos\theta}\cdot 2\cos\theta d\theta=\int_0^{\frac{\pi}{3}}d\theta=\Big[\theta\Big]_0^{\frac{\pi}{3}}=\dfrac{\pi}{3}$ ……答

264 次の定積分を求めよ。 ◀差がつく

(1) $\displaystyle\int_0^1 \sqrt{2x-x^2}\,dx$

(2) $\displaystyle\int_0^{\sqrt{3}} \frac{dx}{x^2+3}$

📖 ガイド (2) $\dfrac{1}{x^2+a^2}$ を含むタイプは，$x=a\tan\theta$ とおくと計算が簡単になる場合が多い。

28 定積分の計算法

例題研究 次の定積分を求めよ。

(1) $\displaystyle\int_0^6 \sqrt{|x-3|}\,dx$ (2) $\displaystyle\int_0^9 e^{-\sqrt{x}}\,dx$

[着眼] (1) 被積分関数の絶対値記号をはずすことを考えればよい。
(2) $\sqrt{x}=t$ とおいて，置換積分法により変形しておいてから部分積分法を用いるタイプである。

[解き方] (1) $|x-3|=\begin{cases} 3-x & (0\leqq x\leqq 3) \\ x-3 & (3\leqq x\leqq 6) \end{cases}$

$$\int_0^6 \sqrt{|x-3|}\,dx = \int_0^3 \sqrt{3-x}\,dx + \int_3^6 \sqrt{x-3}\,dx$$

$$= \left[-\frac{2}{3}(3-x)^{\frac{3}{2}}\right]_0^3 + \left[\frac{2}{3}(x-3)^{\frac{3}{2}}\right]_3^6$$

$$= 2\sqrt{3}+2\sqrt{3} = \mathbf{4\sqrt{3}} \quad \cdots\cdots\text{答}$$

(2) $\sqrt{x}=t$ すなわち $x=t^2$ とおくと $dx=2t\,dt$
積分区間の対応は，右の表のようになる。
したがって

x	$0 \to 9$
t	$0 \to 3$

$$\int_0^9 e^{-\sqrt{x}}\,dx = \int_0^3 e^{-t}\cdot 2t\,dt = \left[-e^{-t}\cdot 2t\right]_0^3 - \int_0^3 (-e^{-t})\cdot 2\,dt$$

$$= -6e^{-3}+2\left[-e^{-t}\right]_0^3 = -6e^{-3}+2(-e^{-3}+1)$$

$$= -8e^{-3}+2 = \mathbf{2-\dfrac{8}{e^3}} \quad \cdots\cdots\text{答}$$

---

265 次の定積分を求めよ。

(1) $\displaystyle\int_0^\pi |\cos x|\,dx$ (2) $\displaystyle\int_1^4 |x-3|\,dx$

(3) $\displaystyle\int_{-2}^2 |2^x-1|\,dx$ (4) $\displaystyle\int_0^\pi |\sin x+\sqrt{3}\cos x|\,dx$

266 次の定積分を求めよ。

(1) $\displaystyle\int_0^4 \log(\sqrt{x}+1)\,dx$ (2) $\displaystyle\int_0^1 e^{x^2} x^3\,dx$

29 定積分のいろいろな問題

★ テストに出る重要ポイント

- **定積分で表された関数**

$$\frac{d}{dx}\int_a^x f(t)dt = f(x), \quad \lim_{x \to a}\frac{1}{x-a}\int_a^x f(t)dt = f(a)$$

- **定積分と不等式**

  ① 区間 $a \leq x \leq b$ で，$f(x) \geq g(x)$ ならば $\int_a^b f(x)dx \geq \int_a^b g(x)dx$

  等号は，常に $f(x) = g(x)$ のときに成り立つ。

  ② $\left|\int_a^b f(x)dx\right| \leq \int_a^b |f(x)|dx$

  ③ $\int_a^b \{f(x)\}^2 dx \cdot \int_a^b \{g(x)\}^2 dx \geq \left\{\int_a^b f(x)g(x)dx\right\}^2$ （シュワルツの不等式）

- **区分求積法**…区間 $0 \leq x \leq 1$ を n 等分したときの分点を

  $\dfrac{1}{n}, \dfrac{2}{n}, \cdots, \dfrac{n-1}{n}$ とすると，次の不等式が成り立つ。

  $$\int_0^1 f(x)dx = \lim_{n \to \infty}\frac{1}{n}\sum_{k=1}^{n}f\left(\frac{k}{n}\right)$$

基本問題 ……………………………………………… 解答 ➡ 別冊 p.71

[例題研究] $f(t) = \int_0^2 (x-t)dx$, $g(x) = \int_0^2 (x-t)dt$ を満たす関数 $f(t)$, $g(x)$ を求めよ。

[着眼] 被積分関数に文字が入っているとき，$\int_a^b f(x, t)dx$ の積分変数は x で，t は定数とみなす。$\int_a^b f(x, t)dt$ の積分変数は t で，x は定数とみなす。

[解き方] $f(t) = \int_0^2 x\,dx - t\int_0^2 dx = \left[\dfrac{x^2}{2}\right]_0^2 - t\left[x\right]_0^2 = -2t + 2$ ……**答**

$g(x) = x\int_0^2 dt - \int_0^2 t\,dt = x\left[t\right]_0^2 - \left[\dfrac{t^2}{2}\right]_0^2 = 2x - 2$ ……**答**

29 定積分のいろいろな問題

267 次の関数を x について微分せよ。

(1) $\displaystyle\int_{\frac{\pi}{2}}^{x} \cos t\, dt$

(2) $\displaystyle\int_{0}^{x} \sqrt{1+t^2}\, dt$

(3) $\displaystyle\int_{1}^{x} \frac{dt}{t^2+1}$

(4) $\displaystyle\int_{e}^{x} e^t \log t\, dt$

例題研究　次の関数を x について微分せよ。

(1) $f(x) = \displaystyle\int_{x}^{x^2} \log t\, dt$

(2) $g(x) = \displaystyle\int_{0}^{x} (x-t)\cos 2t\, dt$

[着眼] (1) $\dfrac{d}{dx}\displaystyle\int_{g(x)}^{h(x)} f(t)\,dt = f(h(x))h'(x) - f(g(x))g'(x)$ を利用する。

(2) 積分変数は t だから，x は定数とみなす。

[解き方] (1) $\log t$ の不定積分の1つを $F(t)$ とする。

$f(x) = F(x^2) - F(x)$,　$F'(t) = \log t$ より

$f'(x) = \dfrac{d}{dx}\displaystyle\int_{x}^{x^2} \log t\, dt = 2xF'(x^2) - F'(x)$

$= 2x\log x^2 - \log x = \boldsymbol{(4x-1)\log x}$　……**答**

(2) $g(x) = x\displaystyle\int_{0}^{x} \cos 2t\, dt - \displaystyle\int_{0}^{x} t\cos 2t\, dt$

$g'(x) = \left(x\displaystyle\int_{0}^{x} \cos 2t\, dt\right)' - \dfrac{d}{dx}\displaystyle\int_{0}^{x} t\cos 2t\, dt$

$= \displaystyle\int_{0}^{x} \cos 2t\, dt + x\cdot\dfrac{d}{dx}\displaystyle\int_{0}^{x} \cos 2t\, dt - x\cos 2x$

$= \left[\dfrac{1}{2}\sin 2t\right]_{0}^{x} + x\cos 2x - x\cos 2x = \boldsymbol{\dfrac{1}{2}\sin 2x}$　……**答**

---

268 次の関数を x について微分せよ。

(1) $f(x) = \displaystyle\int_{x}^{2x} \sin^2 t\, dt$

(2) $f(x) = \displaystyle\int_{x}^{x^2} e^t \cos t\, dt$

269 定積分を用いて，次の極限値を求めよ。　**◀テスト必出**

(1) $\displaystyle\lim_{n\to\infty} n\left\{\dfrac{1}{(n+1)^2} + \dfrac{1}{(n+2)^2} + \cdots + \dfrac{1}{(2n)^2}\right\}$

(2) $\displaystyle\lim_{n\to\infty}\left(\dfrac{1}{n^2+1^2} + \dfrac{2}{n^2+2^2} + \cdots + \dfrac{n}{n^2+n^2}\right)$

(3) $\displaystyle\lim_{n\to\infty} \dfrac{1}{\sqrt{n}}\left(\dfrac{1}{\sqrt{n+1}} + \dfrac{1}{\sqrt{n+2}} + \cdots + \dfrac{1}{\sqrt{2n}}\right)$

応用問題

例題研究 $f(x) = \int_0^{\frac{\pi}{2}} |\sin t - \sin x|\, dt \quad \left(0 \leq x \leq \frac{\pi}{2}\right)$ がある。

(1) $f(x)$ を x で表せ。
(2) $f(x)$ の最大値，最小値を求めよ。

[着眼] (1) 絶対値記号をはずし，x を定数とみて積分する。
(2) $f'(x)$ を求め，増減表を作る。

[解き方] (1) $y = \sin t$ は $0 \leq t \leq \frac{\pi}{2}$ で単調増加であるから

$0 \leq x \leq \frac{\pi}{2}$ のとき

$$|\sin t - \sin x| = \begin{cases} -(\sin t - \sin x) & (0 \leq t \leq x) \\ \sin t - \sin x & \left(x \leq t \leq \frac{\pi}{2}\right) \end{cases}$$

$$f(x) = -\int_0^x (\sin t - \sin x)\, dt + \int_x^{\frac{\pi}{2}} (\sin t - \sin x)\, dt$$

$$= -\Big[-\cos t - (\sin x)t\Big]_0^x + \Big[-\cos t - (\sin x)t\Big]_x^{\frac{\pi}{2}}$$

$$= \cos x + x \sin x - 1 - \frac{\pi}{2}\sin x + \cos x + x \sin x$$

$$= \left(2x - \frac{\pi}{2}\right)\sin x + 2\cos x - 1 \quad \cdots\cdots \text{答}$$

(2) $f'(x) = \left(2x - \frac{\pi}{2}\right)\cos x$

$f'(x) = 0$ となるのは，$0 \leq x \leq \frac{\pi}{2}$ より $x = \frac{\pi}{4}, \frac{\pi}{2}$ のとき。

したがって，増減表は，右のようになる。
よって，

$x = 0$ のとき最大値 1
$x = \frac{\pi}{4}$ のとき最小値 $\sqrt{2} - 1$ $\cdots\cdots$ 答

x	0	$\cdots$	$\frac{\pi}{4}$	$\cdots$	$\frac{\pi}{2}$
$f'(x)$		$-$	0	$+$	
$f(x)$	1	↘	極小 $\sqrt{2}-1$	↗	$\frac{\pi}{2}-1$

270 x の関数 $f(x) = \int_{-2}^{2} \sqrt{|t-x|}\, dt$ の最小値を求めよ。

例題研究 関数 $f(x)$ は，$f(0)=1$ を満たすものとし，また，
$g(x)=\int_0^x (e^x+e^t)f'(t)dt$ とおく。

(1) $g(x)$ の導関数 $g'(x)$ を計算せよ。
(2) $e^x f(x)=-3x^2 e^x+g(x)$ が成り立つとき，$f(x)$ を求めよ。

着眼 $\dfrac{d}{dx}\int_a^x f(t)dt=f(x)$ を利用する。

解き方 (1) $g(x)=e^x\int_0^x f'(t)dt+\int_0^x e^t f'(t)dt$ であるから

$g'(x)=e^x\int_0^x f'(t)dt+e^x f'(x)+e^x f'(x)$
$=e^x\{f(x)-f(0)\}+2e^x f'(x)$
$=\boldsymbol{e^x f(x)+2e^x f'(x)-e^x}$ ……**答**

(2) $e^x f(x)=-3x^2 e^x+g(x)$ の両辺を x で微分すると
$e^x f(x)+e^x f'(x)=-(3x^2+6x)e^x+e^x f(x)+2e^x f'(x)-e^x$
$e^x f'(x)=(3x^2+6x+1)e^x$
$e^x\neq 0$ であるから，両辺を e^x で割ると $f'(x)=3x^2+6x+1$
よって $f(x)=\int(3x^2+6x+1)dx=x^3+3x^2+x+C$ （C は積分定数）
条件より，$f(0)=1$ であるから $C=1$
したがって $\boldsymbol{f(x)=x^3+3x^2+x+1}$ ……**答**

271 a, b を実数とする。a, b の値を変化させたときの定積分
$\int_0^1 \{\cos\pi x-(ax+b)\}^2 dx$ の最小値，およびそのときの a, b の値を求めよ。

＜ 差がつく

272 閉区間 $[0, 1]$ で定義された連続な関数 $f(x)$ が，$0\leqq x\leqq \dfrac{1}{3}$ のとき

$f(x)=\dfrac{1}{2}f(3x)$，$\dfrac{1}{3}\leqq x\leqq 1$ のとき $f(x)=\dfrac{1}{2}f\left(\dfrac{3x-1}{2}\right)+\dfrac{1}{2}$ を満たすとする。

以下の問いに答えよ。

(1) $\int_0^1 f(x)dx$ と $\int_0^1 xf(x)dx$ を求めよ。

(2) $F(x)=\int_0^x f(y)dy$ とおく。$\int_0^1 F(x)dx$ を求めよ。

例題研究 次の不等式を証明せよ。
$$\frac{1}{2} < \int_0^1 \frac{dx}{1+x^3} < 1$$

［着眼］ $0 \leq x \leq 1$ の範囲で $f(x) \leq \dfrac{1}{1+x^3} \leq g(x)$ となる $f(x)$, $g(x)$ で
$\int_0^1 f(x)dx = \dfrac{1}{2}$, $\int_0^1 g(x)dx = 1$ となるものをみつける。

［解き方］ $0 \leq x \leq 1$ の範囲では $1 \leq 1+x^3 \leq 2$ だから
$$\frac{1}{2} \leq \frac{1}{1+x^3} \leq 1$$
等号は常には成り立たないから
$$\int_0^1 \frac{1}{2}dx < \int_0^1 \frac{dx}{1+x^3} < \int_0^1 dx$$
したがって $\dfrac{1}{2}\Big[x\Big]_0^1 < \int_0^1 \dfrac{dx}{1+x^3} < \Big[x\Big]_0^1$

よって $\dfrac{1}{2} < \int_0^1 \dfrac{dx}{1+x^3} < 1$ 〔証明終〕

273 次の問いに答えよ。

☐ (1) 不等式 $\dfrac{1}{2} < \int_0^{\frac{1}{2}} \dfrac{dx}{\sqrt{1-x^4}} < 2-\sqrt{2}$ を証明せよ。

☐ (2) $0 < x < \dfrac{\pi}{2}$ のとき,$\dfrac{2}{\pi}x < \sin x < x$ が成立することを示し,

不等式 $\pi \log 2 < \dfrac{\pi}{2} + \int_0^{\frac{\pi}{2}} \log(1+\sin x)dx < \Big(1+\dfrac{\pi}{2}\Big)\log\Big(1+\dfrac{\pi}{2}\Big)$ を証明せよ。

☐ **274** 次の不等式を証明せよ。(ただし,n は 2 以上の自然数とする。)

《差がつく》

$$\log(n+1) < 1 + \frac{1}{2} + \frac{1}{3} + \cdots + \frac{1}{n} < 1 + \log n$$

275 次の極限値を求めよ。

☐ (1) $\displaystyle\lim_{x \to \infty} \int_1^x \dfrac{dt}{t^3}$

☐ (2) $\displaystyle\lim_{x \to 0} \dfrac{1}{x} \int_0^x (\sin 2t - \cos t)dt$

30 面 積

★ テストに出る重要ポイント

- **曲線と x 軸との間の面積**…曲線 $y=f(x)$ と x 軸および2直線 $x=a$, $x=b$ $(a<b)$ で囲まれた部分の面積は $\quad S=\int_a^b |f(x)|dx$

  計算するときは，$f(x)\geqq 0$，$f(x)\leqq 0$ の場合に分け，絶対値をはずして計算する。

- **曲線と y 軸との間の面積**…曲線 $x=g(y)$ と y 軸および2直線 $y=a$, $y=b$ $(a<b)$ で囲まれた部分の面積は $\quad S=\int_a^b |g(y)|dy$

- **2曲線の間の面積**…2曲線 $y=f(x)$, $y=g(x)$ と2直線 $x=a$, $x=b$ $(a<b)$ で囲まれた部分の面積は $\quad S=\int_a^b |f(x)-g(x)|dx$

- **媒介変数で表された曲線で囲まれた図形の面積**…関数 $x=f(t)$, $y=g(t)$ について，$a\leqq x\leqq b$ で $y\geqq 0$, $a=f(\alpha)$, $b=f(\beta)$ のとき，関数のグラフと x 軸および2直線 $x=a$, $x=b$ で囲まれた部分の面積は
$$S=\int_a^b y\,dx=\int_\alpha^\beta g(t)f'(t)dt$$

基本問題 ………………………………………………………… 解答 ➡ 別冊 p.74

例題研究　曲線 $y=e^x-2$ と x 軸，y 軸および直線 $x=3$ で囲まれた部分の面積を求めよ。

[着眼] 曲線と x 軸との交点を求め，グラフの概形をかく。これにより，積分区間および曲線と x 軸との上下関係がわかる。

[解き方] 曲線と x 軸との交点の x 座標を考えると
$e^x-2=0$ より $e^x=2$ よって $x=\log 2$
求める面積 S は右の図の斜線部分の面積で
$$S=-\int_0^{\log 2}(e^x-2)dx+\int_{\log 2}^3(e^x-2)dx$$
$$=-\Big[e^x-2x\Big]_0^{\log 2}+\Big[e^x-2x\Big]_{\log 2}^3$$
$$=e^3+4\log 2-9 \quad \cdots\cdots \text{答}$$

276 曲線 $y=\sqrt{2-x}$ と x 軸，y 軸で囲まれた部分の面積を求めよ。

277 曲線 $y=\log(x+1)-2$ と x 軸，y 軸で囲まれた部分の面積を求めよ。

278 曲線 $y=\cos x\ (0\leqq x\leqq \pi)$ と直線 $x=0$，$x=\pi$ および x 軸で囲まれた部分の面積を求めよ。　◀テスト必出

279 曲線 $x=e^y$ と直線 $y=0$，$y=2$ および y 軸で囲まれた部分の面積を求めよ。

280 曲線 $x=y^2$ と y 軸および 2 直線 $y=1$，$y=9$ で囲まれた部分の面積を求めよ。

281 次の曲線や直線および x 軸によって囲まれた部分の面積を求めよ。
(1) $y=x^3-3x^2+2x$　　(2) $y=-x^4+2x^2-1$
(3) $y=\dfrac{3}{x}-2$，$x=1$，$x=3$　　(4) $y=\tan x$，$x=-\dfrac{\pi}{3}$，$x=\dfrac{\pi}{3}$

282 次の曲線や直線で囲まれた部分の面積を求めよ。
(1) $y=\sqrt{x}$，$y=2x$　　(2) $xy=6$，$x+y=5$
(3) $y=\sin x$，$y=\cos x$ $\left(\dfrac{\pi}{4}\leqq x\leqq \dfrac{5}{4}\pi\right)$

283 曲線 $y=\log x$ と原点からこの曲線に引いた接線および x 軸で囲まれた部分の面積を求めよ。　◀テスト必出
　📖ガイド　曲線上の点 $(a,\ \log a)$ における接線の方程式が点 $(0,\ 0)$ を通る a の値を求める。

284 曲線 $y=\log x$ と点 $(0,\ 2)$ からこの曲線に引いた接線および x 軸，y 軸で囲まれた部分の面積を求めよ。

285 次の曲線によって囲まれた部分の面積を求めよ。
(1) $4x^2+9y^2=36$　　(2) $x^2+4y^2=1$
　📖ガイド　$\displaystyle\int_{-a}^{a}\sqrt{a^2-x^2}\,dx$ は半径 a の半円の面積を表す。

応用問題

例題研究 曲線 $y=xe^{1-x}$ と直線 $y=x$ で囲まれた部分の面積を求めよ。

着眼 交点を求め，増減を調べてから曲線のグラフをかく。このとき，y'' の符号を調べてみると，曲線と直線の上下の位置関係がわかりやすい。

解き方 曲線と直線の交点の x 座標を求めると
$xe^{1-x}=x$ より $x(e^{1-x}-1)=0$
よって $x=0,\ 1$
また，$y=xe^{1-x}$ について
$y'=e^{1-x}-xe^{1-x}=e^{1-x}(1-x)$
$y''=-e^{1-x}(1-x)+e^{1-x}\cdot(-1)$
$\quad =e^{1-x}(x-2)$
したがって，$x=1$ で極大 かつ $0<x<1$ で $y''<0$
ゆえに，グラフは右上の図のようになり，求める面積 S は図の斜線部分の面積であるから

$$S=\int_0^1 (xe^{1-x}-x)dx = \int_0^1 xe^{1-x}dx - \int_0^1 xdx$$

$$=\left[-xe^{1-x}\right]_0^1+\int_0^1 e^{1-x}dx-\left[\frac{x^2}{2}\right]_0^1 = -1+\left[-e^{1-x}\right]_0^1-\frac{1}{2}$$

$$=e-\frac{5}{2} \quad \cdots\cdots \text{答}$$

286 $0\leqq x\leqq \pi$ のとき，2曲線 $y=\sin x$ と $y=\sin 2x$ で囲まれた部分の面積を求めよ。 **差がつく**

ガイド 2曲線の交点を求め，グラフをかいてみよう。

287 2曲線 $y=\sqrt{x}$，$y=\dfrac{e}{2}\log x$ と x 軸で囲まれた部分の面積を求めよ。

288 $0<x<\pi$ のとき，2曲線 $y=4\sin x$ と $y=\dfrac{1}{\sin x}$ で囲まれた部分の面積を求めよ。

例題研究 (1) $x \geq 0$ とする。関数 $F(x) = \dfrac{1}{2}\{x\sqrt{x^2+1} + \log(x + \sqrt{x^2+1})\}$ の導関数を求めよ。

(2) xy 平面上の点 P は，方程式 $x^2 - y^2 = 1$ で表される曲線 C 上にあり，第 1 象限の点である。原点 O と点 P を結ぶ線分 OP，x 軸，および曲線 C で囲まれた図形の面積が $\dfrac{S}{2}$ であるとき，点 P の座標を S を用いて表せ。

着眼 (2) 題意より求める第 1 象限の図形を図示し，面積の公式を用いる。このとき，y について積分する方が計算が早い。

解き方 (1) $F(x) = \dfrac{1}{2}\{x\sqrt{x^2+1} + \log(x + \sqrt{x^2+1})\}$ より

$$F'(x) = \dfrac{1}{2}\left(\sqrt{x^2+1} + x \cdot \dfrac{x}{\sqrt{x^2+1}} + \dfrac{1 + \dfrac{x}{\sqrt{x^2+1}}}{x + \sqrt{x^2+1}}\right)$$

$$= \dfrac{1}{2}\left(\sqrt{x^2+1} + \dfrac{x^2}{\sqrt{x^2+1}} + \dfrac{1}{\sqrt{x^2+1}}\right) = \sqrt{x^2+1} \quad \cdots\cdots \text{答}$$

(2) P(m, n) とすると $m^2 - n^2 = 1$ ……①

面積は $\dfrac{S}{2} = \displaystyle\int_0^n x\,dy - \dfrac{1}{2}mn$ ……②

$x \geq 0$ のとき，$x^2 - y^2 = 1$ から $x = \sqrt{y^2+1}$

ゆえに $m = \sqrt{n^2+1}$ これと(1)を用いて

$$\int_0^n x\,dy = \int_0^n \sqrt{y^2+1}\,dy = \left[\dfrac{1}{2}\{y\sqrt{y^2+1} + \log(y + \sqrt{y^2+1})\}\right]_0^n$$

$$= \dfrac{1}{2}\{n\sqrt{n^2+1} + \log(n + \sqrt{n^2+1})\} = \dfrac{1}{2}\{mn + \log(m+n)\} \quad \cdots\cdots ③$$

③を②に代入して $\dfrac{S}{2} = \dfrac{1}{2}\log(m+n)$ $S = \log(m+n)$

$m + n = e^S$ ……④

①より，$(m+n)(m-n) = 1$ であるから，④を代入して

$m - n = e^{-S}$ ……⑤

④，⑤より $m = \dfrac{e^S + e^{-S}}{2}$, $n = \dfrac{e^S - e^{-S}}{2}$

よって，点 P の座標は $\left(\dfrac{e^S + e^{-S}}{2}, \dfrac{e^S - e^{-S}}{2}\right)$ ……答

---

289 $f(x) = e^x$, $g_n(x) = ne^{-x}$ （n は 2 以上の自然数）について

☐ (1) $y = f(x)$, $y = g_n(x)$ および y 軸で囲まれる部分の面積 S_n を求めよ。

☐ (2) $\displaystyle\lim_{n\to\infty}(S_{n+1} - S_n)$ を求めよ。

例題研究 実数 t を媒介変数として $x=2t^2$, $y=3t-t^3$ で表される曲線を考える。
(1) この曲線を xy 平面上に図示せよ。
(2) この曲線によって囲まれた部分の面積を求めよ。

着眼 媒介変数表示された曲線である。$f(t)=2t^2$, $g(t)=3t-t^3$ とすると $f(-t)=f(t)$, $g(-t)=-g(t)$ より, $t\leqq 0$ の部分と $t\geqq 0$ の部分は x 軸について対称だから, $t\geqq 0$ での増減表を作ってグラフをかけばよい。

解き方 (1) $t\geqq 0$ で考える。

$$\frac{dy}{dx}=\frac{\frac{dy}{dt}}{\frac{dx}{dt}}=\frac{3-3t^2}{4t}=\frac{-3(t+1)(t-1)}{4t}$$

$t\geqq 0$ での増減表は右のようになる。
また, $y=0$ となるのは $3t-t^3=0$ より $t=0, \sqrt{3}$ ($t\geqq 0$) のとき。
$t=0$ のとき $x=0$, $t=\sqrt{3}$ のとき $x=6$
$t<0$ のとき, 対称性を考えて, グラフは右の図のようになる。……**答**

t	0	…	1	…
x	0	…	2	…
$\dfrac{dy}{dx}$		+	0	−
y	0	↗	2	↘

(2) 求める面積を S とすると, $dx=4tdt$ より

$$S=2\int_0^6 |y|dx=2\int_0^{\sqrt{3}}|3t-t^3|\cdot 4tdt$$

$$=8\left[t^3-\frac{t^5}{5}\right]_0^{\sqrt{3}}=\frac{48\sqrt{3}}{5}\quad……\text{**答**}$$

290 曲線 $x=t^3+1$, $y=1-t^2$ と x 軸で囲まれた部分の面積を求めよ。

291 曲線 $x=3\cos\theta$, $y=2\sin\theta$ ($0\leqq\theta\leqq 2\pi$) によって囲まれた部分の面積を求めよ。 **＜差がつく**

292 曲線 $2x^2+2xy+y^2=4$ によって囲まれた部分の面積を求めよ。
ガイド まず, グラフの概形を調べる必要がある。曲線の方程式を y について解けばよい。

31 体積と曲線の長さ

★ テストに出る重要ポイント

● 体積

① $a \leqq x \leqq b$ において，x 軸に垂直な平面による切り口の面積が $S(x)$ である立体の体積 V は

$$V = \int_a^b S(x)\,dx$$

② $a \leqq x \leqq b$ において，曲線 $y=f(x)$ と x 軸および 2 直線 $x=a$, $x=b$ で囲まれた図形を x 軸のまわりに 1 回転させてできる回転体の体積 V は

$$V = \pi \int_a^b \{f(x)\}^2\,dx$$

③ $c \leqq y \leqq d$ において，曲線 $x=g(y)$ と y 軸および 2 直線 $y=c$, $y=d$ で囲まれた図形を y 軸のまわりに 1 回転させてできる回転体の体積 V は

$$V = \pi \int_c^d \{g(y)\}^2\,dy$$

④ $a \leqq x \leqq b$ において，2 つの曲線 $y=f(x)$, $y=g(x)$ ($f(x) \cdot g(x) \geqq 0$) と 2 直線 $x=a$, $x=b$ で囲まれた図形を x 軸のまわりに 1 回転させてできる回転体の体積 V は

$$V = \pi \int_a^b |\{f(x)\}^2 - \{g(x)\}^2|\,dx$$

($f(x) \cdot g(x) \geqq 0$ は 2 曲線が x 軸の一方の側にあることを表す。)

● 曲線の長さ

① 曲線 $x=f(t)$, $y=g(t)$ ($\alpha \leqq t \leqq \beta$) の長さ L は

$$L = \int_\alpha^\beta \sqrt{\{f'(t)\}^2 + \{g'(t)\}^2}\,dt$$

② 曲線 $y=f(x)$ ($a \leqq x \leqq b$) の長さ L は

$$L = \int_a^b \sqrt{1 + \{f'(x)\}^2}\,dx$$

直線上の運動

x 軸上を運動する点 P の時刻 t における速度を $v(t)$, $t=a$ のときの点 P の座標を $x(a)$ とすると

① $t=b$ のときの点 P の位置：$x(b)=\int_a^b v(t)dt+x(a)$

② $t=a$ から $t=b$ までの点 P の位置の変化量：$s=\int_a^b v(t)dt$

③ $t=a$ から $t=b$ までの点 P の道のり：$l=\int_a^b |v(t)|dt$

基本問題

解答 → 別冊 p.78

例題研究 底面の半径 r, 高さ h の円錐の体積を，積分を用いて求めよ。

[着眼] 切り口の面積 $S(x)$ が，x の簡単な式で表せるように座標軸をとることが大切。この問題では，底面に垂直に x 軸をとれば，相似の関係から，$S(x)$ が求められる。

[解き方] 右の図のように，底面に垂直に x 軸をとり，頂点の x 座標が 0 となるように原点 O をとる。$0 \leq x \leq h$ のとき，x 座標が x の点を通り，x 軸に垂直な平面で円錐を切ったときの切り口の面積を $S(x)$ とすると

$S(x) : \pi r^2 = x^2 : h^2$

$S(x) = \dfrac{\pi r^2}{h^2} x^2$

求める体積 V は

$V = \int_0^h \dfrac{\pi r^2}{h^2} x^2 dx = \dfrac{\pi r^2}{h^2} \left[\dfrac{x^3}{3}\right]_0^h = \dfrac{1}{3}\pi r^2 h$ ……**答**

293 底面積 S, 高さ h の三角錐の体積を，積分を用いて求めよ。

📖 **ガイド** 相似比が $m:n$ ならば，面積の比は $m^2:n^2$ となることを用いる。

294 底から x cm の高さにある平面での切り口が，1 辺 x cm の正三角形となる容器がある。高さが 2 cm のとき，この容器の容積 V を求めよ。

例題研究 曲線 $y=e^{-x}$ と2直線 $y=e$, $y=e^3$ および y 軸で囲まれた図形を y 軸のまわりに1回転させてできる立体の体積を求めよ。

着眼 y 軸のまわりの回転体の体積の公式 $V=\pi\int_c^d x^2 dy$ を利用する。
なお，曲線の方程式も $x=g(y)$ の形に変形しておくこと。

解き方 $y=e^{-x}$ より $x=-\log y$
右の図から求める体積 V は
$$V=\pi\int_e^{e^3}(-\log y)^2 dy=\pi\int_e^{e^3}(\log y)^2 dy$$
$$=\pi\Big[y(\log y)^2\Big]_e^{e^3}-\pi\int_e^{e^3} y\cdot(2\log y)\cdot\frac{1}{y}dy$$
$$=\pi(9e^3-e)-2\pi\int_e^{e^3}\log y\,dy$$
ここで $\int_e^{e^3}\log y\,dy=\Big[y\log y\Big]_e^{e^3}-\int_e^{e^3} y\cdot\frac{1}{y}dy$
$$=(3e^3-e)-\int_e^{e^3}dy=(3e^3-e)-\Big[y\Big]_e^{e^3}=2e^3$$
よって $V=\pi(9e^3-e)-4\pi e^3=\boldsymbol{5\pi e^3-\pi e}$ ……**答**

295 曲線 $y=\tan x$ と直線 $x=\dfrac{\pi}{4}$ および x 軸で囲まれた図形を x 軸のまわりに1回転させてできる立体の体積を求めよ。

296 曲線 $y=\dfrac{1}{\sqrt{x+1}}$ と x 軸, y 軸および直線 $x=e+1$ で囲まれた図形を x 軸のまわりに1回転させてできる立体の体積を求めよ。

297 曲線 $y=\log(x+1)$ と直線 $y=2$ および y 軸で囲まれた図形を y 軸のまわりに1回転させてできる立体の体積を求めよ。 **テスト必出**

298 曲線 $y=e^x+e^{-x}$ と2直線 $x=1$, $x=-1$ および x 軸で囲まれた図形を x 軸のまわりに1回転させてできる立体の体積を求めよ。

例題研究 円 $x^2+(y-3)^2=1$ を x 軸のまわりに1回転させてできる回転体の体積を求めよ。

着眼 2曲線ではさまれた部分を回転して得られる回転体の体積は，次のように考える。
（外側の回転体の体積）−（内側の回転体の体積）

解き方 $x^2+(y-3)^2=1$ を y について解くと $y=3\pm\sqrt{1-x^2}$
ここで，$y_1=3+\sqrt{1-x^2}$, $y_2=3-\sqrt{1-x^2}$ とおくと
右の図から，求める回転体の体積 V は
$$V=\pi\int_{-1}^{1}y_1^2dx-\pi\int_{-1}^{1}y_2^2dx=\pi\int_{-1}^{1}(y_1+y_2)(y_1-y_2)dx$$
$$=\pi\int_{-1}^{1}6\cdot 2\sqrt{1-x^2}dx=24\pi\int_{0}^{1}\sqrt{1-x^2}dx$$

ここで $\int_{0}^{1}\sqrt{1-x^2}dx$ は半径1の四分円の面積を表すから
→ これは覚えておこう。便利だよ！

$$V=24\pi\cdot\frac{\pi\cdot 1^2}{4}=\boldsymbol{6\pi^2}\quad\cdots\cdots\text{答}$$

299 楕円 $\dfrac{x^2}{9}+(y-2)^2=1$ を x 軸のまわりに1回転させてできる回転体の体積を求めよ。 ◀テスト必出

300 放物線 $y=x^2-2x$ と x 軸で囲まれた図形を，y 軸のまわりに1回転させてできる立体の体積を求めよ。

301 次の曲線の長さを求めよ。
(1) $x=3(\theta-\sin\theta)$, $y=3(1-\cos\theta)$ $(0\leq\theta\leq 2\pi)$
(2) $x=\cos^3\theta$, $y=\sin^3\theta$ $(0\leq\theta\leq 2\pi)$
(3) $x=3t^2$, $y=3t-t^3$ $(0\leq t\leq\sqrt{3})$
(4) $y=\dfrac{1}{2}(e^x+e^{-x})$ $(0\leq x\leq\log 5)$

302 数直線上を運動する点Pの時刻 t における速度が $v(t)=\sin 2t-\sin t$ で与えられている。
(1) $t=0$ から $t=\pi$ までのPの位置の変化量 s を求めよ。
(2) $t=0$ から $t=\pi$ までにPが通過する道のり l を求めよ。

応用問題

例題研究 底面が曲線 $y=\sin x$ $(0 \leqq x \leqq \pi)$ と x 軸で囲まれた図形で, x 軸に垂直な平面で切った切り口が正三角形であるような立体の体積を求めよ。

着眼 まず, 題意よりどんな立体なのか図示することから始めよう。切り口が正三角形であるから, その面積 $S(x)$ を求めてみよう。

解き方 正三角形の 3 つの頂点を P, Q, R とし, $P(x, 0)$, $Q(x, \sin x)$ とすると, 正三角形 PQR の面積 $S(x)$ は

$$S(x) = \frac{1}{2}PQ^2 \cdot \sin\frac{\pi}{3} = \frac{\sqrt{3}}{4}PQ^2 = \frac{\sqrt{3}}{4}\sin^2 x$$

よって, 求める立体の体積 V は

$$V = \int_0^\pi \frac{\sqrt{3}}{4}\sin^2 x\, dx = \frac{\sqrt{3}}{4}\int_0^\pi \frac{1-\cos 2x}{2} dx = \frac{\sqrt{3}}{4}\left[\frac{x}{2} - \frac{\sin 2x}{4}\right]_0^\pi$$

$$= \frac{\sqrt{3}}{8}\pi \quad \cdots\cdots \text{答}$$

---

303 底面の半径が a, 高さが $2a$ の直円柱がある。この直円柱を, 底面の 1 つの直径 AB を通り, 底面と $60°$ の角をなす平面 α で切ったとき, 小さい方の立体の体積を求めよ。

304 半径 a の円の直径 AB 上に点 P をとる。点 P を通り直径 AB に垂直な弦 QR を 1 辺とする正三角形 QRS を, 円を含む平面に垂直な平面上につくる。点 P を点 A から点 B まで動かすとき, 三角形 QRS が通過してできる立体の体積を求めよ。

305 次の曲線または直線で囲まれた図形を ( ) 内の直線のまわりに 1 回転させてできる回転体の体積を求めよ。

(1) $y = \log(x-2)$, $y = \log 2$, x 軸, y 軸 (y 軸)

(2) $y = \sqrt{x}$, $y = \dfrac{x}{2}$ (y 軸)

(3) $x^2 + (y-3)^2 = 1$ ($y=1$)

例題研究 2曲線 $y=\sin x$, $y=\sin 2x$ と直線 $x=\dfrac{\pi}{2}$ で囲まれた図形を x 軸のまわりに1回転させてできる立体の体積を求めよ。ただし, $\dfrac{\pi}{2}\leqq x\leqq\pi$ とする。

着眼 回転させる図形が, 回転軸の両側にある場合である。このような場合には, 回転のもとになる図形を, 回転軸の一方の側に対称移動してから考える。

解き方 2曲線 $y=\sin x$, $y=\sin 2x$ の共有点の x 座標を考えると
$\sin x=\sin 2x$ より $\sin x(2\cos x-1)=0$
よって, $\sin x=0$ または $\cos x=\dfrac{1}{2}$
したがって, $\dfrac{\pi}{2}\leqq x\leqq\pi$ では $x=\pi$
題意の領域は, 右の図の斜線部分であるから,
$y=\sin 2x$ の $\dfrac{\pi}{2}\leqq x\leqq\pi$ の部分を x 軸に関して対称に折り返して考えると, 求める体積 V は

$$V=\pi\int_{\frac{\pi}{2}}^{\frac{2}{3}\pi}\sin^2 x\,dx+\pi\int_{\frac{2}{3}\pi}^{\pi}\sin^2 2x\,dx$$

$$=\pi\int_{\frac{\pi}{2}}^{\frac{2}{3}\pi}\frac{1-\cos 2x}{2}dx+\pi\int_{\frac{2}{3}\pi}^{\pi}\frac{1-\cos 4x}{2}dx$$

$$=\frac{\pi}{2}\left[x-\frac{\sin 2x}{2}\right]_{\frac{\pi}{2}}^{\frac{2}{3}\pi}+\frac{\pi}{2}\left[x-\frac{\sin 4x}{4}\right]_{\frac{2}{3}\pi}^{\pi}$$

$$=\frac{\pi}{2}\left\{\left(\frac{2}{3}\pi+\frac{\sqrt{3}}{4}\right)-\frac{\pi}{2}+\pi-\left(\frac{2}{3}\pi-\frac{\sqrt{3}}{8}\right)\right\}=\frac{\pi}{16}(4\pi+3\sqrt{3})\quad\cdots\cdots\text{答}$$

306 曲線 $y=x^2-2$ および直線 $y=x$ で囲まれた図形を x 軸のまわりに1回転させてできる回転体の体積を求めよ。

ガイド 回転させる図形が回転軸の両側にあるから一方の側に対称移動して考える。

307 2曲線 $y=\sin x$, $y=\cos x$ と2直線 $x=0$, $x=\pi$ で囲まれた図形を x 軸のまわりに1回転させてできる立体の体積を求めよ。ただし, $0\leqq x\leqq\pi$ とする。

差がつく

例題研究 $f(x)=x\sin x \ (x\geqq 0)$ とする。点 $\left(\dfrac{\pi}{2},\ \dfrac{\pi}{2}\right)$ における $y=f(x)$ の法線と，$y=f(x)$ のグラフの $0\leqq x\leqq\dfrac{\pi}{2}$ の部分，および y 軸で囲まれる図形を考える。この図形を x 軸のまわりに1回転させてできる回転体の体積を求めよ。

着眼 まず，$y=f(x)$ と法線のグラフをかいて囲まれた図形を確定し，x 軸のまわりに回転する回転体の体積を求めればよい。

解き方 $f(x)=x\sin x$ より $f'(x)=\sin x+x\cos x$

$0\leqq x\leqq\dfrac{\pi}{2}$ で $f'(x)\geqq 0$

$f(0)=0,\ f\left(\dfrac{\pi}{2}\right)=\dfrac{\pi}{2}$ より，$y=f(x)$ のグラフは右の図のようになる。

次に法線の方程式を求めると，$f'\left(\dfrac{\pi}{2}\right)=1$ より，法線の傾きは -1 であるから

$$y=-\left(x-\dfrac{\pi}{2}\right)+\dfrac{\pi}{2}=-x+\pi$$

したがって，求める体積 V は

$$\begin{aligned}
V&=\pi\int_0^{\frac{\pi}{2}}(-x+\pi)^2dx-\pi\int_0^{\frac{\pi}{2}}\{f(x)\}^2dx\\
&=\pi\int_0^{\frac{\pi}{2}}(x-\pi)^2dx-\pi\int_0^{\frac{\pi}{2}}x^2\sin^2 x\,dx\\
&=\pi\left[\dfrac{(x-\pi)^3}{3}\right]_0^{\frac{\pi}{2}}-\dfrac{\pi}{2}\int_0^{\frac{\pi}{2}}x^2(1-\cos 2x)dx=\dfrac{7}{24}\pi^4-\dfrac{\pi}{2}\left[\dfrac{x^3}{3}\right]_0^{\frac{\pi}{2}}+\dfrac{\pi}{2}\int_0^{\frac{\pi}{2}}x^2\cos 2x\,dx\\
&=\dfrac{13}{48}\pi^4+\dfrac{\pi}{2}\left(\left[\dfrac{1}{2}x^2\sin 2x\right]_0^{\frac{\pi}{2}}-\int_0^{\frac{\pi}{2}}x\sin 2x\,dx\right)=\dfrac{13}{48}\pi^4-\dfrac{\pi}{2}\int_0^{\frac{\pi}{2}}x\sin 2x\,dx\\
&=\dfrac{13}{48}\pi^4-\dfrac{\pi}{2}\left(\left[-\dfrac{1}{2}x\cos 2x\right]_0^{\frac{\pi}{2}}+\dfrac{1}{2}\int_0^{\frac{\pi}{2}}\cos 2x\,dx\right)\\
&=\dfrac{13}{48}\pi^4-\dfrac{\pi^2}{8}-\dfrac{\pi}{4}\left[\dfrac{1}{2}\sin 2x\right]_0^{\frac{\pi}{2}}=\dfrac{\pi^2}{48}(\mathbf{13\pi^2-6}) \quad\cdots\cdots\text{答}
\end{aligned}$$

308 関数 $f(x)=x+\sqrt{2}\sin x\ (0\leqq x\leqq\pi)$ は $x=a$ で最大値 $f(a)$ をとる。

(1) $a,\ f(a)$ の値を求めよ。

(2) 曲線 $y=f(x)$ と x 軸および直線 $x=a$ で囲まれた図形を，x 軸のまわりに1回転させてできる回転体の体積 V を求めよ。

例題研究 サイクロイド $x=a(\theta-\sin\theta)$, $y=a(1-\cos\theta)$ $(a>0,\ 0\leq\theta\leq 2\pi)$ と x 軸で囲まれた図形を x 軸のまわりに1回転させてできる立体の体積を求めよ。

着眼 x 軸のまわりの回転体であるから，$\pi\int_a^b y^2 dx$ を用いるが，y は θ を媒介変数とする x の関数と考えて，置換積分を行う。

解き方 θ にいろいろな値を代入してグラフをかくと右の図のようになる。したがって，求める体積を V とすると
$$V=\pi\int_0^{2\pi a} y^2 dx$$
ここで，$x=a(\theta-\sin\theta)$ だから
$$\frac{dx}{d\theta}=a(1-\cos\theta)$$
積分区間の対応は右のようになるから

x	$0 \to 2\pi a$
θ	$0 \to 2\pi$

$$V=\pi\int_0^{2\pi} y^2 \frac{dx}{d\theta}d\theta = \pi\int_0^{2\pi} a^2(1-\cos\theta)^2 \cdot a(1-\cos\theta)d\theta$$
$$=\pi a^3 \int_0^{2\pi}(1-\cos\theta)^3 d\theta = \pi a^3 \int_0^{2\pi}(1-3\cos\theta+3\cos^2\theta-\cos^3\theta)d\theta$$
$$=\pi a^3 \int_0^{2\pi}\left\{1-3\cos\theta+\frac{3}{2}(1+\cos 2\theta)-(1-\sin^2\theta)\cos\theta\right\}d\theta$$
$$=\pi a^3 \int_0^{2\pi}\left\{\frac{5}{2}-4\cos\theta+\frac{3}{2}\cos 2\theta+\sin^2\theta(\sin\theta)'\right\}d\theta$$
$$=\pi a^3 \left[\frac{5}{2}\theta-4\sin\theta+\frac{3}{4}\sin 2\theta+\frac{1}{3}\sin^3\theta\right]_0^{2\pi}$$
$$=\boldsymbol{5\pi^2 a^3} \quad \cdots\cdots \text{答}$$

309 曲線 $x=3\cos\theta$, $y=2\sin\theta$ $(0\leq\theta\leq 2\pi)$ を x 軸のまわりに1回転してできる回転体の体積を求めよ。 **差がつく**

310 次の曲線の長さを求めよ。

(1) $x=\cos\theta+\theta\sin\theta$, $y=\sin\theta-\theta\cos\theta$ $(0\leq\theta\leq 2\pi)$

(2) $x=e^t\cos t$, $y=e^t\sin t$ $\left(0\leq t\leq\dfrac{\pi}{2}\right)$

| 執筆・編集協力 | (有)四月社 |
| 図版 | デザインスタジオエキス |

シグマベスト
シグマ基本問題集
数学Ⅲ

本書の内容を無断で複写(コピー)・複製・転載することは，著作者および出版社の権利の侵害となり，著作権法違反となりますので，転載等を希望される場合は前もって小社あて許諾を求めてください。

Ⓒ BUN-EIDO　2014　Printed in Japan

編　者	文英堂編集部
発行者	益井英郎
印刷所	中村印刷株式会社
発行所	株式会社 文英堂

〒601-8121　京都市南区上鳥羽大物町28
〒162-0832　東京都新宿区岩戸町17
(代表)03-3269-4231

●落丁・乱丁はおとりかえします。

シグマ基本問題集

数学III

正解答集

- 検討 で問題の解き方が完璧にわかる
- テスト対策 で定期テスト対策も万全

文英堂

1 複素数平面

基本問題 ……………………… 本冊 p.5

1
答

（グラフ：(1) (1,3), (2) (-2,2), (3) (3,0), (4) (0,-1)）

2
答 $a=6$, $b=2$

検討 3点 0, α, β は一直線上にあるので，$\beta = k\alpha$（k は実数）とおける。
したがって $a - 3i = -2k + ki$
実部と虚部をそれぞれ比較して
$a = -2k$, $-3 = k$
よって $k = -3$, $a = 6$
また，3点 0, α, γ は一直線上にあるので，$\gamma = l\alpha$（l は実数）とおける。
したがって $-4 + bi = -2l + li$
実部と虚部をそれぞれ比較して
$-4 = -2l$, $b = l$
よって $l = 2$, $b = 2$

3
答

（図：複素数平面上の点 A(z_1), B(z_2), C, D, E, F, B'($-z_2$), B''($2z_2$), A'($\overline{z_1}$)）

検討 (1) C($z_1 + z_2$) は，OA，OB を 2 辺とする平行四辺形の第 4 の頂点である。
(2) $z_1 - z_2 = z_1 + (-z_2)$ と考えて，B'($-z_2$) とすると，D($z_1 - z_2$) は，OA，OB' を 2 辺とする平行四辺形の第 4 の頂点である。
(3) 実軸に関して A(z_1) と対称な点を A'($\overline{z_1}$) として考えればよい。
(4) B''($2z_2$) として考えればよい。

4
答 (1) **5** (2) $\sqrt{13}$ (3) $5\sqrt{2}$ (4) **5**

検討 (1) $|3+4i| = \sqrt{3^2 + 4^2} = 5$
(2) $|-2+3i| = \sqrt{(-2)^2 + 3^2} = \sqrt{13}$
(3) $|7-i| = \sqrt{7^2 + (-1)^2} = 5\sqrt{2}$
(4) $|-5i| = \sqrt{0^2 + (-5)^2} = 5$

5
答 (1) $\sqrt{10}$ (2) **10**

検討 (1) $AB = |(4+3i) - (1+2i)|$
$= |3+i| = \sqrt{3^2 + 1^2} = \sqrt{10}$
(2) $AB = |(-3-7i) - (5-i)|$
$= |-8-6i| = \sqrt{(-8)^2 + (-6)^2} = 10$

応用問題 ……………………… 本冊 p.6

6
答 (1) **5** (2) $15\sqrt{2}$

検討 (1) $|\alpha - \beta|^2 = (\alpha - \beta)\overline{(\alpha - \beta)}$
$= (\alpha - \beta)(\overline{\alpha} - \overline{\beta}) = \alpha\overline{\alpha} - \alpha\overline{\beta} - \overline{\alpha}\beta + \beta\overline{\beta}$
$= |\alpha|^2 - (\alpha\overline{\beta} + \overline{\alpha}\beta) + |\beta|^2$
$|\alpha| = 5$, $|\beta| = 4$, $|\alpha - \beta| = 6$ より
$6^2 = 5^2 - (\alpha\overline{\beta} + \overline{\alpha}\beta) + 4^2$
よって $\alpha\overline{\beta} + \overline{\alpha}\beta = 5$
(2) $|2\alpha - 5\beta|^2 = (2\alpha - 5\beta)\overline{(2\alpha - 5\beta)}$
$= (2\alpha - 5\beta)(2\overline{\alpha} - 5\overline{\beta})$
$= 4\alpha\overline{\alpha} - 10\alpha\overline{\beta} - 10\overline{\alpha}\beta + 25\beta\overline{\beta}$
$= 4|\alpha|^2 - 10(\alpha\overline{\beta} + \overline{\alpha}\beta) + 25|\beta|^2$
$= 4 \cdot 5^2 - 10 \cdot 5 + 25 \cdot 4^2 = 450$
よって，$|2\alpha - 5\beta| \geqq 0$ より $|2\alpha - 5\beta| = 15\sqrt{2}$

7

答 $|\alpha|=1$ より, $|\alpha|^2=1$ であるから
$\alpha\bar{\alpha}=1$
よって
$$\overline{\left(\frac{\alpha+1}{\alpha-1}\right)}=\frac{\overline{\alpha+1}}{\overline{\alpha-1}}=\frac{\bar{\alpha}+1}{\bar{\alpha}-1}$$
$$=\frac{\alpha\bar{\alpha}+\alpha}{\alpha\bar{\alpha}-\alpha}=\frac{1+\alpha}{1-\alpha}$$
$$=-\frac{\alpha+1}{\alpha-1}$$

また, α は虚数より $\dfrac{\alpha+1}{\alpha-1}\neq 0$

以上より, $\dfrac{\alpha+1}{\alpha-1}$ は純虚数である。

2 複素数の極形式

基本問題 ………………… 本冊 p. 7

8

答 (1) $2\left(\cos\dfrac{\pi}{3}+i\sin\dfrac{\pi}{3}\right)$

(2) $\sqrt{2}\left(\cos\dfrac{3}{4}\pi+i\sin\dfrac{3}{4}\pi\right)$

(3) $2\sqrt{3}\left(\cos\dfrac{11}{6}\pi+i\sin\dfrac{11}{6}\pi\right)$

(4) $2\left(\cos\dfrac{5}{4}\pi+i\sin\dfrac{5}{4}\pi\right)$

(5) $\cos\dfrac{\pi}{2}+i\sin\dfrac{\pi}{2}$

(6) $3(\cos\pi+i\sin\pi)$

検討 複素数の絶対値を r, 偏角を θ とする。

(1) $r=\sqrt{1^2+(\sqrt{3})^2}=2$
$\cos\theta=\dfrac{1}{2}$, $\sin\theta=\dfrac{\sqrt{3}}{2}$ より $\theta=\dfrac{\pi}{3}$

(2) $r=\sqrt{(-1)^2+1^2}=\sqrt{2}$
$\cos\theta=-\dfrac{1}{\sqrt{2}}$, $\sin\theta=\dfrac{1}{\sqrt{2}}$ より $\theta=\dfrac{3}{4}\pi$

(3) $r=\sqrt{3^2+(-\sqrt{3})^2}=2\sqrt{3}$
$\cos\theta=\dfrac{3}{2\sqrt{3}}=\dfrac{\sqrt{3}}{2}$, $\sin\theta=\dfrac{-\sqrt{3}}{2\sqrt{3}}=-\dfrac{1}{2}$
より $\theta=\dfrac{11}{6}\pi$

(4) $r=\sqrt{(-\sqrt{2})^2+(-\sqrt{2})^2}=2$
$\cos\theta=-\dfrac{\sqrt{2}}{2}$, $\sin\theta=-\dfrac{\sqrt{2}}{2}$ より $\theta=\dfrac{5}{4}\pi$

(5) $r=\sqrt{0^2+1^2}=1$
$\cos\theta=0$, $\sin\theta=1$ より $\theta=\dfrac{\pi}{2}$

(6) $r=\sqrt{(-3)^2+0^2}=3$
$\cos\theta=\dfrac{-3}{3}=-1$, $\sin\theta=0$ より $\theta=\pi$

テスト対策

$z\neq 0$ のとき, $z=x+yi$ (x, y は実数) の絶対値を r, 偏角を θ とすると
$$r=\sqrt{x^2+y^2}$$
$$\cos\theta=\dfrac{x}{r},\quad \sin\theta=\dfrac{y}{r}$$

9

答 (1) $-1+\sqrt{3}i$ (2) $-2-2\sqrt{3}i$

検討 (1) $2\left(\cos\dfrac{2}{3}\pi+i\sin\dfrac{2}{3}\pi\right)=2\left(-\dfrac{1}{2}+\dfrac{\sqrt{3}}{2}i\right)$
$=-1+\sqrt{3}i$

(2) 求める複素数の絶対値を r とすると, 偏角が $-\dfrac{2}{3}\pi$ より, 複素数は
$$r\left\{\cos\left(-\dfrac{2}{3}\pi\right)+i\sin\left(-\dfrac{2}{3}\pi\right)\right\}$$
$$=-\dfrac{1}{2}r-\dfrac{\sqrt{3}}{2}ri\quad \cdots\text{①}$$
となる。実部が -2 であるから
$$-\dfrac{1}{2}r=-2$$
よって, $r=4$ となり, 求める複素数は, ① より, $-2-2\sqrt{3}i$ である。

10

答 (1) $2\sqrt{2}\left(\cos\dfrac{23}{12}\pi+i\sin\dfrac{23}{12}\pi\right)$

(2) $\sqrt{2}\left(\cos\dfrac{17}{12}\pi+i\sin\dfrac{17}{12}\pi\right)$

検討 $z_1=2\left(\dfrac{1}{2}-\dfrac{\sqrt{3}}{2}i\right)$
$=2\left(\cos\dfrac{5}{3}\pi+i\sin\dfrac{5}{3}\pi\right)$

$z_2=\sqrt{2}\left(\dfrac{1}{\sqrt{2}}+\dfrac{1}{\sqrt{2}}i\right)$

　　$=\sqrt{2}\left(\cos\dfrac{\pi}{4}+i\sin\dfrac{\pi}{4}\right)$

(1) $z_1z_2=2\sqrt{2}\left\{\cos\left(\dfrac{5}{3}\pi+\dfrac{\pi}{4}\right)+i\sin\left(\dfrac{5}{3}\pi+\dfrac{\pi}{4}\right)\right\}$

　　$=2\sqrt{2}\left(\cos\dfrac{23}{12}\pi+i\sin\dfrac{23}{12}\pi\right)$

(2) $\dfrac{z_1}{z_2}=\dfrac{2}{\sqrt{2}}\left\{\cos\left(\dfrac{5}{3}\pi-\dfrac{\pi}{4}\right)+i\sin\left(\dfrac{5}{3}\pi-\dfrac{\pi}{4}\right)\right\}$

　　$=\sqrt{2}\left(\cos\dfrac{17}{12}\pi+i\sin\dfrac{17}{12}\pi\right)$

11

答 (1) 点 z を原点のまわりに π だけ回転し，原点からの距離を2倍した点

(2) 点 z を原点のまわりに $\dfrac{\pi}{4}$ だけ回転し，原点からの距離を $\sqrt{2}$ 倍した点

(3) 点 z を原点のまわりに $\dfrac{3}{2}\pi$ だけ回転し，原点からの距離を2倍した点

検討 (1) 与式 $=2(\cos\pi+i\sin\pi)z$

なお，$-2z=2\cdot(-z)$ と考えて，点 z を原点に関して対称移動し，原点からの距離を2倍した点と答えてもよい。

(2) 与式 $=\sqrt{2}\left(\dfrac{1}{\sqrt{2}}+\dfrac{1}{\sqrt{2}}i\right)z$

　　$=\sqrt{2}\left(\cos\dfrac{\pi}{4}+i\sin\dfrac{\pi}{4}\right)z$

(3) 与式 $=2\left(\cos\dfrac{3}{2}\pi+i\sin\dfrac{3}{2}\pi\right)z$

> **テスト対策**
> $\alpha=r(\cos\theta+i\sin\theta)$ $(r>0)$ とするとき，点 αz は，点 z を原点のまわりに θ だけ回転し，原点からの距離を r 倍した点である。

12

答 $-4+2\sqrt{3}i$

検討 $w=\left(\cos\dfrac{\pi}{3}+i\sin\dfrac{\pi}{3}\right)z$

　　$=\left(\dfrac{1}{2}+\dfrac{\sqrt{3}}{2}i\right)(1+3\sqrt{3}i)=-4+2\sqrt{3}i$

応用問題　本冊 p.8

13

答 $-1-6i$

検討 点 z_0 が原点 O に移るように平行移動すると，点 z, w はそれぞれ $z-z_0$, $w-z_0$ に移る。点 $w-z_0$ は点 $z-z_0$ を原点のまわりに $\dfrac{\pi}{2}$ だけ回転した点であるから

$$w-z_0=\left(\cos\dfrac{\pi}{2}+i\sin\dfrac{\pi}{2}\right)(z-z_0)$$

よって
$w=i\{(-2+3i)-(3-i)\}+(3-i)$
　$=-1-6i$

> **テスト対策**
> 点 z を点 z_0 のまわりに θ だけ回転した点を w とすると
> $w-z_0=(\cos\theta+i\sin\theta)(z-z_0)$

3　ド・モアブルの定理

基本問題　本冊 p.9

14

答 (1) $-8i$　(2) $-64\sqrt{3}+64i$

(3) $-\dfrac{1}{2}-\dfrac{\sqrt{3}}{2}i$　(4) $\dfrac{1}{32}+\dfrac{1}{32}i$

検討 (1) 与式 $=\left\{\sqrt{2}\left(\dfrac{1}{\sqrt{2}}+\dfrac{1}{\sqrt{2}}i\right)\right\}^6$

　　$=\left\{\sqrt{2}\left(\cos\dfrac{\pi}{4}+i\sin\dfrac{\pi}{4}\right)\right\}^6$

　　$=(\sqrt{2})^6\left(\cos\dfrac{3}{2}\pi+i\sin\dfrac{3}{2}\pi\right)$

　　$=(\sqrt{2})^6(-i)=-8i$

(2) 与式 $=\left\{2\left(\dfrac{\sqrt{3}}{2}-\dfrac{1}{2}i\right)\right\}^7$

　　$=\left[2\left\{\cos\left(-\dfrac{\pi}{6}\right)+i\sin\left(-\dfrac{\pi}{6}\right)\right\}\right]^7$

　　$=2^7\left\{\cos\left(-\dfrac{7}{6}\pi\right)+i\sin\left(-\dfrac{7}{6}\pi\right)\right\}$

　　$=2^7\left(-\dfrac{\sqrt{3}}{2}+\dfrac{1}{2}i\right)=-64\sqrt{3}+64i$

(3) 与式 $= \left(\cos\dfrac{\pi}{6}+i\sin\dfrac{\pi}{6}\right)^{-4}$

$= \cos\left(-\dfrac{2}{3}\pi\right)+i\sin\left(-\dfrac{2}{3}\pi\right)$

$= -\dfrac{1}{2}-\dfrac{\sqrt{3}}{2}i$

(4) 与式 $= (1-i)^{-9} = \left\{\sqrt{2}\left(\dfrac{1}{\sqrt{2}}-\dfrac{1}{\sqrt{2}}i\right)\right\}^{-9}$

$= \left[\sqrt{2}\left\{\cos\left(-\dfrac{\pi}{4}\right)+i\sin\left(-\dfrac{\pi}{4}\right)\right\}\right]^{-9}$

$= (\sqrt{2})^{-9}\left(\cos\dfrac{9}{4}\pi+i\sin\dfrac{9}{4}\pi\right)$

$= \dfrac{1}{(\sqrt{2})^9}\left(\cos\dfrac{\pi}{4}+i\sin\dfrac{\pi}{4}\right)$

$= \dfrac{1}{(\sqrt{2})^9}\left(\dfrac{1}{\sqrt{2}}+\dfrac{1}{\sqrt{2}}i\right) = \dfrac{1}{32}+\dfrac{1}{32}i$

15

答 n が 3 の倍数のとき 2,
n が 3 の倍数でないとき -1

検討 与式 $= \left(\cos\dfrac{2}{3}\pi+i\sin\dfrac{2}{3}\pi\right)^n$

$\qquad + \left\{\cos\left(-\dfrac{2}{3}\pi\right)+i\sin\left(-\dfrac{2}{3}\pi\right)\right\}^n$

$= \cos\dfrac{2}{3}n\pi+i\sin\dfrac{2}{3}n\pi$

$\qquad + \cos\left(-\dfrac{2}{3}n\pi\right)+i\sin\left(-\dfrac{2}{3}n\pi\right)$

$= \cos\dfrac{2}{3}n\pi+i\sin\dfrac{2}{3}n\pi$

$\qquad + \cos\dfrac{2}{3}n\pi-i\sin\dfrac{2}{3}n\pi$

$= 2\cos\dfrac{2}{3}n\pi$

(i) $n=3k$ (k は整数) のとき

与式 $= 2\cos 2k\pi$
$\qquad = 2$

(ii) $n=3k\pm 1$ (k は整数) のとき

与式 $= 2\cos\left(2k\pi\pm\dfrac{2}{3}\pi\right)$

$\qquad = 2\cos\left(\pm\dfrac{2}{3}\pi\right)$

$\qquad = -1$

16

答 $1, i, -1, -i$

検討 1 の 4 乗根を z_k とすると

$z_k = \cos\dfrac{2k\pi}{4}+i\sin\dfrac{2k\pi}{4}$

$\qquad (k=0, 1, 2, 3)$

よって

$z_0 = \cos 0+i\sin 0 = 1$

$z_1 = \cos\dfrac{\pi}{2}+i\sin\dfrac{\pi}{2} = i$

$z_2 = \cos\pi+i\sin\pi = -1$

$z_3 = \cos\dfrac{3}{2}\pi+i\sin\dfrac{3}{2}\pi = -i$

17

答 $z = \dfrac{\sqrt{6}}{2}+\dfrac{\sqrt{2}}{2}i,\ -\dfrac{\sqrt{2}}{2}+\dfrac{\sqrt{6}}{2}i,$

$\qquad -\dfrac{\sqrt{6}}{2}-\dfrac{\sqrt{2}}{2}i,\ \dfrac{\sqrt{2}}{2}-\dfrac{\sqrt{6}}{2}i$

検討 $z = r(\cos\theta+i\sin\theta)$
$\qquad (r>0,\ 0\leqq\theta<2\pi)$

とおくと,

$z^4 = r^4(\cos 4\theta+i\sin 4\theta) \quad\cdots ①$

一方

$z^4 = -2+2\sqrt{3}i = 4\left(-\dfrac{1}{2}+\dfrac{\sqrt{3}}{2}i\right)$

$\quad = 4\left(\cos\dfrac{2}{3}\pi+i\sin\dfrac{2}{3}\pi\right) \quad\cdots ②$

①, ② より

$r^4 = 4,\ 4\theta = \dfrac{2}{3}\pi+2k\pi$ (k は整数)

r は正の実数より $r=\sqrt{2}$

また $\theta = \dfrac{\pi}{6}+\dfrac{k}{2}\pi$

$0\leqq\theta<2\pi$ より $k=0, 1, 2, 3$

よって $\theta = \dfrac{\pi}{6},\ \dfrac{2}{3}\pi,\ \dfrac{7}{6}\pi,\ \dfrac{5}{3}\pi$

$\theta = \dfrac{\pi}{6}$ のとき

$z = \sqrt{2}\left(\cos\dfrac{\pi}{6}+i\sin\dfrac{\pi}{6}\right) = \dfrac{\sqrt{6}}{2}+\dfrac{\sqrt{2}}{2}i$

同様に $\theta=\dfrac{2}{3}\pi$, $\dfrac{7}{6}\pi$, $\dfrac{5}{3}\pi$ のときの z はそれぞれ $-\dfrac{\sqrt{2}}{2}+\dfrac{\sqrt{6}}{2}i$, $-\dfrac{\sqrt{6}}{2}-\dfrac{\sqrt{2}}{2}i$, $\dfrac{\sqrt{2}}{2}-\dfrac{\sqrt{6}}{2}i$

応用問題 ・・・・・・・・・・・・・ 本冊 *p.10*

18

答 (1) $2\left\{\cos\left(\pm\dfrac{2}{3}\pi\right)+i\sin\left(\pm\dfrac{2}{3}\pi\right)\right\}$
　　　　　　　　　　　　　　　（複号同順）

(2) n が 3 の倍数のとき 2^n-1,
　　n が 3 の倍数でないとき $\sqrt{2^{2n}+2^n+1}$

検討 (1) $\left|\dfrac{\alpha}{\beta}\right|=\dfrac{|\alpha|}{|\beta|}=2$ より

$\dfrac{\alpha}{\beta}=2(\cos\theta+i\sin\theta)$ …①

とおける。
また，$|\beta|=1$, $|\alpha+\beta|=\sqrt{3}$ より

$\dfrac{|\alpha+\beta|}{|\beta|}=\sqrt{3}$

$\left|\dfrac{\alpha}{\beta}+1\right|=\sqrt{3}$

①を代入すると

$|2\cos\theta+1+2i\sin\theta|=\sqrt{3}$

両辺を 2 乗すると

$(2\cos\theta+1)^2+4\sin^2\theta=3$

$4\cos^2\theta+4\cos\theta+1+4\sin^2\theta=3$

ゆえに $\cos\theta=-\dfrac{1}{2}$

$-\pi<\theta\leqq\pi$ より $\theta=\pm\dfrac{2}{3}\pi$

したがって

$\dfrac{\alpha}{\beta}=2\left\{\cos\left(\pm\dfrac{2}{3}\pi\right)+i\sin\left(\pm\dfrac{2}{3}\pi\right)\right\}$
　　　　　　　　　　　　　　　（複号同順）

(2) $|\alpha^n-\beta^n|=\left|\beta^n\left(\dfrac{\alpha^n}{\beta^n}-1\right)\right|=|\beta^n|\left|\dfrac{\alpha^n}{\beta^n}-1\right|$

$=|\beta|^n\left|\left(\dfrac{\alpha}{\beta}\right)^n-1\right|$

$=\left|\left(\dfrac{\alpha}{\beta}\right)^n-1\right|$

ここで，(1)の結果より

$\left(\dfrac{\alpha}{\beta}\right)^n=2^n\left\{\cos\left(\pm\dfrac{2}{3}n\pi\right)+i\sin\left(\pm\dfrac{2}{3}n\pi\right)\right\}$

よって，n が 3 の倍数のとき

$\left(\dfrac{\alpha}{\beta}\right)^n=2^n$

となり，n は自然数より，$2^n-1>0$ であるから

$|\alpha^n-\beta^n|=|2^n-1|=2^n-1$

また，n が 3 の倍数でないときは

$\left(\dfrac{\alpha}{\beta}\right)^n=2^n\left(-\dfrac{1}{2}\pm\dfrac{\sqrt{3}}{2}i\right)=-2^{n-1}\pm\sqrt{3}\cdot 2^{n-1}i$

となるから

$|\alpha^n-\beta^n|=|-2^{n-1}-1\pm\sqrt{3}\cdot 2^{n-1}i|$

$=\sqrt{(-2^{n-1}-1)^2+(\pm\sqrt{3}\cdot 2^{n-1})^2}$

$=\sqrt{2^{2n-2}+2\cdot 2^{n-1}+1+3\cdot 2^{2n-2}}$

$=\sqrt{2^{2n}+2^n+1}$

19

答 (1) **1** (2) **1** (3) **4** (4) **0**

検討 (1) $z^4+z^3+z^2+z+1=0$ …①

①より，$z\neq 0$ であるから，①の両辺に z を掛けると

$z^5+z^4+z^3+z^2+z=0$

①より，$z^4+z^3+z^2+z=-1$ であるから

$z^5+(-1)=0$

よって $z^5=1$

(2) $|z^5|=|z|^5=1$ より $|z|=1$

(3) 与式 $=(z+1)\overline{(z+1)}+(z-1)\overline{(z-1)}$

$=(z+1)(\bar{z}+1)+(z-1)(\bar{z}-1)$

$=2z\bar{z}+2=2|z|^2+2$

$=2+2=4$

(4) $w=\dfrac{z^2-z^4}{z-1}$ とおく。

(2)より，$|z|^2=1$ だから $z\bar{z}=1$

すなわち $\bar{z}=\dfrac{1}{z}$

ゆえに

$\bar{w}=\dfrac{(\bar{z})^2-(\bar{z})^4}{\bar{z}-1}=\dfrac{\left(\dfrac{1}{z}\right)^2-\left(\dfrac{1}{z}\right)^4}{\dfrac{1}{z}-1}$

$\phantom{\bar{w}}=\dfrac{\dfrac{1}{z}-\dfrac{1}{z^3}}{1-z}$

(1)より，$z^5=1$ だから

$\dfrac{1}{z}=z^4$, $\dfrac{1}{z^3}=z^2$

よって

$\overline{w}=\dfrac{z^4-z^2}{1-z}=\dfrac{z^2-z^4}{z-1}=w$

したがって，w は実数であるから，虚部は 0 である。

20

答 (1) α は $z^5=1$ の解であるから

$\alpha^5=1$ ……①

このとき，$(\alpha^2)^5=(\alpha^5)^2=1$, $(\alpha^3)^5=(\alpha^5)^3=1$, $(\alpha^4)^5=(\alpha^5)^4=1$

より，α^2, α^3, α^4 も $z^5=1$ の解である。

また，①より

$(\alpha-1)(\alpha^4+\alpha^3+\alpha^2+\alpha+1)=0$

α は虚数であるから

$\alpha \neq 1$, $\alpha^4+\alpha^3+\alpha^2+\alpha+1=0$ ……②

ここで，$\alpha=\alpha^2$ と仮定すると，$\alpha(\alpha-1)=0$

より $\alpha=0$, 1

同様にして，α, α^2, α^3, α^4 のどれか 2 つが等しいと仮定すると，α は 0, ± 1, ω, ω^2（ω は 1 の 3 乗根のうち虚数のもの）のいずれかである。

α は虚数より $\alpha=\omega$, ω^2

$\omega^3=1$, $\omega^2+\omega+1=0$ より，$\alpha=\omega$ のとき

$\alpha^4+\alpha^3+\alpha^2+\alpha+1=\omega+1\neq 0$

これは②に反する。

$\alpha=\omega^2$ のとき

$\alpha^4+\alpha^3+\alpha^2+\alpha+1=\omega^2+1+\omega+\omega^2+1$
$=-\omega\neq 0$

これは②に反する。

したがって，α, α^2, α^3, α^4 は互いに異なる。

また，$z^5=1$ は $z=1$ 以外に実数解をもたない。

よって，$z^5=1$ の α 以外の相異なる 3 つの虚数解は α^2, α^3, α^4 である。

(2) 5 (3) 1

検討 (2) $z^5-1=0$ の解は 1, α, α^2, α^3, α^4 となるので

$z^5-1=(z-1)(z-\alpha)(z-\alpha^2)(z-\alpha^4)$

$(z-1)(z^4+z^3+z^2+z+1)$
$=(z-1)(z-\alpha)(z-\alpha^2)(z-\alpha^3)(z-\alpha^4)$

よって

$z^4+z^3+z^2+z+1$
$=(z-\alpha)(z-\alpha^2)(z-\alpha^3)(z-\alpha^4)$ ……③

③の式で $z=1$ とおくと

$(1-\alpha)(1-\alpha^2)(1-\alpha^3)(1-\alpha^4)=5$

(3) ③の式で $z=-1$ とおくと

$(-1-\alpha)(-1-\alpha^2)(-1-\alpha^3)(-1-\alpha^4)=1$

$(1+\alpha)(1+\alpha^2)(1+\alpha^3)(1+\alpha^4)=1$

4 複素数と図形

基本問題 ………………… 本冊 p.11

21

答 点 P：$-\dfrac{4}{3}+\dfrac{13}{3}i$, 点 Q：$-8+3i$

検討 点 P を表す複素数は

$\dfrac{1\cdot(2+5i)+2\cdot(-3+4i)}{2+1}=-\dfrac{4}{3}+\dfrac{13}{3}i$

点 Q を表す複素数は

$\dfrac{-1\cdot(2+5i)+2\cdot(-3+4i)}{2-1}=-8+3i$

22

答 $-6i$

検討 点 D を表す複素数を z とすると，平行四辺形 ABDC の 2 つの対角線 AD，BC の中点は一致するので

$\dfrac{(2+3i)+z}{2}=\dfrac{(-1-2i)+(3-i)}{2}$

よって $z=-6i$

23

答 (1) 原点を中心とする半径 4 の円
(2) 点 $-1-2i$ を中心とする半径 3 の円
(3) 原点と点 -2 を結ぶ線分の垂直二等分線
(4) 2 点 1, $-i$ を結ぶ線分の垂直二等分線

検討 (1) $|z|$ は原点と点 z の距離を表すから，$|z|=4$ は原点からの距離が 4 の点全体を表す。

(2) $|z+1+2i|$ すなわち $|z-(-1-2i)|$ は点 $-1-2i$ と点 z の距離を表すから,$|z+1+2i|=3$ は点 $-1-2i$ からの距離が 3 の点全体を表す。

(3) $|z|=|z+2|$ は原点と点 z の距離が,点 -2 と点 z の距離と等しいことを表すから,この方程式は原点と点 -2 からの距離が等しい点全体を表す。

(4) $|z-1|=|z+i|$ は点 1 と点 z の距離が,点 $-i$ と点 z の距離と等しいことを表すから,この方程式は 2 点 1,$-i$ からの距離が等しい点全体を表す。

> **テスト対策**
> α,β を複素数,r を正の実数とするとき
> ① $|z-\alpha|=r$ は,**点 α を中心とする半径 r の円**を表す。
> ② $|z-\alpha|=|z-\beta|$ は,**2 点 α,β を結ぶ線分の垂直二等分線**を表す。

24

答 (1) 点 2 を中心とする半径 2 の円
(2) 点 $-9i$ を中心とする半径 6 の円

検討 (1) 方程式の両辺を 2 乗すると
$|z+2|^2=4|z-1|^2$
$(z+2)(\overline{z+2})=4(z-1)(\overline{z-1})$
$(z+2)(\bar{z}+2)=4(z-1)(\bar{z}-1)$
$z\bar{z}-2z-2\bar{z}=0$
$(z-2)(\bar{z}-2)=4$
$(z-2)(\overline{z-2})=4$
$|z-2|^2=4$
したがって $|z-2|=2$
よって,求める図形は,点 2 を中心とする半径 2 の円である。

(2) 方程式の両辺を 2 乗すると
$4|z|^2=9|z+5i|^2$
$4z\bar{z}=9(z+5i)(\overline{z+5i})$
$4z\bar{z}=9(z+5i)(\bar{z}-5i)$
$z\bar{z}-9iz+9i\bar{z}+45=0$
$(z+9i)(\bar{z}-9i)=36$
$(z+9i)(\overline{z+9i})=36$
$|z+9i|^2=36$
したがって $|z+9i|=6$
よって,求める図形は,点 $-9i$ を中心とする半径 6 の円である。

25

答 点 1 を中心とする半径 $\sqrt{13}$ の円

検討 点 z は原点を中心とする半径 1 の円周上にあるから $|z|=1$ …①
また,$w=1+(2+3i)z$ より
$z=\dfrac{w-1}{2+3i}$
これを①に代入すると
$\left|\dfrac{w-1}{2+3i}\right|=1$ $\dfrac{|w-1|}{|2+3i|}=1$
ここで,$|2+3i|=\sqrt{2^2+3^2}=\sqrt{13}$ より
$|w-1|=\sqrt{13}$
よって,求める図形は,点 1 を中心とする半径 $\sqrt{13}$ の円である。

> **テスト対策**
> 点 z がある図形上を動くとき,それにともなって動く点 w の軌跡の求め方
> ① z の満たす方程式を求める。
> ② z と w の関係式を z について解き,①で求めた方程式に代入する。

26

答 (1) 正三角形

(2) $\angle \mathrm{AOB}=\dfrac{\pi}{2}$ の直角二等辺三角形

(3) $\angle \mathrm{OBA}=\dfrac{\pi}{2}$ の直角二等辺三角形

検討 (1) 等式の両辺を 2α ($\neq 0$) で割ると
$\dfrac{\beta}{\alpha}=\dfrac{1}{2}+\dfrac{\sqrt{3}}{2}i=\cos\dfrac{\pi}{3}+i\sin\dfrac{\pi}{3}$
したがって,$\left|\dfrac{\beta}{\alpha}\right|=1$ より $\mathrm{OA}=\mathrm{OB}$
また,$\arg\dfrac{\beta}{\alpha}=\dfrac{\pi}{3}$ より $\angle \mathrm{AOB}=\dfrac{\pi}{3}$
よって,$\triangle \mathrm{OAB}$ は正三角形である。

(2) 等式の両辺を α^2 ($\neq 0$) で割ると
$1+\left(\dfrac{\beta}{\alpha}\right)^2=0$ $\left(\dfrac{\beta}{\alpha}\right)^2=-1$

ゆえに
$$\frac{\beta}{\alpha} = \pm i = \cos\left(\pm\frac{\pi}{2}\right) + i\sin\left(\pm\frac{\pi}{2}\right)$$
(複号同順)

したがって，$\left|\dfrac{\beta}{\alpha}\right| = 1$ より OA=OB

また，$\arg\dfrac{\beta}{\alpha} = \pm\dfrac{\pi}{2}$ より $\angle \text{AOB} = \dfrac{\pi}{2}$

よって，△OAB は $\angle \text{AOB} = \dfrac{\pi}{2}$ の直角二等辺三角形である。

(3) 等式の両辺を α^2 ($\neq 0$) で割ると
$$2\left(\frac{\beta}{\alpha}\right)^2 - 2\left(\frac{\beta}{\alpha}\right) + 1 = 0$$

$\dfrac{\beta}{\alpha}$ は方程式 $2x^2 - 2x + 1 = 0$ の解であるから
$$\frac{\beta}{\alpha} = \frac{1 \pm i}{2} = \frac{1}{\sqrt{2}}\left(\frac{1}{\sqrt{2}} \pm \frac{1}{\sqrt{2}}i\right)$$
$$= \frac{1}{\sqrt{2}}\left\{\cos\left(\pm\frac{\pi}{4}\right) + i\sin\left(\pm\frac{\pi}{4}\right)\right\}$$
(複号同順)

したがって，$\left|\dfrac{\beta}{\alpha}\right| = \dfrac{1}{\sqrt{2}}$ より OA=$\sqrt{2}$OB

また，$\arg\dfrac{\beta}{\alpha} = \pm\dfrac{\pi}{4}$ より

$\angle \text{AOB} = \dfrac{\pi}{4}$

よって，△OAB は $\angle \text{OBA} = \dfrac{\pi}{2}$ の直角二等辺三角形である。

27

答 点 γ を直角の頂点とする直角二等辺三角形

検討 A(α)，B(β)，C(γ) とする。
$\alpha + i\beta = (1+i)\gamma$ より
$\alpha - \gamma = -i(\beta - \gamma)$
$\beta \neq \gamma$ より，両辺を $\beta - \gamma$ ($\neq 0$) で割ると
$$\frac{\alpha - \gamma}{\beta - \gamma} = -i = \cos\left(-\frac{\pi}{2}\right) + i\sin\left(-\frac{\pi}{2}\right)$$

したがって，$\left|\dfrac{\alpha - \gamma}{\beta - \gamma}\right| = 1$ より CA=CB

また，$\arg\dfrac{\alpha - \gamma}{\beta - \gamma} = -\dfrac{\pi}{2}$ より $\angle \text{ACB} = \dfrac{\pi}{2}$

よって，点 γ を直角の頂点とする直角二等辺三角形である。

28

答 (1) $a = 2$ (2) $a = -3$

検討 (1) $\dfrac{\beta - \alpha}{\gamma - \alpha} = \dfrac{(a+4i)-(1+2i)}{(-2-4i)-(1+2i)}$

$= -\dfrac{1}{3} \cdot \dfrac{(a-1)+2i}{1+2i}$

$= -\dfrac{1}{3} \cdot \dfrac{\{(a-1)+2i\}(1-2i)}{(1+2i)(1-2i)}$

$= -\dfrac{a+3}{15} + \dfrac{2(a-2)}{15}i$

3点 A, B, C が一直線上にあるとき，
$\dfrac{\beta - \alpha}{\gamma - \alpha}$ は実数であるから $\dfrac{2(a-2)}{15} = 0$

よって $a = 2$

(2) AB⊥AC のとき，$\dfrac{\beta - \alpha}{\gamma - \alpha}$ は純虚数であるから

$-\dfrac{a+3}{15} = 0$ かつ $\dfrac{2(a-2)}{15} \neq 0$

よって $a = -3$

応用問題 ……… 本冊 p.13

29

答 2点 -1，$-1-2i$ を結ぶ線分の垂直二等分線

検討 点 z は，点 $1+i$ を中心とする半径 1 の円周上にあるから $|z - (1+i)| = 1$ …①

また，$w = \dfrac{1-iz}{1+iz}$ より
$w(1+iz) = 1 - iz$
$i(w+1)z = 1 - w$

ここで，$w = -1$ はこの等式を満たさないから $w \neq -1$

したがって，両辺を $i(w+1)$ で割ると
$$z = \frac{1-w}{i(w+1)} = \frac{i(w-1)}{w+1}$$

これを①に代入すると
$$\left|\frac{i(w-1)}{w+1} - (1+i)\right| = 1$$

$|i(w-1)-(1+i)(w+1)|=|w+1|$
$|-w-1-2i|=|w+1|$
$|w+1|=|w+1+2i|$

よって，求める図形は，2点 -1，$-1-2i$ を結ぶ線分の垂直二等分線である．

30

答 (1) 点 $-1+\sqrt{3}i$ を中心とする半径 1 の円

(2) 点 $1+\sqrt{3}i$ を中心とする半径 1 の円と，点 -2 を中心とする半径 1 の円

検討 (1) 点 Q を表す複素数を z_1 とすると，平行四辺形 OAQP の 2 つの対角線 OQ，PA の中点は一致するので

$$\frac{z_1}{2}=\frac{z+(1+\sqrt{3}i)}{2}$$

ゆえに $z=z_1-(1+\sqrt{3}i)$

これを $|z+2|=1$ に代入すると

$|z_1+1-\sqrt{3}i|=1$ …①

よって，点 Q は点 $-1+\sqrt{3}i$ を中心とする半径 1 の円を描く．

(2)

点 R を表す複素数を z_2 とすると，点 R を原点のまわりに $\frac{\pi}{3}$ または $-\frac{\pi}{3}$ だけ回転すると点 Q に重なることから

$z_1=\left\{\cos\left(\pm\frac{\pi}{3}\right)+i\sin\left(\pm\frac{\pi}{3}\right)\right\}z_2$

$=\left(\frac{1}{2}\pm\frac{\sqrt{3}}{2}i\right)z_2$ （複号同順）

これを①に代入すると

$\left|\left(\frac{1}{2}\pm\frac{\sqrt{3}}{2}i\right)z_2+1-\sqrt{3}i\right|=1$

両辺に $\left|\frac{1}{2}\mp\frac{\sqrt{3}}{2}i\right|$ を掛けると

$\left|z_2+(1-\sqrt{3}i)\left(\frac{1}{2}\mp\frac{\sqrt{3}}{2}i\right)\right|=1$

したがって $|z_2-(1+\sqrt{3}i)|=1$
または $|z_2+2|=1$

よって，点 R は点 $1+\sqrt{3}i$ を中心とする半径 1 の円と，点 -2 を中心とする半径 1 の円を描く．

31

答 (1) $z_1=\dfrac{(1+i)\beta+(1-i)\gamma}{2}$,

$z_2=\dfrac{(1+i)\gamma+(1-i)\alpha}{2}$,

$z_3=\dfrac{(1+i)\alpha+(1-i)\beta}{2}$

(2) (1)の結果より

$z_3-z_2=\dfrac{2i\alpha+(1-i)\beta-(1+i)\gamma}{2}$

また

$z_1-\alpha=\dfrac{-2\alpha+(1+i)\beta+(1-i)\gamma}{2}$

$=i\cdot\dfrac{2i\alpha+(1-i)\beta-(1+i)\gamma}{2}$

これより

$\dfrac{z_1-\alpha}{z_3-z_2}=i=\cos\dfrac{\pi}{2}+i\sin\dfrac{\pi}{2}$

したがって，$\left|\dfrac{z_1-\alpha}{z_3-z_2}\right|=1$ より AD=EF

また

（AD と EF のなす角）
$=\arg(z_1-\alpha)-\arg(z_3-z_2)$
$=\arg\dfrac{z_1-\alpha}{z_3-z_2}=\dfrac{\pi}{2}$ より AD⊥EF

検討 (1) 点 D は，点 B を点 C のまわりに $\dfrac{\pi}{4}$ だけ回転し，点 C からの距離を $\dfrac{1}{\sqrt{2}}$ 倍したものであるから

$z_1-\gamma=\dfrac{1}{\sqrt{2}}\left(\cos\dfrac{\pi}{4}+i\sin\dfrac{\pi}{4}\right)(\beta-\gamma)$

よって

$z_1=\dfrac{1}{\sqrt{2}}\left(\dfrac{1}{\sqrt{2}}+\dfrac{1}{\sqrt{2}}i\right)(\beta-\gamma)+\gamma$

$=\dfrac{(1+i)\beta+(1-i)\gamma}{2}$

z_2，z_3 についても同様である．

5 2次曲線

基本問題 ……… 本冊 p.16

32
答 (1) $y^2=8x$ (2) $x^2=-8y$

検討 (1) 条件を満たす点を $P(x, y)$ とすると
$\sqrt{(x-2)^2+y^2}=|x+2|$
両辺を2乗して
$(x-2)^2+y^2=(x+2)^2$
よって $y^2=8x$
逆も確かめておく。

(2) 同様にして
$\sqrt{x^2+(y+2)^2}=|y-2|$
よって $x^2=-8y$

33
答
(1) $y^2=16x$ (2) $x^2=-16y$

34
答 (1) 焦点 $(2, 1)$, 頂点 $(1, 1)$, 軸 $y=1$, 準線 $x=0$
(2) 焦点 $(-1, 0)$, 頂点 $(-1, -1)$, 軸 $x=-1$, 準線 $y=-2$

検討 まず,頂点がどこにあるかを調べる。次に p を求めることによって,どのタイプの放物線に当たるかを考えれば焦点,準線,軸が求められる。
(1)は頂点が $(1, 1)$ で $p=1$, 右に開く放物線だから焦点は $(2, 1)$, 準線は y 軸すなわち $x=0$, 軸は $y=1$ である。(2)も同様。

35
答 放物線 $y^2=6\left(x-\dfrac{1}{2}\right)$

検討 円の中心を $C(x, y)$ $(x>0)$ とすれば,円 C の半径は x, 円 A と円 C との中心間の距離は $\sqrt{(x-2)^2+y^2}$
また,中心間の距離が半径の和に等しいから
$\sqrt{(x-2)^2+y^2}=x+1$
$(x-2)^2+y^2=(x+1)^2$
よって $y^2=6\left(x-\dfrac{1}{2}\right)$

36
答 放物線 $y^2=2px$ (ただし,原点を除く)

検討 弦 OA の中点を $P(X, Y)$ とするとき, X, Y の関係を求めればよい。このとき A の座標は $(2X, 2Y)$ となる。(ただし $X \neq 0$)
これを $y^2=4px$ に代入して $Y^2=2pX$

37
答 (1) $\dfrac{x^2}{25}+\dfrac{y^2}{16}=1$ (2) $\dfrac{x^2}{16}+\dfrac{y^2}{25}=1$

検討 (1) 点 $P(x, y)$ とし, 題意より
$\sqrt{(x-3)^2+y^2}+\sqrt{(x+3)^2+y^2}=10$
$\sqrt{(x-3)^2+y^2}=10-\sqrt{(x+3)^2+y^2}$
両辺を2乗して変形すると
$3x+25=5\sqrt{(x+3)^2+y^2}$
もう一度両辺を2乗して標準形に変形すると
$\dfrac{x^2}{5^2}+\dfrac{y^2}{4^2}=1$

(2) 同様にして
$\sqrt{x^2+(y-3)^2}+\sqrt{x^2+(y+3)^2}=10$
を変形すればよい。

38
答 (1) 長軸の長さ: $2\sqrt{5}$
短軸の長さ: 4
焦点: $(1, 0), (-1, 0)$
(2) 長軸の長さ: 4
短軸の長さ: 2
焦点: $(\sqrt{3}, 0), (-\sqrt{3}, 0)$

39～43 の答え　11

[検討] (1) $\dfrac{x^2}{(\sqrt{5})^2}+\dfrac{y^2}{2^2}=1$

(2) $\dfrac{x^2}{2^2}+y^2=1$

39

[答] (1) $\dfrac{x^2}{16}+\dfrac{y^2}{7}=1$　(2) $\dfrac{x^2}{16}+\dfrac{y^2}{25}=1$

(3) $(x-1)^2+\dfrac{(y-2)^2}{5}=1$

[検討] (1) 楕円の中心は原点で，焦点が x 軸上にあることより　$2a=8$　よって　$a=4$
また，$\sqrt{a^2-b^2}=3$ より　$b=\sqrt{7}$

(2) 楕円の中心は原点で，焦点が y 軸上にあることより　$2a=8$　よって　$a=4$
また，$\sqrt{b^2-a^2}=3$ より　$b=5$

(3) 楕円の中心は $(1,\ 2)$ で，焦点 F，F′ より
$\dfrac{(x-1)^2}{a^2}+\dfrac{(y-2)^2}{b^2}=1$，$\sqrt{b^2-a^2}=2$ で点 $(0,\ 2)$ を通るから前式に代入して
$a=1,\ b=\sqrt{5}$

40

[答]
(1) 長軸の長さ：**4**
短軸の長さ：$2\sqrt{2}$
焦点：$(2,\ -1+\sqrt{2})$，$(2,\ -1-\sqrt{2})$

(2) 長軸の長さ：**2**
短軸の長さ：**1**
焦点：$\left(3+\dfrac{\sqrt{3}}{2},\ -1\right)$，$\left(3-\dfrac{\sqrt{3}}{2},\ -1\right)$

[検討] それぞれ標準形に変形すると
(1) $\dfrac{(x-2)^2}{(\sqrt{2})^2}+\dfrac{(y+1)^2}{2^2}=1$

(2) $(x-3)^2+\dfrac{(y+1)^2}{\left(\dfrac{1}{2}\right)^2}=1$

[テスト対策]
$\dfrac{(x-p)^2}{a^2}+\dfrac{(y-q)^2}{b^2}=1$ が表す曲線は，楕円 $\dfrac{x^2}{a^2}+\dfrac{y^2}{b^2}=1$ を，x 軸方向に p，y 軸方向に q だけ平行移動した楕円である。

41

[答] 楕円 $\dfrac{x^2}{9}+\dfrac{y^2}{16}=1$

[検討] $A(a,\ 0)$，$B(0,\ b)$，線分 AB を $4:3$ に内分する点を $P(x,\ y)$ とすれば
$x=\dfrac{3}{7}a,\ y=\dfrac{4}{7}b$　…①

また，$a^2+b^2=7^2$ となる関係があるので，① を代入。

42

[答] $\dfrac{x^2}{16}-\dfrac{y^2}{9}=1$

[検討] 条件を満たす点を $P(x,\ y)$ として
$\sqrt{(x-5)^2+y^2}-\sqrt{(x+5)^2+y^2}=\pm 8$
$\sqrt{(x-5)^2+y^2}=\pm 8+\sqrt{(x+5)^2+y^2}$
両辺を 2 乗して整理すれば
$5x+16=\mp 4\sqrt{(x+5)^2+y^2}$
もう一度両辺を 2 乗して整理すればよい。

43

[答] (1) 焦点：$(5,\ 0)$，$(-5,\ 0)$
頂点：$(3,\ 0)$，$(-3,\ 0)$
漸近線：$y=\pm\dfrac{4}{3}x$

(2) 焦点：$(0,\ \sqrt{7})$，$(0,\ -\sqrt{7})$
頂点：$(0,\ \sqrt{3})$，$(0,\ -\sqrt{3})$
漸近線：$y=\pm\dfrac{\sqrt{3}}{2}x$

12　44～50 の答え

検討 (1) $\dfrac{x^2}{3^2} - \dfrac{y^2}{4^2} = 1$

(2) $\dfrac{x^2}{2^2} - \dfrac{y^2}{(\sqrt{3})^2} = -1$

44

答 $\dfrac{x^2}{9} - \dfrac{y^2}{4} = 1$

検討 $\dfrac{x^2}{a^2} - \dfrac{y^2}{b^2} = 1$ $(a>0,\ b>0)$ とおくと

$\sqrt{a^2+b^2} = \sqrt{13},\ \dfrac{b}{a} = \dfrac{2}{3}$

これを解いて　$a=3,\ b=2$

45

答 $x^2 - \dfrac{y^2}{4} = -1$

検討 $\dfrac{x^2}{a^2} - \dfrac{y^2}{b^2} = -1$ $(a>0,\ b>0)$ とおくと

$\sqrt{a^2+b^2} = \sqrt{5},\ 2b = 4$

これを解いて　$a=1,\ b=2$

46

答 (1) 焦点：$(-1+\sqrt{13},\ 1)$,
$(-1-\sqrt{13},\ 1)$　頂点：$(1,\ 1),\ (-3,\ 1)$
中心：$(-1,\ 1)$　漸近線：$y = \dfrac{3}{2}x + \dfrac{5}{2}$,
$y = -\dfrac{3}{2}x - \dfrac{1}{2}$

(2) 焦点：$(1,\ 6),\ (1,\ -4)$　頂点：$(1,\ 5)$,
$(1,\ -3)$　中心：$(1,\ 1)$
漸近線：$y = \dfrac{4}{3}x - \dfrac{1}{3},\ y = -\dfrac{4}{3}x + \dfrac{7}{3}$

(1)　(2) 図

応用問題　●●●●●●●●　本冊 *p.19*

47

答 焦点：$\left(-\dfrac{b}{2a},\ -\dfrac{b^2-4ac-1}{4a}\right)$

頂点：$\left(-\dfrac{b}{2a},\ -\dfrac{b^2-4ac}{4a}\right)$　軸：$x = -\dfrac{b}{2a}$

準線：$y = -\dfrac{b^2-4ac+1}{4a}$

検討 $y = ax^2+bx+c = a\left(x+\dfrac{b}{2a}\right)^2 - \dfrac{b^2-4ac}{4a}$

$a \neq 0$ より　$\left(x+\dfrac{b}{2a}\right)^2 = 4 \cdot \dfrac{1}{4a}\left(y + \dfrac{b^2-4ac}{4a}\right)$

よって，頂点と p がわかるので，焦点，準線，軸が決まる。

48

答 $y^2 = 12(x+1)$

検討 円の中心は $(x-2)^2 + y^2 = 2^2$ より $(2,\ 0)$ でこれを焦点とし，$x = -4$ が準線であるから $\sqrt{(x-2)^2 + y^2} = |x+4|$ より求められる。

49

答 (1) $(y-3)^2 = -(x-9)$

(2) $S = \dfrac{1}{2}t^2(6-t)$　$(0 \leq t \leq 6)$

検討 (1) 題意より $(y-q)^2 = a(x-p)$ とおける。
原点 O を通ることより　$q^2 = -ap$ ……①
点 A$(0,\ 6)$ を通ることより
　$(6-q)^2 = -ap$ ……②
①，②より，$-ap$ を消去して　$q = 3$
点 B$(8,\ 2)$ を通ることより　$1 = 8a - ap$
$-ap = q^2 = 9$ より　$a = -1$
①より　$p = 9$

(2) $x = -y^2 + 6y$ より，Q の x 座標は
$-t^2 + 6t$ $(0 \leq t \leq 6)$ であるから
$S = \triangle\text{OPQ} = \dfrac{1}{2}\text{OP} \cdot \text{PQ} = \dfrac{1}{2}t(-t^2+6t)$

50

答 放物線 $y^2 = 2p(x-4p)$

検討 $y^2 = 4px$ ……①
直角をはさむ 2 辺を表す直線の方程式を
$y = mx$ ……②, $y = -\dfrac{1}{m}x$ ……③　とし，原点以外の①，②の交点，①，③の交点をそれぞれ P$_1(x_1,\ y_1)$, P$_2(x_2,\ y_2)$ とすれば
$x_1 = \dfrac{4p}{m^2}$ $(x_1 \neq 0)$, $y_1 = \dfrac{4p}{m}$,

$x_2=4pm^2$ $(x_2\neq 0)$, $y_2=-4pm$
したがって，斜辺の中点を $P(x, y)$ とすれば
$x=\dfrac{x_1+x_2}{2}=\dfrac{2p}{m^2}+2pm^2$ …④
$y=\dfrac{y_1+y_2}{2}=\dfrac{2p}{m}-2pm$ …⑤
④，⑤より m を消去すればよい。

51

答　直角双曲線 $(x-1)(y-1)=1$　（ただし，原点を除く）

検討　$Q(\alpha, 0)$, $R(0, \beta)$ $(\alpha\neq 0, \beta\neq 0)$ とすると $P(\alpha, \beta)$ となる。

直線 QR の方程式は　$\dfrac{x}{\alpha}+\dfrac{y}{\beta}=1$

点 A がこの上にあるから　$\dfrac{1}{\alpha}+\dfrac{1}{\beta}=1$

よって，点 P の軌跡を表す方程式は
$\dfrac{1}{x}+\dfrac{1}{y}=1$
$(x-1)(y-1)=1$　ただし，$x\neq 0$, $y\neq 0$

6　媒介変数表示

基本問題　　　　　　　　　　　　本冊 *p. 21*

52

答　$x=4\cos\theta$, $y=4\sin\theta$

検討　$x^2+y^2=4^2$ より　$x=4\cos\theta$, $y=4\sin\theta$

53

答　(1) $(x-1)^2+\dfrac{(y+3)^2}{4}=1$
(2) $y=x^2-x+3$ $(x\geq 0)$

検討　(1) $\sin\theta=x-1$, $\cos\theta=\dfrac{1}{2}(y+3)$ を $\sin^2\theta+\cos^2\theta=1$ に代入すればよい。
(2) $t=\dfrac{x}{4}$ を $y=16t^2-4t+3$ に代入すればよい。
$t\geq 0$ より　$x\geq 0$

54

答　(1) 放物線 $y=2x^2+2x+2$

(2) 放物線 $y=-6x^2-3$

検討　(1) $y=-(x-t)^2+2t^2+2t+2$
頂点の座標を (x, y) とすると
$x=t$, $y=2t^2+2t+2$
2式より t を消去すると　$y=2x^2+2x+2$
(2) (1)と同様にすればよい。

55

答　(1) $x=3\cos\theta+3$, $y=3\sin\theta$
(2) $x=\dfrac{2}{\cos\theta}-1$, $y=3\tan\theta+1$

検討　(1) $(x-3)^2+y^2=3^2$
これは円 $x^2+y^2=3^2$ すなわち $x=3\cos\theta$, $y=3\sin\theta$ を x 軸方向に 3 だけ平行移動したものであるから
$x=3\cos\theta+3$, $y=3\sin\theta$

(2) 与式は双曲線 $\dfrac{x^2}{2^2}-\dfrac{y^2}{3^2}=1$ すなわち
$x=\dfrac{2}{\cos\theta}$, $y=3\tan\theta$ を x 軸方向に -1, y 軸方向に 1 だけ平行移動したものであるから
$x=\dfrac{2}{\cos\theta}-1$, $y=3\tan\theta+1$

応用問題　　　　　　　　　　　　本冊 *p. 22*

56

答　双曲線 $x^2-y^2=1$（ただし，点 $(-1, 0)$ を除く）

検討　$x=\dfrac{1+t^2}{1-t^2}$ …①　　$y=\dfrac{2t}{1-t^2}$ …②

①より　$t^2(x+1)=x-1$

ここで，$x+1=\dfrac{2}{1-t^2}\neq 0$ であるから

$t^2=\dfrac{x-1}{x+1}$ …③　　$t^2\geq 0$ より　$\dfrac{x-1}{x+1}\geq 0$

$x+1\neq 0$ かつ $(x+1)(x-1)\geq 0$ と同値。
よって　$x<-1$, $1\leq x$ …④

②より，$(1-t^2)y=2t$ に③を代入すると
$t=\dfrac{y}{2}\left(1-\dfrac{x-1}{x+1}\right)=\dfrac{y}{x+1}$ …⑤

③，⑤より
$\dfrac{x-1}{x+1}=\left(\dfrac{y}{x+1}\right)^2$

よって $x^2-y^2=1$
④より $x \neq -1$

57
答 右の図
検討 $x^2=(\sin\theta+\cos\theta)^2$
$=1+\sin2\theta=1+y$
よって $y=x^2-1$
また,$x=\sqrt{2}\sin\left(\theta+\dfrac{\pi}{4}\right)$ より
$0\leqq\theta\leqq\pi$ のとき $\dfrac{\pi}{4}\leqq\theta+\dfrac{\pi}{4}\leqq\dfrac{5}{4}\pi$
したがって $-\dfrac{1}{\sqrt{2}}\leqq\sin\left(\theta+\dfrac{\pi}{4}\right)\leqq1$
ゆえに $-1\leqq x\leqq\sqrt{2}$

58
答 $\left(\dfrac{2+t^2}{2t},\ \dfrac{2-t^2}{2t}\right)$ $(t\neq0)$
検討 $y=x-t$ を $x^2-y^2=2$ に代入して
$x^2-(x-t)^2=2$ $2tx=2+t^2$ …①
$t=0$ のときは共有点をもたないから $t\neq0$
①より $x=\dfrac{2+t^2}{2t}$ $y=x-t=\dfrac{2-t^2}{2t}$

59
答 中心が原点,半径が 1 の円
検討 与式より $(x-\cos t)^2+(y-\sin t)^2=1$
この円の中心は $(\cos t,\ \sin t)$ である。
$P(x,\ y)$ とすれば $x=\cos t,\ y=\sin t$
よって $x^2+y^2=1$

60
答 中心が点 $\left(\dfrac{a+b}{2},\ 0\right)$,半径が $\dfrac{|a-b|}{2}$ の円
検討 $0\leqq\theta\leqq\pi$ から $0\leqq2\theta\leqq2\pi$
よって $-1\leqq\sin2\theta\leqq1$,$-1\leqq\cos2\theta\leqq1$
$\cos^2\theta=\dfrac{1+\cos2\theta}{2}$,$\sin^2\theta=\dfrac{1-\cos2\theta}{2}$ より

与式に代入して $x=\dfrac{a+b}{2}+\dfrac{a-b}{2}\cos2\theta$
また,$y=\dfrac{a-b}{2}\sin2\theta$ であるから
$\left(x-\dfrac{a+b}{2}\right)^2+y^2=\left(\dfrac{a-b}{2}\right)^2$

61
答 (1) 最大値:$\sqrt{5}$ 最小値:$-\sqrt{5}$
(2) 最大値:$\sqrt{6}+\dfrac{3\sqrt{2}}{2}$ 最小値:$-\sqrt{6}+\dfrac{3\sqrt{2}}{2}$
検討 (1) 与式より,$\dfrac{x^2}{3}+\dfrac{y^2}{2}=1$ 上の点
$P(x,\ y)$ は $x=\sqrt{3}\cos\theta,\ y=\sqrt{2}\sin\theta$ と表せるから
$x-y=\sqrt{3}\cos\theta-\sqrt{2}\sin\theta=\sqrt{5}\sin(\theta+\alpha)$
ここで,α は $\sin\alpha=\dfrac{\sqrt{3}}{\sqrt{5}}$,$\cos\alpha=-\dfrac{\sqrt{2}}{\sqrt{5}}$ を満たす角であり,$-1\leqq\sin(\theta+\alpha)\leqq1$ だから
$-\sqrt{5}\leqq x-y\leqq\sqrt{5}$
(2) 与式$=3\sqrt{2}\cos^2\theta-\sqrt{6}\sin\theta\cos\theta$
$=3\sqrt{2}\cdot\dfrac{1+\cos2\theta}{2}-\dfrac{\sqrt{6}}{2}\sin2\theta$
$=\sqrt{6}\sin\left(2\theta+\dfrac{2}{3}\pi\right)+\dfrac{3\sqrt{2}}{2}$
ここで,$-1\leqq\sin\left(2\theta+\dfrac{2}{3}\pi\right)\leqq1$ だから
$-\sqrt{6}+\dfrac{3\sqrt{2}}{2}\leqq\sqrt{2}x^2-xy\leqq\sqrt{6}+\dfrac{3\sqrt{2}}{2}$

テスト対策
楕円 $\dfrac{x^2}{a^2}+\dfrac{y^2}{b^2}=1$ 上の点 $P(x,\ y)$ は,
$x=a\cos\theta,\ y=b\sin\theta$ と表せる。

62
答 直角双曲線 $(x-a)^2-y^2=a^2$
検討 $x+y\sin\theta=a(1+\cos\theta)$ …①
$x\sin\theta+y=a\sin\theta$ …②
②から $(x-a)\sin\theta=-y$ …③
$x=a$ とすると,③から $y=0$ となり,
①から,$a=a(1+\cos\theta)$ となる。
$a>0$ だから,$\cos\theta=0$ となり仮定に反する。

したがって $x \neq a$

よって，③から $\sin\theta = \dfrac{-y}{x-a}$ …④

④を①に代入して
$\cos\theta = \dfrac{(x-a)^2 - y^2}{a(x-a)}$ …⑤

④，⑤を $\sin^2\theta + \cos^2\theta = 1$ に代入し，両辺に $a^2(x-a)^2$ を掛けると
$a^2 y^2 + \{(x-a)^2 - y^2\}^2 = a^2(x-a)^2$
$\{(x-a)^2 - y^2\}\{(x-a)^2 - y^2 - a^2\} = 0$

ここで⑤で $\cos\theta \neq 0$ から $(x-a)^2 - y^2 \neq 0$
よって $(x-a)^2 - y^2 - a^2 = 0$

7 極座標と極方程式

基本問題 ……………… 本冊 p.25

63
[答] (1) $(1, \sqrt{3})$ (2) $\left(\dfrac{\sqrt{3}}{2}, -\dfrac{3}{2}\right)$ (3) $(0, 3)$

[検討] 極座標の (r, θ) は，直交座標では $(r\cos\theta, r\sin\theta)$

64
[答] (1) $\left(2\sqrt{2}, \dfrac{3}{4}\pi\right)$ (2) $\left(2, \dfrac{\pi}{3}\right)$
(3) $\left(6, \dfrac{11}{6}\pi\right)$

[検討] $(x, y) \longrightarrow r = \sqrt{x^2 + y^2}$，
$\cos\theta = \dfrac{x}{r}$，$\sin\theta = \dfrac{y}{r}$ で (r, θ) が求まる。
(1) $r = \sqrt{(-2)^2 + 2^2} = 2\sqrt{2}$，$\cos\theta = \dfrac{-2}{2\sqrt{2}} = -\dfrac{1}{\sqrt{2}}$，
$\sin\theta = \dfrac{2}{2\sqrt{2}} = \dfrac{1}{\sqrt{2}}$，$0 \leq \theta < 2\pi$ のとき $\theta = \dfrac{3}{4}\pi$

65
[答] (1) $\sqrt{7}$ (2) $\sqrt{2}$

[検討] (1) 余弦定理より
$PQ^2 = 1^2 + 2^2 - 2\cdot 1 \cdot 2\cos\dfrac{2}{3}\pi = 7$ $PQ = \sqrt{7}$
(2) 同様にすればよい。

66
[答] 極座標，直交座標の順に
(1) $\left(3, \dfrac{5}{6}\pi\right)$, $\left(-\dfrac{3\sqrt{3}}{2}, \dfrac{3}{2}\right)$
(2) $\left(2\sqrt{3}, \dfrac{\pi}{6}\right)$, $(3, \sqrt{3})$

67
[答] (1) $r = \sqrt{2}$
(2) $r^2 + 4r(\cos\theta - \sin\theta) + 6 = 0$

[検討] (1) $x = r\cos\theta$，$y = r\sin\theta$ であるから
これらを $x^2 + y^2 = 2$ に代入して
$r^2\cos^2\theta + r^2\sin^2\theta = 2$
$r^2 = 2$ $r > 0$ として $r = \sqrt{2}$
(2) 同様にすればよい。

68
[答] (1) $x - \sqrt{3}y = 2$ (2) $y^2 = x$
(3) $y^2 = -2\left(x - \dfrac{1}{2}\right)$
(4) $(x+3)^2 + (y-2)^2 = 13$ (5) $xy = 2$

[検討] (1) 与式より $\dfrac{1}{2}r\cos\theta - \dfrac{\sqrt{3}}{2}r\sin\theta = 1$
$r\cos\theta = x$，$r\sin\theta = y$ であるから
$x - \sqrt{3}y = 2$
(2) 与式より $r\sin^2\theta = \cos\theta$
両辺に r を掛けて $(r\sin\theta)^2 = r\cos\theta$
よって $y^2 = x$
(3) 与式より $r + r\cos\theta = 1$
$r = \sqrt{x^2 + y^2}$，$r\cos\theta = x$ であるから
$\sqrt{x^2 + y^2} + x = 1$ $\sqrt{x^2 + y^2} = 1 - x$
両辺を2乗して整理すると $y^2 = -2x + 1$
(4) 与式の両辺に r を掛けて
$r^2 = 4r\sin\theta - 6r\cos\theta$
$x^2 + y^2 = 4y - 6x$ $(x+3)^2 + (y-2)^2 = 13$
(5) 与式より $2r\sin\theta \cdot r\cos\theta = 4$
よって $xy = 2$

> **テスト対策**
>
> 極方程式を直交座標の方程式に直すには，
> $r = \sqrt{x^2 + y^2}$，$r\cos\theta = x$，$r\sin\theta = y$
> を代入する。

69

答 (1) $r=2r_0\cos(\theta-\theta_0)$

(2) 与式より
$$r=2\left(\frac{\sqrt{3}}{2}\cos\theta+\frac{1}{2}\sin\theta\right)$$
$$=2\left(\cos\theta\cos\frac{\pi}{6}+\sin\theta\sin\frac{\pi}{6}\right)$$
$$=2\cos\left(\theta-\frac{\pi}{6}\right)$$

よって，(1)の結果より，中心 $\left(1,\ \dfrac{\pi}{6}\right)$ 半径 **1の円**を表す。

検討 (1) 円上の任意の点を P$(r,\ \theta)$ とし，直径 OA をとる。
　　∠AOP＝$|\theta-\theta_0|$
点 P が極 O および A 以外の点であるとき OP⊥AP だから
　　OP＝OAcos∠AOP
よって $r=2r_0\cos(\theta-\theta_0)$ …①
ここで $\theta=\theta_0$ のとき $r=2r_0\cos(\theta_0-\theta_0)=2r_0$
したがって A$(2r_0,\ \theta_0)$ は①を満たす。
また，$\cos(\theta-\theta_0)=0$ となる θ が存在するので，極 O も①を満たす。ゆえに，点 P が O，A の場合も含めて，求める円の極方程式は $r=2r_0\cos(\theta-\theta_0)$

70

答 (1) $r=4\cos\theta$　(2) $r\cos\left(\theta-\dfrac{\pi}{3}\right)=3$

検討 (1) 点 A$(4,\ 0)$ をとり，円周上の点を P$(r,\ \theta)$ とすると $\cos\theta=\dfrac{\text{OP}}{\text{OA}}=\dfrac{r}{4}$
よって $r=4\cos\theta$

(2) 右の図より
$$\cos\left(\theta-\frac{\pi}{3}\right)=\frac{\text{OA}}{\text{OP}}=\frac{3}{r}$$
よって $r\cos\left(\theta-\dfrac{\pi}{3}\right)=3$

応用問題　　　　　　　　　本冊 p.27

71

答
(1) (図)　(2) (図)

検討 (1) 与式より $r\cos\left(\theta-\dfrac{\pi}{2}\right)=2$

(2) $\sin\theta-\sqrt{3}\cos\theta=2\left(-\dfrac{\sqrt{3}}{2}\cos\theta+\dfrac{1}{2}\sin\theta\right)$
$=2\cos\left(\theta-\dfrac{5}{6}\pi\right)$ だから $r\cos\left(\theta-\dfrac{5}{6}\pi\right)=2$

72

答 $r(\cos\theta-3\sqrt{3}\sin\theta)=-4\sqrt{3}$

検討 2点 A，B を直交座標で表すと A$(2\sqrt{3},\ 2)$，B$(-\sqrt{3},\ 1)$ で，この2点を通る直線の式は $y=\dfrac{1}{3\sqrt{3}}(x+\sqrt{3})+1$
極方程式に直すために $x=r\cos\theta$，$y=r\sin\theta$ を代入して，整理すれば
$r(\cos\theta-3\sqrt{3}\sin\theta)=-4\sqrt{3}$

73

答 $\alpha=\dfrac{5}{12}\pi$

検討 2直線の式は三角関数の合成を用いると
$r\cos\left(\theta-\dfrac{\pi}{6}\right)=2$ …①
$r\cos\left(\theta+\dfrac{\pi}{4}\right)=\sqrt{2}$ …②
①，②を図示すると右の図のようになる。求める角 α は
$\alpha=\dfrac{\pi}{6}+\dfrac{\pi}{4}=\dfrac{5}{12}\pi$

74 〜 76 の答え

74
答
(1) $\dfrac{(x-3)^2}{6} - \dfrac{y^2}{3} = 1$

(2) $a=1$, $k=\dfrac{\sqrt{6}}{2}$

検討 (1) 極方程式を変形して
$2r + \sqrt{6}r\cos\theta = \sqrt{6}$
$r\cos\theta = x$, $r = \sqrt{x^2+y^2}$ であるから
$2\sqrt{x^2+y^2} + \sqrt{6}x = \sqrt{6}$ より
$2\sqrt{x^2+y^2} = \sqrt{6}(1-x)$
両辺を 2 乗して整理すれば
$x^2 - 6x - 2y^2 = -3$ …①

(2) kPH$=$OP から k^2PH$^2=$OP^2
よって $k^2(x-a)^2 = x^2 + y^2$ …②
①, ② より, y^2 を消去して
$k^2(x^2 - 2ax + a^2) = \dfrac{3}{2}x^2 - 3x + \dfrac{3}{2}$

P(x, y) が動くとき, k が一定とすると, この等式は x の恒等式である。

よって $k^2 = \dfrac{3}{2}$, $2ak^2 = 3$, $a^2k^2 = \dfrac{3}{2}$

$k>0$ であるから $k = \dfrac{\sqrt{6}}{2}$ よって $a=1$

---

8 分数関数と無理関数

基本問題 …… 本冊 p.29

75
答
(1) 漸近線は $x=2$, $y=3$

(2) 漸近線は $x=-1$, $y=-2$

(3) 漸近線は $x=-1$, $y=0$

(4) 漸近線は $x=2$, $y=2$

(5) 漸近線は $x=2$, $y=-1$

検討 (4) $y = \dfrac{2x-1}{x-2} = \dfrac{3}{x-2} + 2$

よって, $y = \dfrac{3}{x}$ のグラフを x 軸方向に 2, y 軸方向に 2 だけ平行移動させたグラフである。

(5) $y = -\dfrac{x+1}{x-2} = -\dfrac{3}{x-2} - 1$

よって, $y = -\dfrac{3}{x}$ のグラフを x 軸方向に 2, y 軸方向に -1 だけ平行移動させたグラフである。

76
答
(1) x 軸対称

(2) y 軸対称

(3) 原点対称

(4) x 軸方向に 2 だけ平行移動

(5) y 軸に関して対称移動し，それを x 軸方向に 2 だけ平行移動
または
直線 $x=1$ に関して対称

(6) x 軸方向に -3，y 軸方向に 2 だけ平行移動

検討 (4) $y=\sqrt{2x-4}=\sqrt{2(x-2)}$
(5) $y=\sqrt{-2x+4}=\sqrt{-2(x-2)}$
(6) $y=\sqrt{2x+6}+2=\sqrt{2(x+3)}+2$

77

答 $a=2$, $y=\dfrac{x+1}{x-2}$

検討 漸近線が $x=a$, $y=1$ だから，求める分数関数は $y=\dfrac{k}{x-a}+1$ とおける。2点 $(1, -2)$, $(-1, 0)$ を通るから上式に代入して $-2=\dfrac{k}{1-a}+1$, $0=\dfrac{k}{-1-a}+1$
これを解いて $k=3$, $a=2$

78

答
(1) $-1 \leqq y \leqq 1$
(2) $\dfrac{10}{3} \leqq y \leqq 4$

検討 (1) $y=\dfrac{3}{x-2}+2$ と変形できて，$-1 \leqq x \leqq 1$ で減少となるから，値域は $-1 \leqq y \leqq 1$

(2) $y=\dfrac{1}{2x-1}+3$ と変形できて，$1 \leqq x \leqq 2$ で減少となるから，値域は $\dfrac{10}{3} \leqq y \leqq 4$

79

答 $k=4$

検討 $y=\dfrac{k}{2x}$ のグラフを x 軸方向に 1，y 軸方向に -1 だけ平行移動したグラフの式は
$y+1=\dfrac{k}{2(x-1)}$ $y=\dfrac{-2x+k+2}{2x-2}$
$y=\dfrac{-2x+6}{2x-2}$ と比較して $6=k+2$
よって $k=4$

応用問題 ………… 本冊 p.31

80

答 (1) $-2 \leqq x < -1$, $3 \leqq x$
(2) $x<0$, $1 \leqq x \leqq 2$

検討 (1) $\dfrac{2x+6}{x+1} \leqq x$ を変形して
$\dfrac{4}{x+1} \leqq x-2$
$y=\dfrac{4}{x+1}$ と $y=x-2$ のグラフの交点の x 座標を右の図のように α, β ($\alpha < \beta$) とする。
$\dfrac{4}{x+1}=x-2$ より $(x+2)(x-3)=0$
 $x=-2, 3$
よって，$\alpha=-2$，$\beta=3$ で，求める x の値の範囲はグラフより $-2 \leqq x < -1$, $3 \leqq x$

(2) $\dfrac{-3x+2}{x} \leqq -x$ を変形して
$\dfrac{x^2-3x+2}{x} \leqq 0$ $\dfrac{(x-1)(x-2)}{x} \leqq 0$
分母 $\neq 0$ より $x \neq 0$ だから，両辺に x^2 (>0) を掛けて
 $x(x-1)(x-2) \leqq 0$
$f(x)=x(x-1)(x-2)$ とおけば，$y=f(x)$ のグラフは右の図のようになり，求める x の値の範囲は
 $x<0$, $1 \leqq x \leqq 2$

81

[答] (1) $-1 \leq x \leq 3$ (2) $x > 1$

[検討] (1) 根号内は正または 0 より
$x+1 \geq 0$　$x \geq -1$
$y = -x+5$ と $y = \sqrt{x+1}$
のグラフの交点の x 座標を α とする。
　$-x+5 = \sqrt{x+1}$
　$(-x+5)^2 = x+1$　$(x-3)(x-8) = 0$
よって　$x = 3, 8$
グラフより　$\alpha = 3$
$y = -x+5$ のグラフが $y = \sqrt{x+1}$ のグラフより上にあるか、2つのグラフが共有点をもてばよいから　$-1 \leq x \leq 3$

(2) $x+3 \geq 0$ より $x \geq -3$
$y = x+1$ と $y = \sqrt{x+3}$
のグラフの交点の x
座標を α とする。
　$x+1 = \sqrt{x+3}$
　$(x+1)^2 = x+3$　$(x+2)(x-1) = 0$
よって　$x = -2, 1$
グラフより　$\alpha = 1$
$y = x+1$ のグラフが $y = \sqrt{x+3}$ のグラフより上にあればよいから　$x > 1$

82

[答] $k = -\dfrac{1}{2}$

[検討] $y = \sqrt{2x-2}$　…①　$y = x+k$　…②
とおいて①, ②のグラフが接する場合の k の値を求める。
$\sqrt{2x-2} = x+k$ の両辺を2乗して整理すると
　$x^2 + 2(k-1)x + k^2 + 2 = 0$　…③
方程式③が重解をもつから判別式を D とすると
　$\dfrac{D}{4} = (k-1)^2 - (k^2+2)$
　　　$= -2k-1 = 0$
よって　$k = -\dfrac{1}{2}$
図より適する。

83

[答] $k = -6, 2$

[検討] $\dfrac{2}{x+1} = -2x+k$ を変形して整理すれば
　$2x^2 + (2-k)x + 2 - k = 0$　…①
①が重解をもつから判別式を D とすると
　$D = (2-k)^2 - 4 \cdot 2(2-k)$
　　$= (k+6)(k-2) = 0$
よって　$k = -6, 2$

84

[答] $k < -2$ のとき 1 個
$-2 \leq k < -\dfrac{3}{2}$ のとき 2 個
$k = -\dfrac{3}{2}$ のとき 1 個
$k > -\dfrac{3}{2}$ のとき 0 個

[検討] $y = \sqrt{2x-4}$ と
$y = x+k$ が接するとき
　$\sqrt{2x-4} = x+k$
両辺を2乗して、整理すれば
　$x^2 + 2(k-1)x + k^2 + 4 = 0$　…①
①が重解をもつから、判別式を D とすると
　$\dfrac{D}{4} = (k-1)^2 - (k^2+4) = -2k-3 = 0$
よって　$k = -\dfrac{3}{2}$（グラフより適する）
$y = x+k$ が点 (2, 0) を通るとき
　$0 = 2+k$　$k = -2$
よって、グラフより求められる。

85

[答] $m = 2, n = 3$ または $m = -2, n = 7$

[検討] (i) $m > 0$ のとき
$y = \sqrt{mx+n}$ は単調に増加する。
よって、$x = -1$ のとき $y = 1$, $x = 3$ のとき $y = 3$ となるから
　$\sqrt{-m+n} = 1$, $\sqrt{3m+n} = 3$
ゆえに　$-m+n = 1$, $3m+n = 9$
これを解いて　$m = 2, n = 3$
これは $m > 0$ を満たしているので適する。

(ii) $m<0$ のとき
$y=\sqrt{mx+n}$ は単調に減少するから
$\sqrt{-m+n}=3,\ \sqrt{3m+n}=1$
ゆえに $-m+n=9,\ 3m+n=1$
これを解いて $m=-2,\ n=7$
これは $m<0$ を満たしているので適する。
(iii) $m=0$ のとき
$y=\sqrt{n}$ は定数であるから条件を満たさない。

9 逆関数と合成関数

基本問題 ……… 本冊 p.33

86

答 (1) $-5 \leqq y \leqq 1$ (2) $-1 \leqq y \leqq 7$
(3) $-\dfrac{7}{2} \leqq y \leqq -3$ (4) $0 \leqq y \leqq 2$

検討 (1) $y=2x-3$ は単調に増加する。
(2) $y=x^2+2x-1$
$\quad =(x+1)^2-2$
右の図より
$-1 \leqq y \leqq 7$

87

答 (1) $y=-\dfrac{1}{3}x-\dfrac{1}{3}$ (2) $y=\dfrac{1}{3}x-\dfrac{2}{3}$
(3) $y=-x+2\ (-2<x\leqq 1)$
(4) $y=\dfrac{1}{3}x+\dfrac{2}{3}\ (-2\leqq x<7)$

検討 (1) $y=-3x-1$ …① とおく。
①を x について解くと
$\quad x=-\dfrac{1}{3}y-\dfrac{1}{3}$ …②
求める逆関数は,②で x と y を入れかえて
$\quad y=-\dfrac{1}{3}x-\dfrac{1}{3}$

(2) (1)と同様にすればよい。
(3) $y=-x+2$ …①とおく。①の定義域は
$1 \leqq x < 4$ だから, 値域は $-2<y\leqq 1$ …②
①を x について解くと $x=-y+2$ …③
求める逆関数は, ③で x と y を入れかえて
$\quad y=-x+2$
また, ①の値域が②であるから, 逆関数の定義域は $-2<x\leqq 1$
(4) (3)と同様にすればよい。

88

答 (1) $(g\circ f)(x)=(x-1)^2,$
$(f\circ g)(x)=x^2-1$
(2) $(g\circ f)(x)=3-x,\ (f\circ g)(x)=\sqrt{3-x^2}$
(3) $(g\circ f)(x)=x,\ (f\circ g)(x)=x$
(4) $(g\circ f)(x)=\dfrac{2}{x},\ (f\circ g)(x)=\dfrac{x+1}{x-1}$

検討 (1) $(g\circ f)(x)=g(f(x))=\{f(x)\}^2$
$\qquad\qquad\qquad\qquad\quad =(x-1)^2$
$(f\circ g)(x)=f(g(x))=g(x)-1=x^2-1$
(2) $(g\circ f)(x)=g(f(x))=3-\{f(x)\}^2=3-(\sqrt{x})^2$
$\qquad\qquad\qquad =3-x$
$(f\circ g)(x)=f(g(x))=\sqrt{g(x)}=\sqrt{3-x^2}$
(3) $(g\circ f)(x)=g(f(x))=\log_a f(x)=\log_a a^x$
$\qquad\qquad\qquad =x\log_a a=x$
$(f\circ g)(x)=f(g(x))=a^{g(x)}=a^{\log_a x}=x$
(4) $(g\circ f)(x)=g(f(x))=\dfrac{2f(x)}{f(x)+1}=\dfrac{\dfrac{2}{x-1}}{\dfrac{1}{x-1}+1}$
$\qquad\qquad =\dfrac{2}{x}$
$(f\circ g)(x)=f(g(x))=\dfrac{1}{g(x)-1}=\dfrac{1}{\dfrac{2x}{x+1}-1}$
$\qquad\qquad =\dfrac{x+1}{x-1}$

89

答 (1) $y=\sqrt{x+2}\ (x\geqq -2)$
(2) $y=x^2-1\ (x\geqq 0)$
(3) $y=\sqrt{x+4}-2\ (x\geqq 5)$
(4) $y=-\dfrac{x+1}{x-1}\ (-1\leqq x<1)$

検討 (1) $y=x^2-2$ …①
$x≧0$ …②とおく。
②の範囲での①のグラフは右の図の実線部分となる。
したがって，その値域は $y≧-2$ …③
①を x について解くと
$$x=±\sqrt{y+2}$$
②の範囲では
$$x=\sqrt{y+2} \quad …④$$
逆関数は，④で x と y を入れかえて
$$y=\sqrt{x+2}$$
逆関数の定義域は，③から $x≧-2$

(2) $y=\sqrt{x+1}$ …①とおくと，①の値域は
$y≧0$ …②
①を x について解くと $x=y^2-1$ …③
逆関数は，③で x と y を入れかえて
$$y=x^2-1$$
逆関数の定義域は，②から $x≧0$

(3) $y=x^2+4x$ …①
$x≧1$ …②とおく。
①を変形すると
$$y=(x+2)^2-4 \quad …③$$
となるから，②の範囲での①のグラフは，右の図の実線部分となる。
したがって，その値域は
$y≧5$ …④
①を x について解くと，③から
$$x+2=±\sqrt{y+4}$$
②の範囲では，$x+2>0$ であるから
$$x+2=\sqrt{y+4}$$
よって $x=\sqrt{y+4}-2$ …⑤
逆関数は，⑤で x と y を入れかえて
$$y=\sqrt{x+4}-2$$
逆関数の定義域は，④から $x≧5$

(4) $y=\dfrac{x-1}{x+1}$ …① $x≧0$ …②とおく。

①を変形すると $y=1-\dfrac{2}{x+1}$ となるから，

②の範囲での①のグラフは，右の図の実線部分となる。値域は
$$-1≦y<1 \quad …③$$
①を x について解くと
$y≠1$ より
$$x=-\dfrac{y+1}{y-1} \quad …④$$
逆関数は，④で x と y を入れかえて
$$y=-\dfrac{x+1}{x-1}$$
逆関数の定義域は，③から $-1≦x<1$

応用問題 ……………………… 本冊 p.34

90

答 (1) $y=2^{x+1}+1$　定義域は実数全体
値域は $y>1$

(2) $y=\log_{\frac{1}{3}}(x+1)-1$　定義域は $x>-1$
値域は実数全体

(1)　(2)

検討 (1) $y=\log_2(x-1)-1$ …①について
定義域は $x>1$，値域は実数全体 …②
①より，$\log_2(x-1)=y+1$ だから
$$x=2^{y+1}+1$$
逆関数は上式で x と y を入れかえて
$$y=2^{x+1}+1$$
②より，定義域は実数全体，値域は $y>1$

(2) $y=\left(\dfrac{1}{3}\right)^{x+1}-1$ …①について

定義域は実数全体，値域は $y>-1$ …②

①より，$\left(\dfrac{1}{3}\right)^{x+1}=y+1$ だから

$$x=\log_{\frac{1}{3}}(y+1)-1$$
逆関数は上式で x と y を入れかえて
$$y=\log_{\frac{1}{3}}(x+1)-1$$
②より，定義域は $x>-1$，値域は実数全体

91
答 $h(x)=3x+10$

検討 $h(x)$ は1次関数であるから
$h(x)=ax+b$ $(a\neq 0)$ とおく。
$(h\circ f)(x)=h(f(x))=af(x)+b$
$\qquad\qquad\qquad =ax-2a+b$
$(h\circ f)(x)=g(x)$ より $ax-2a+b=3x+4$
この式は x の恒等式であるから
$\quad a=3,\ b=10$
したがって $h(x)=3x+10$

92
答 (1) $h(x)=\dfrac{x^2-2}{2}$

(2) $k(x)=\dfrac{x^2-6x+13}{4}$

検討 (1) $g(h(x))=f(x)$ より
$2h(x)+3=x^2+1$ $\quad h(x)=\dfrac{x^2-2}{2}$

(2) $t=g(x)$ とおくと $t=2x+3$
よって $x=\dfrac{t-3}{2}$
$k(g(x))=f(x)$ より
$\quad k(t)=\left(\dfrac{t-3}{2}\right)^2+1=\dfrac{t^2-6t+13}{4}$
よって $k(x)=\dfrac{x^2-6x+13}{4}$

93
答 $a=2,\ b=-4,\ c=-3$

検討 $x=3$ が漸近線だから $c=-3$
$f^{-1}(0)=2$ より $f(2)=0$
$y=f(x)$ と $y=f^{-1}(x)$ のグラフの共有点が
$(1,\ 1)$ であるから $f(1)=1$
よって $\dfrac{2a+b}{2-3}=0$ …① $\dfrac{a+b}{1-3}=1$ …②
①, ②を解いて $a=2,\ b=-4$

94
答 $a=1,\ b=4,\ c=\dfrac{1}{2}$

検討 $y=a+\dfrac{b}{2x-1}$ の逆関数を求める。
x について解くと
$\quad x=\dfrac{1}{2}+\dfrac{b}{2(y-a)}$ …①
逆関数は、①において、x と y を入れかえて
$\quad y=\dfrac{1}{2}+\dfrac{b}{2(x-a)}$ …②
条件より、②の右辺と $c+\dfrac{2}{x-1}$ が一致する
から
$\quad a=1,\ \dfrac{b}{2}=2,\ c=\dfrac{1}{2}$

95
答 $a=-1,\ b$ は任意の実数
または $a=1,\ b=0$

検討 $y=ax+b$ とおくと
$a=0$ のとき、$y=b$ となり、逆関数は存在しない。
$a\neq 0$ のとき、$x=\dfrac{y-b}{a}$ で $x,\ y$ を入れかえて
$\quad y=\dfrac{x-b}{a}$ よって $f^{-1}(x)=\dfrac{x-b}{a}$
題意より $f(x)=f^{-1}(x)$ であるから
$\quad ax+b=\dfrac{x-b}{a}$ $\quad (a+1)\{(a-1)x+b\}=0$
x についての恒等式であるから
$a=-1,\ b$ は任意の実数
または $a=1,\ b=0$

10 数列の極限

基本問題 ……………… 本冊 $p.38$

96
答 (1) 正の無限大に発散する。
(2) 0 に収束する。
(3) 負の無限大に発散する。
(4) 発散(振動)する。

検討 一般項は (1) $\dfrac{n+2}{3}$ (2) $\left(-\dfrac{1}{3}\right)^{n-1}$
(3) $4-2n$ (4) 奇数項は 2, 偶数項は 1 で振動する。

97

答 (1) $2,\ \dfrac{3}{2},\ \dfrac{4}{3},\ \dfrac{5}{4}$　1 に収束する。

(2) $3,\ 6,\ 9,\ 12$　正の無限大に発散する。

(3) $1,\ -2,\ -5,\ -8$　負の無限大に発散する。

検討 (1) $\lim\limits_{n\to\infty}\left(1+\dfrac{1}{n}\right)=1$

(2) $\lim\limits_{n\to\infty}3n=\infty$

(3) $\lim\limits_{n\to\infty}(4-3n)=-\infty$

98

答 (1) 正の無限大に発散する。
(2) 発散(振動)する。
(3) 0 に収束する。

検討 (1) $\lim\limits_{n\to\infty}\sqrt{n+1}=\infty$

(2) $\lim\limits_{n\to\infty}\{(-1)^n+2\}$ は n が奇数のときは 1, n が偶数のときは 3 であるから, n がいくら大きくなっても一定の値には近づかない。また, ∞, $-\infty$ に発散するわけでもない。

(3) $\lim\limits_{n\to\infty}\left(-\dfrac{2}{n^2}\right)=0$

99

答 (1) 3　(2) $\dfrac{2}{3}$　(3) $\dfrac{5}{2}$　(4) 0

検討 (1) 与式 $=\lim\limits_{n\to\infty}\dfrac{3-\dfrac{4}{n}}{1-\dfrac{1}{n}}=3$

(2) 与式 $=\lim\limits_{n\to\infty}\dfrac{2+\dfrac{4}{n}}{3-\dfrac{4}{n^2}}=\dfrac{2}{3}$

(3) 与式 $=\lim\limits_{n\to\infty}\dfrac{\left(\dfrac{2}{n}+1\right)\left(5-\dfrac{1}{n}\right)}{2+\dfrac{1}{n^2}}=\dfrac{5}{2}$

(4) 与式 $=\lim\limits_{n\to\infty}\dfrac{\dfrac{3}{n}+\dfrac{5}{n^3}}{\left(1-\dfrac{1}{n}\right)\left(1+\dfrac{1}{n}\right)}=0$

100

答 (1) 1　(2) $-\infty$　(3) -1　(4) ∞

検討 (1) 与式 $=\lim\limits_{n\to\infty}\dfrac{n^2+2n-3-n^2}{\sqrt{n^2+2n-3}+n}$

$=\lim\limits_{n\to\infty}\dfrac{2n-3}{\sqrt{n^2+2n-3}+n}=\lim\limits_{n\to\infty}\dfrac{2-\dfrac{3}{n}}{\sqrt{1+\dfrac{2}{n}-\dfrac{3}{n^2}}+1}$

$=\dfrac{2}{2}=1$

(2) 与式 $=\lim\limits_{n\to\infty}n^2\left(1-\dfrac{3}{n}\right)\left(\dfrac{5}{n}-1\right)=-\infty$

(3) 与式 $=$
$\lim\limits_{n\to\infty}\dfrac{(\sqrt{n+1}-\sqrt{n+2})(\sqrt{n+1}+\sqrt{n+2})(\sqrt{n+1}+\sqrt{n})}{(\sqrt{n+1}-\sqrt{n})(\sqrt{n+1}+\sqrt{n+2})(\sqrt{n+1}+\sqrt{n})}$

$=\lim\limits_{n\to\infty}\dfrac{\{(n+1)-(n+2)\}(\sqrt{n+1}+\sqrt{n})}{\{(n+1)-n\}(\sqrt{n+1}+\sqrt{n+2})}$

$=\lim\limits_{n\to\infty}\left(-\dfrac{\sqrt{n+1}+\sqrt{n}}{\sqrt{n+1}+\sqrt{n+2}}\right)$

$=\lim\limits_{n\to\infty}\left(-\dfrac{\sqrt{1+\dfrac{1}{n}}+1}{\sqrt{1+\dfrac{1}{n}}+\sqrt{1+\dfrac{2}{n}}}\right)$

$=-\dfrac{2}{2}=-1$

(4) 与式 $=\lim\limits_{n\to\infty}\dfrac{\sqrt{n+1}+\sqrt{n}}{(\sqrt{n+1}-\sqrt{n})(\sqrt{n+1}+\sqrt{n})}$

$=\lim\limits_{n\to\infty}\dfrac{\sqrt{n+1}+\sqrt{n}}{(n+1)-n}=\lim\limits_{n\to\infty}(\sqrt{n+1}+\sqrt{n})=\infty$

応用問題　　　本冊 p.39

101

答 (1) $\dfrac{1}{2}$　(2) $\dfrac{1}{2}$

検討 (1) 与式 $=\lim\limits_{n\to\infty}\dfrac{\dfrac{n(n+1)}{2}}{n^2}=\lim\limits_{n\to\infty}\dfrac{n(n+1)}{2n^2}$

$=\lim\limits_{n\to\infty}\dfrac{1}{2}\left(1+\dfrac{1}{n}\right)=\dfrac{1}{2}$

(2) 分母は

$\sum\limits_{k=1}^{n}(2k-1)=2\sum\limits_{k=1}^{n}k-\sum\limits_{k=1}^{n}1$

$=2\times\dfrac{n(n+1)}{2}-n=n^2$

与式 $=\lim_{n\to\infty}\dfrac{\dfrac{n(n+1)}{2}}{n^2}=\lim_{n\to\infty}\dfrac{1}{2}\left(1+\dfrac{1}{n}\right)=\dfrac{1}{2}$

102

答 (1) $\dfrac{1}{3}$ (2) $-\dfrac{1}{2}$

検討 (1) 与式 $=\lim_{n\to\infty}\dfrac{1}{n^3}\sum_{k=1}^{n}k^2$

$=\lim_{n\to\infty}\dfrac{1}{n^3}\cdot\dfrac{n(n+1)(2n+1)}{6}$

$=\lim_{n\to\infty}\dfrac{1}{6}\left(1+\dfrac{1}{n}\right)\left(2+\dfrac{1}{n}\right)=\dfrac{1}{6}\cdot 1\cdot 2=\dfrac{1}{3}$

(2) 与式 $=\lim_{n\to\infty}\left\{\dfrac{\dfrac{n(n+1)}{2}}{n+2}-\dfrac{n}{2}\right\}$

$=\lim_{n\to\infty}\left\{\dfrac{n(n+1)}{2(n+2)}-\dfrac{n}{2}\right\}=\lim_{n\to\infty}\dfrac{n(n+1)-n(n+2)}{2(n+2)}$

$=\lim_{n\to\infty}\dfrac{-n}{2(n+2)}=\lim_{n\to\infty}\dfrac{-1}{2\left(1+\dfrac{2}{n}\right)}=-\dfrac{1}{2}$

103

答 (1) 0 (2) $\dfrac{1}{3}$

検討 (1) $-1\leqq\sin n\theta\leqq 1$ で $2n+1>0$ より

$-\dfrac{1}{2n+1}\leqq\dfrac{\sin n\theta}{2n+1}\leqq\dfrac{1}{2n+1}$

ここで，$\lim_{n\to\infty}\left(-\dfrac{1}{2n+1}\right)=0$，$\lim_{n\to\infty}\dfrac{1}{2n+1}=0$

であるから，はさみうちの原理より
　　与式 $=0$

(2) m を整数とする。

$m\leqq x<m+1$ のとき $[x]=m$ であるから

$[x]\leqq x<[x]+1$ より　$x-1<[x]\leqq x$

$x=\dfrac{n}{3}$ を代入すると，$\dfrac{n}{3}-1<\left[\dfrac{n}{3}\right]\leqq\dfrac{n}{3}$ より

$\dfrac{1}{3}-\dfrac{1}{n}<\dfrac{\left[\dfrac{n}{3}\right]}{n}\leqq\dfrac{1}{3}$

ここで，$\lim_{n\to\infty}\left(\dfrac{1}{3}-\dfrac{1}{n}\right)=\dfrac{1}{3}$

であるから，はさみうちの原理より
　　与式 $=\dfrac{1}{3}$

> **テスト対策**
>
> 〔数列の極限と不等式〕
>
> 数列 $\{a_n\}$，$\{b_n\}$ が収束し，$\lim_{n\to\infty}a_n=\alpha$，$\lim_{n\to\infty}b_n=\beta$ のとき，すべての n に対して
> $a_n\leqq c_n\leqq b_n$ かつ $\alpha=\beta$ ならば
> $\lim_{n\to\infty}c_n=\alpha$ （はさみうちの原理）

104

答 (1) -1 (2) 0

検討 (1) 与式 $=\log_2\dfrac{2n+1}{4n+1}=\log_2\dfrac{2+\dfrac{1}{n}}{4+\dfrac{1}{n}}$

$\lim\log_2\dfrac{2+\dfrac{1}{n}}{4+\dfrac{1}{n}}=\log_2\dfrac{1}{2}=\log_2 2^{-1}=-1$

(2) 与式 $=\sin\dfrac{\pi}{1+\dfrac{1}{n}}$　$\lim\sin\dfrac{\pi}{1+\dfrac{1}{n}}=\sin\pi=0$

105

答 (1) 二項定理より

$(1+h)^n={}_nC_0+{}_nC_1 h+{}_nC_2 h^2+\cdots+{}_nC_n h^n$

$=1+nh+\dfrac{n(n-1)}{2}h^2+\cdots+h^n\geqq 1+nh$

(2) ∞

検討 (2) $(1+h)^n\geqq 1+nh$ かつ $\lim_{n\to\infty}(1+nh)=\infty$

より　$\lim_{n\to\infty}(1+h)^n=\infty$

11 無限等比数列

基本問題 ……………………… 本冊 p.41

106

答 (1) ∞ (2) 0 (3) 0 (4) 極限はない

検討 (1) 初項 1，公比 $\dfrac{3}{2}$ の無限等比数列であ

るから，一般項 a_n は，$a_n=\left(\dfrac{3}{2}\right)^{n-1}$

これより $\lim_{n\to\infty}a_n=\infty$ であるから，$\{a_n\}$ は正の

無限大に発散する。

(2) 初項 2, 公比 $-\dfrac{1}{2}$ の無限等比数列であるから, 一般項 a_n は, $a_n=2\left(-\dfrac{1}{2}\right)^{n-1}$

これより $\lim\limits_{n\to\infty}a_n=0$ であるから, $\{a_n\}$ は 0 に収束する。

(3) 初項 9, 公比 $\dfrac{1}{3}$ の無限等比数列であるから, 一般項 a_n は, $a_n=9\left(\dfrac{1}{3}\right)^{n-1}$ これより $\lim\limits_{n\to\infty}a_n=0$

(4) 初項 -4, 公比 $-\dfrac{5}{2}$ の無限等比数列であるから, 一般項 a_n は, $a_n=-4\left(-\dfrac{5}{2}\right)^{n-1}$

これより $\lim\limits_{n\to\infty}a_n$ は存在しない(振動する)から極限はない。

107

答 (1) **0** (2) **0** (3) **0** (4) **∞**
(5) **0** (6) **∞**

検討 (1) 初項 $\dfrac{2}{3}$, 公比 $\dfrac{1}{3}$ の無限等比数列であるから, 0 に収束する。同様にして,

(2) 初項 $\dfrac{1}{3}$, 公比 $\dfrac{1}{\sqrt{3}}$ $\left(0<\dfrac{1}{\sqrt{3}}<1\right)$

(3) 初項 $-\dfrac{3}{4}$, 公比 $\dfrac{1}{4}$

(4) 初項 $\dfrac{5}{2}$, 公比 $\dfrac{5}{2}$

(5) 初項 $1-\sqrt{3}$, 公比 $1-\sqrt{3}$ $(-1<1-\sqrt{3}<0)$

(6) 初項 $\dfrac{1}{\sqrt{3}-\sqrt{2}}=\dfrac{\sqrt{3}+\sqrt{2}}{3-2}=\sqrt{3}+\sqrt{2}$,

公比 $\sqrt{3}+\sqrt{2}$ $(\sqrt{3}+\sqrt{2}>1)$

108

答 (1) -1 (2) ∞ (3) $-\infty$
(4) **2** (5) **1**

検討 (1) $\lim\limits_{n\to\infty}\dfrac{3^n+1}{2^n-3^n}=\lim\limits_{n\to\infty}\dfrac{1+\dfrac{1}{3^n}}{\left(\dfrac{2}{3}\right)^n-1}=\dfrac{1+0}{0-1}$
$=-1$

(2) $\lim\limits_{n\to\infty}(3^n-2^n)=\lim\limits_{n\to\infty}3^n\left\{1-\left(\dfrac{2}{3}\right)^n\right\}=\infty$

(3) $\lim\limits_{n\to\infty}\{(-2)^n-3^n\}=\lim\limits_{n\to\infty}3^n\left\{\left(-\dfrac{2}{3}\right)^n-1\right\}=-\infty$

(4) $\lim\limits_{n\to\infty}\left\{\dfrac{2\cdot 3^n}{3^n+(-2)^n}\right\}=\lim\limits_{n\to\infty}\dfrac{2}{1+\left(-\dfrac{2}{3}\right)^n}=\dfrac{2}{1+0}=2$

(5) $\lim\limits_{n\to\infty}\dfrac{3^n+(\sqrt{3})^n}{3^n}=\lim\limits_{n\to\infty}\left\{1+\left(\dfrac{\sqrt{3}}{3}\right)^n\right\}=1$

応用問題 ……………… 本冊 *p.42*

109

答 (1) $|r|<1$ のとき **0**
 $r=1$ のとき $\dfrac{1}{2}$
 $|r|>1$ のとき r
(2) $|r|<1$ のとき -1
 $|r|=1$ のとき **0**
 $|r|>1$ のとき **1**
(3) $0<r<1$ のとき -1
 $r=1$ のとき **0**
 $r>1$ のとき **1**
(4) $|r|<3$ のとき -3
 $r=3$ のとき **0**
 $|r|>3$ のとき r

検討 (1) $|r|<1$ のとき, $\lim\limits_{n\to\infty}\dfrac{r^{n+1}}{1+r^n}=\dfrac{0}{1+0}=0$

$r=1$ のとき, $\lim\limits_{n\to\infty}\dfrac{r^{n+1}}{1+r^n}=\dfrac{1}{1+1}=\dfrac{1}{2}$

$|r|>1$ のとき, $\lim\limits_{n\to\infty}\dfrac{r}{\left(\dfrac{1}{r}\right)^n+1}=\dfrac{r}{0+1}=r$

(2) $|r|<1$ のとき, $\lim\limits_{n\to\infty}\dfrac{r^{2n}-1}{r^{2n}+1}=\dfrac{0-1}{0+1}=-1$

$|r|=1$ のとき, $\lim\limits_{n\to\infty}\dfrac{r^{2n}-1}{r^{2n}+1}=\dfrac{1-1}{1+1}=0$

$|r|>1$ のとき, $\lim\limits_{n\to\infty}\dfrac{1-\left(\dfrac{1}{r}\right)^{2n}}{1+\left(\dfrac{1}{r}\right)^{2n}}=\dfrac{1-0}{1+0}=1$

(3) $a_n=\dfrac{r^n-r^{-n}}{r^n+r^{-n}}$ とすると

$a_n=\dfrac{1-r^{-2n}}{1+r^{-2n}}=\dfrac{r^{2n}-1}{r^{2n}+1}$

$0<r<1$ のとき,$\lim\limits_{n\to\infty}r^{2n}=\lim\limits_{n\to\infty}(r^2)^n=0$

よって $\lim\limits_{n\to\infty}a_n=\dfrac{0-1}{0+1}=-1$

$r=1$ のとき,$a_n=\dfrac{1-1}{1+1}=0$ $\lim\limits_{n\to\infty}a_n=0$

$r>1$ のとき,$\lim\limits_{n\to\infty}r^{-2n}=\lim\limits_{n\to\infty}\left(\dfrac{1}{r^2}\right)^n=0$

よって $\lim\limits_{n\to\infty}a_n=\dfrac{1-0}{1+0}=1$

(4) $|r|<3$ のとき,

$$\lim_{n\to\infty}\dfrac{r^{n+1}-3^{n+1}}{r^n+3^n}=\lim_{n\to\infty}\dfrac{r\left(\dfrac{r}{3}\right)^n-3}{\left(\dfrac{r}{3}\right)^n+1}=-3$$

$r=3$ のとき,常に $a_n=0$

$|r|>3$ のとき,

$$\lim_{n\to\infty}\dfrac{r^{n+1}-3^{n+1}}{r^n+3^n}=\lim_{n\to\infty}\dfrac{r-3\left(\dfrac{3}{r}\right)^n}{1+\left(\dfrac{3}{r}\right)^n}=r$$

110

答 $|r|<1$ のとき $2r-2$,$r=1$ のとき $\dfrac{1}{2}$,

$|r|>1$ のとき r^2

検討 $|r|<1$ のとき

$\lim\limits_{n\to\infty}a_n=\dfrac{0+2r-2}{0+1}=2r-2$

$r=1$ のとき $\lim\limits_{n\to\infty}a_n=\dfrac{1+2-2}{1+1}=\dfrac{1}{2}$

$|r|>1$ のとき

$$\lim_{n\to\infty}a_n=\lim_{n\to\infty}\dfrac{r^2+\dfrac{2}{r^{n-1}}-\dfrac{2}{r^n}}{1+\dfrac{1}{r^n}}=r^2$$

111

答 (1) x の値の範囲は,$0\leqq x\leqq 2$

極限値は,$x=2$ のとき,極限値 2

$0\leqq x<2$ のとき,極限値 0

(2) x の値の範囲は,$1\leqq x<2$,$3<x\leqq 4$

極限値は,$x=1$,4 のとき,極限値 1

$1<x<2$,$3<x<4$ のとき,極限値 0

(3) x の値の範囲は,$x\leqq -4$,$-\dfrac{2}{3}<x$

極限値は,$x=-4$ のとき,極限値 1

$x<-4$,$-\dfrac{2}{3}<x$ のとき,極限値 0

(4) x の値の範囲は,

$x<-2$,$-1<x\leqq 1$,$2\leqq x$

極限値は,$x=1$,2 のとき,極限値 1

$x<-2$,$-1<x<1$,$2<x$ のとき,極限値 0

検討 (1) 与えられた数列が収束する条件は,

$x=0$ または $-1<x-1\leqq 1$

これより $0\leqq x\leqq 2$

(2) 与えられた数列が収束する条件は,

$-1<x^2-5x+5\leqq 1$

これより $\begin{cases} -1<x^2-5x+5 & \cdots\text{①} \\ x^2-5x+5\leqq 1 & \cdots\text{②} \end{cases}$

① より $x^2-5x+6>0$ $(x-2)(x-3)>0$

よって $x<2$,$3<x$ $\cdots$①$'$

② より $x^2-5x+4\leqq 0$ $(x-1)(x-4)\leqq 0$

よって $1\leqq x\leqq 4$ $\cdots$②$'$

①$'$,②$'$ より,求める x の値の範囲は

$1\leqq x<2$,$3<x\leqq 4$

(3) 与えられた数列が収束する条件は,

$-1<\dfrac{x-1}{2x+3}\leqq 1$

すなわち $\dfrac{x-1}{2x+3}=1$ または $\left|\dfrac{x-1}{2x+3}\right|<1$

(i) $\dfrac{x-1}{2x+3}=1$ のとき,$x-1=2x+3$ $x=-4$

このとき $\lim\limits_{n\to\infty}\left(\dfrac{x-1}{2x+3}\right)^n=1$

(ii) $\left|\dfrac{x-1}{2x+3}\right|<1$ のとき,$\left(\dfrac{x-1}{2x+3}\right)^2<1$ より

$(x-1)^2<(2x+3)^2$

すなわち $(x+4)(3x+2)>0$

よって $x<-4$,$-\dfrac{2}{3}<x$

このとき $\lim\limits_{n\to\infty}\left(\dfrac{x-1}{2x+3}\right)^n=0$

(4) 与えられた数列が収束する条件は,

$\dfrac{3x}{x^2+2}=1$ または $\left|\dfrac{3x}{x^2+2}\right|<1$

(i) $\dfrac{3x}{x^2+2}=1$ のとき,$x^2-3x+2=0$

$(x-1)(x-2)=0$ よって $x=1$,2

(ii) $\left|\dfrac{3x}{x^2+2}\right|<1$ のとき,$x^2+2>0$ より

$-x^2-2<3x<x^2+2$

すなわち $\begin{cases} -x^2-2<3x & \cdots ① \\ 3x<x^2+2 & \cdots ② \end{cases}$

①より $(x+2)(x+1)>0$
$x<-2, \ -1<x$

②より $(x-1)(x-2)>0$
$x<1, \ 2<x$

したがって $x<-2, \ -1<x<1, \ 2<x$

(i), (ii)より,収束する条件は
$x<-2, \ -1<x\leqq 1, \ 2\leqq x$

> **テスト対策**
> 〔無限等比数列 $\{r^n\}$ の極限〕
> $r>1, \ r=1, \ -1<r<1, \ r\leqq -1$ の場合に分けて考える。収束するのは $-1<r\leqq 1$ のときだ。

12 漸化式と極限

基本問題 ……………… 本冊 p.44

112

答 (1) ∞ (2) ∞ (3) **0** (4) $-\infty$

検討 (1) $a_1=2, \ a_{n+1}-a_n=3$ より,初項2,公差3の等差数列であるから,一般項 a_n は
$a_n=2+(n-1)\cdot 3=3n-1$
$\lim_{n\to\infty} a_n = \lim_{n\to\infty}(3n-1) = \infty$

(2) $a_1=1, \ \dfrac{a_{n+1}}{a_n}=2$ より,初項1,公比2の等比数列であるから,一般項 a_n は $a_n=2^{n-1}$
$\lim_{n\to\infty} a_n = \lim_{n\to\infty} 2^{n-1} = \infty$

(3) $a_1=1, \ \dfrac{a_{n+1}}{a_n}=\dfrac{1}{3}$ より,初項1,公比 $\dfrac{1}{3}$ の等比数列であるから,一般項 a_n は
$a_n=\left(\dfrac{1}{3}\right)^{n-1}$
$\lim_{n\to\infty} a_n = \lim_{n\to\infty}\left(\dfrac{1}{3}\right)^{n-1} = 0$

(4) $a_1=2, \ a_{n+1}-a_n=-2$ より,初項2,公差 -2 の等差数列であるから,一般項 a_n は
$a_n=2+(n-1)(-2)=-2n+4$
$\lim_{n\to\infty} a_n = \lim_{n\to\infty}(-2n+4) = -\infty$

113

答 (1) **2** (2) ∞ (3) **3**

検討 (1) $a_{n+1}=\dfrac{1}{2}a_n+1$ は,$\alpha=\dfrac{1}{2}\alpha+1$ を満たす α,つまり $\alpha=2$ を用いて,次のように変形できる。
$a_{n+1}-2=\dfrac{1}{2}(a_n-2)$

よって,数列 $\{a_n-2\}$ は初項 $a_1-2=-1$,公比 $\dfrac{1}{2}$ の等比数列であるから
$a_n-2=(-1)\left(\dfrac{1}{2}\right)^{n-1}$

したがって $a_n=-\left(\dfrac{1}{2}\right)^{n-1}+2$

よって $\lim_{n\to\infty} a_n = 2$

(2) $a_{n+1}=2a_n+3$ は,$\alpha=2\alpha+3$ を満たす α,つまり $\alpha=-3$ を用いて,次のように変形できる。
$a_{n+1}+3=2(a_n+3)$
ゆえに $a_n+3=(a_1+3)2^{n-1}$
したがって $a_n=2^n-3$
よって $\lim_{n\to\infty} a_n = \infty$

(3) 与式を $a_{n+1}-3=-\dfrac{1}{3}(a_n-3)$ と変形して,
$a_n-3=(a_1-3)\left(-\dfrac{1}{3}\right)^{n-1}$

したがって $a_n=-\left(-\dfrac{1}{3}\right)^{n-1}+3$

よって $\lim_{n\to\infty} a_n = 3$

応用問題 ……………… 本冊 p.45

114

答 (1) $b_{n+1}=\dfrac{1}{2}b_n+3$

(2) $a_n=\dfrac{2^{n-1}}{3\cdot 2^n-5}$ (3) $\dfrac{1}{6}$

検討 (1) $a_{n+1}=0$ と仮定すると,
$\dfrac{2a_n}{6a_n+1}=0$ より $a_n=0$
よって $a_{n+1}=a_n=a_{n-1}=\cdots=a_1=0$
となり,$a_1=1$ に反するから $a_n \neq 0$

($n=1$, 2, $\cdots$)

与式の両辺の逆数をとると

$$\frac{1}{a_{n+1}}=\frac{6a_n+1}{2a_n} \quad \frac{1}{a_{n+1}}=\frac{1}{2}\cdot\frac{1}{a_n}+3$$

よって $b_{n+1}=\frac{1}{2}b_n+3$ $\cdots$①

(2) ①より $b_{n+1}-6=\frac{1}{2}(b_n-6)$

また $b_1=\frac{1}{a_1}=1$

ゆえに $b_n-6=-5\left(\frac{1}{2}\right)^{n-1}$

$$b_n=6-5\left(\frac{1}{2}\right)^{n-1}=\frac{3\cdot 2^n-5}{2^{n-1}}$$

よって $a_n=\frac{1}{b_n}=\frac{2^{n-1}}{3\cdot 2^n-5}$

(3) $\displaystyle\lim_{n\to\infty}a_n=\lim_{n\to\infty}\frac{2^{n-1}}{3\cdot 2^n-5}=\lim_{n\to\infty}\frac{1}{6-\frac{5}{2^{n-1}}}=\frac{1}{6}$

115

答 (1) $b_{n+1}=2b_n+1$

(2) $a_n=1-\dfrac{1}{3\cdot 2^{n-1}-1}$ (3) 1

検討 (1) $a_{n+1}=1$ と仮定すると,

$1=\dfrac{2}{3-a_n}$ より $a_n=1$

よって $a_{n+1}=a_n=\cdots=a_1=1$

これは $a_1=\dfrac{1}{2}$ に反するから $a_n\neq 1$

($n=1$, 2, $\cdots$)

与式より $1-a_{n+1}=1-\dfrac{2}{3-a_n}=\dfrac{1-a_n}{3-a_n}$

両辺の逆数をとると

$$\frac{1}{1-a_{n+1}}=\frac{3-a_n}{1-a_n}=\frac{2}{1-a_n}+1$$

$\dfrac{1}{1-a_n}=b_n$ とおくと $b_{n+1}=2b_n+1$ $\cdots$①

(2) ①の両辺に 1 を加えて $b_{n+1}+1=2(b_n+1)$

また $b_1=\dfrac{1}{1-a_1}=2$

ゆえに, 数列 $\{b_n+1\}$ は初項 3, 公比 2 の等比数列だから

$b_n+1=3\cdot 2^{n-1}$ $b_n=3\cdot 2^{n-1}-1$

$\dfrac{1}{1-a_n}=b_n$ より $1-a_n=\dfrac{1}{b_n}$

$a_n=1-\dfrac{1}{b_n}=1-\dfrac{1}{3\cdot 2^{n-1}-1}$

(3) $\displaystyle\lim_{n\to\infty}a_n=\lim_{n\to\infty}\left(1-\dfrac{1}{3\cdot 2^{n-1}-1}\right)=1$

116

答 (1) $a_n=\dfrac{4n-3}{2(2n-1)}$ (2) 1

検討 (1) $a_{n+1}-a_n=\dfrac{1}{(2n)^2-1}$

$=\dfrac{1}{(2n-1)(2n+1)}=\dfrac{1}{2}\left(\dfrac{1}{2n-1}-\dfrac{1}{2n+1}\right)$

$n\geqq 2$ のとき

$a_n=a_1+\sum_{k=1}^{n-1}(a_{k+1}-a_k)$

$=\dfrac{1}{2}+\sum_{k=1}^{n-1}\dfrac{1}{2}\left(\dfrac{1}{2k-1}-\dfrac{1}{2k+1}\right)$

$=\dfrac{1}{2}+\dfrac{1}{2}\left\{\left(1-\dfrac{1}{3}\right)+\left(\dfrac{1}{3}-\dfrac{1}{5}\right)+\cdots\right.$

$\left.+\left(\dfrac{1}{2n-3}-\dfrac{1}{2n-1}\right)\right\}$

$=\dfrac{1}{2}+\dfrac{1}{2}\left(1-\dfrac{1}{2n-1}\right)=\dfrac{4n-3}{2(2n-1)}$ $\cdots$①

①で $n=1$ とすると $\dfrac{1}{2}$ となり a_1 に一致する。

よって $a_n=\dfrac{4n-3}{2(2n-1)}$

(2) $\displaystyle\lim_{n\to\infty}a_n=\lim_{n\to\infty}\dfrac{4-\dfrac{3}{n}}{4-\dfrac{2}{n}}=\dfrac{4}{4}=1$

117

答 (1) $a_n=\dfrac{n(n+1)(n+2)}{6}$

(2) $\dfrac{1}{2}-\dfrac{1}{(n+1)(n+2)}$ (3) $\dfrac{1}{2}$

検討 (1) $n\geqq 2$ のとき

$a_n=a_1+\sum_{k=1}^{n-1}(a_{k+1}-a_k)$

$=1+\sum_{k=1}^{n-1}\dfrac{1}{2}(k+1)(k+2)$

$=1+\dfrac{1}{2}\sum_{k=1}^{n-1}(k^2+3k+2)$

$=1+\dfrac{1}{2}\left\{\dfrac{(n-1)n(2n-1)}{6}\right.$

$$+3\cdot\frac{(n-1)n}{2}+2(n-1)\bigg\}$$
$$=\frac{n(n+1)(n+2)}{6} \quad \cdots ①$$

①に $n=1$ を代入すると
$a_1=\frac{1(1+1)(1+2)}{6}=1$ となり，①は $n=1$ のときも成立する。

(2) $b_n=\dfrac{1}{3a_n}=\dfrac{2}{n(n+1)(n+2)}$
$$=\frac{1}{n(n+1)}-\frac{1}{(n+1)(n+2)}$$
$$\sum_{k=1}^{n} b_k=\left(\frac{1}{2}-\frac{1}{6}\right)+\left(\frac{1}{6}-\frac{1}{12}\right)+\cdots$$
$$+\left\{\frac{1}{n(n+1)}-\frac{1}{(n+1)(n+2)}\right\}$$
$$=\frac{1}{2}-\frac{1}{(n+1)(n+2)}$$

(3) $\displaystyle\lim_{n\to\infty}\sum_{k=1}^{n} b_k=\lim_{n\to\infty}\left\{\frac{1}{2}-\frac{1}{(n+1)(n+2)}\right\}=\frac{1}{2}$

118

[答] (1)（前半） 数学的帰納法で $0<a_n<2$ を示す。
[1] $n=1$ のとき，$a_1=c$ で，$0<c<2$ より成り立つ。
[2] $n=k$ $(k\geqq 1)$ のとき，$0<a_k<2$ が成り立つと仮定する。
$a_{k+1}=\sqrt{f(a_k)}=\sqrt{4a_k-a_k{}^2}=\sqrt{-(a_k-2)^2+4}$
$0<a_k<2$ より
$\quad 0<\sqrt{-(a_k-2)^2+4}<\sqrt{4}=2$
ゆえに，$n=k+1$ のとき成り立つ。
[1]，[2]から，すべての自然数 n に対して $0<a_n<2$ が成り立つ。
（後半）$a_n<a_{n+1}$ を示す。
$a_n>0$，$a_{n+1}>0$ であるから
$\quad a_{n+1}{}^2-a_n{}^2=(4a_n-a_n{}^2)-a_n{}^2$
$\quad\quad\quad\quad =2a_n(2-a_n)$
$0<a_n<2$ から $a_{n+1}{}^2-a_n{}^2>0$
よって $a_n<a_{n+1}$

(2) $2-a_{n+1}=2-\sqrt{4a_n-a_n{}^2}$
$$=\frac{(2-a_n)^2}{2+\sqrt{4a_n-a_n{}^2}}$$

(1)から，$2-a_n>0$，$2+\sqrt{4a_n-a_n{}^2}>2$ であり，

また
$\quad 2-a_n<2-a_{n-1}<\cdots<2-a_1=2-c$
よって $\quad 2-a_{n+1}<\dfrac{2-c}{2}(2-a_n)$

(3) **2**

[検討] (3) (1)，(2)から
$$0<2-a_n<\left(\frac{2-c}{2}\right)^{n-1}(2-a_1)$$
$$=(2-c)\left(\frac{2-c}{2}\right)^{n-1}$$

また，$0<c<2$ から，$0<\dfrac{2-c}{2}<1$ である。

よって，$\displaystyle\lim_{n\to\infty}(2-c)\left(\frac{2-c}{2}\right)^{n-1}=0$ だから，はさみうちの原理より $\displaystyle\lim_{n\to\infty}(2-a_n)=0$
したがって $\displaystyle\lim_{n\to\infty}a_n=2$

13 無限級数の和

基本問題 ……………………… 本冊 $p.49$

119

[答] (1) 収束して，和は $\dfrac{1}{2}$ (2) 発散する
(3) 収束して，和は $\dfrac{3}{4}$ (4) 発散する

[検討] (1) $a_n=\dfrac{1}{(2n)^2-1}=\dfrac{1}{(2n-1)(2n+1)}$
$$=\frac{1}{2}\left(\frac{1}{2n-1}-\frac{1}{2n+1}\right)$$

ここで，部分和を S_n とすると
$$S_n=\frac{1}{2^2-1}+\frac{1}{4^2-1}+\cdots+\frac{1}{(2n)^2-1}$$
$$=\frac{1}{2}\left\{\left(1-\frac{1}{3}\right)+\left(\frac{1}{3}-\frac{1}{5}\right)+\cdots\right.$$
$$\left.+\left(\frac{1}{2n-1}-\frac{1}{2n+1}\right)\right\}$$
$$=\frac{1}{2}\left(1-\frac{1}{2n+1}\right)$$

$\displaystyle\lim_{n\to\infty}S_n=\lim_{n\to\infty}\frac{1}{2}\left(1-\frac{1}{2n+1}\right)=\frac{1}{2}$

よって，与えられた無限級数は収束し，その和は $\dfrac{1}{2}$

(2) 第 n 項は $a_n = \dfrac{n}{n+1}$ で

$$\lim_{n\to\infty} a_n = \lim_{n\to\infty}\dfrac{n}{n+1} = \lim_{n\to\infty}\dfrac{1}{1+\dfrac{1}{n}} = 1 \neq 0$$

よって，与えられた無限級数は発散する。

(3) $S_n = \dfrac{1}{2}\displaystyle\sum_{k=1}^{n}\left(\dfrac{1}{k} - \dfrac{1}{k+2}\right)$

$= \dfrac{1}{2}\left(1 + \dfrac{1}{2} - \dfrac{1}{n+1} - \dfrac{1}{n+2}\right)$

$\displaystyle\lim_{n\to\infty} S_n = \dfrac{1}{2}\left(1 + \dfrac{1}{2}\right) = \dfrac{3}{4}$

よって，与えられた無限級数は収束し，その和は $\dfrac{3}{4}$

(4) $S_n = \dfrac{1}{1+\sqrt{2}} + \dfrac{1}{\sqrt{2}+\sqrt{3}} + \cdots + \dfrac{1}{\sqrt{n}+\sqrt{n+1}}$

$= \dfrac{1-\sqrt{2}}{-1} + \dfrac{\sqrt{2}-\sqrt{3}}{-1} + \cdots + \dfrac{\sqrt{n}-\sqrt{n+1}}{-1}$

$= -(1-\sqrt{n+1})$

$= \sqrt{n+1} - 1$

$\displaystyle\lim_{n\to\infty} S_n = \lim_{n\to\infty}(\sqrt{n+1} - 1) = \infty$

よって，与えられた無限級数は発散する。

120

答 (1) 収束して，和は $\dfrac{3}{4}$ (2) 発散する

(3) 収束して，和は $\dfrac{27}{5}$ (4) 発散する

検討 (1) 初項 1，公比 $r = -\dfrac{1}{3}$ である。

$|r| < 1$ であるから，この級数は収束する。

和は $\dfrac{1}{1-\left(-\dfrac{1}{3}\right)} = \dfrac{3}{4}$

(2) 初項 1，公比 $r = \sqrt{5}$ である。$|r| > 1$ であるから，この級数は発散する。

(3) 初項 9，公比 $r = -\dfrac{2}{3}$ である。$|r| < 1$ であるから，この級数は収束し，和は

$\dfrac{9}{1-\left(-\dfrac{2}{3}\right)} = \dfrac{27}{5}$

(4) 初項 $\dfrac{1}{16}$，公比 $r = 2$ である。$|r| > 1$ である

から，この級数は発散する。

121

答 (1) $-\dfrac{1}{2} < x < \dfrac{1}{2}$，和は $\dfrac{1}{1-2x}$

(2) $-3 < x < 3$，和は $\dfrac{9}{3+x}$

検討 (1) この無限級数は初項 1，公比 $2x$ の無限等比級数である。よって，この無限等比級数が収束するための必要十分条件は $|2x| < 1$

すなわち $-1 < 2x < 1$ より $-\dfrac{1}{2} < x < \dfrac{1}{2}$

このときの和は $\dfrac{1}{1-2x}$

(2) 初項 3，公比 $-\dfrac{x}{3}$ の無限等比級数である。

よって，この無限等比級数が収束するための必要十分条件は $\left|-\dfrac{x}{3}\right| < 1$

すなわち $-3 < x < 3$

和は $\dfrac{3}{1-\left(-\dfrac{x}{3}\right)} = \dfrac{9}{3+x}$

122

答 (1) $\dfrac{3}{2}$ (2) $\dfrac{5}{12}$

検討 (1) $\displaystyle\sum_{n=1}^{\infty}\dfrac{1}{2^n}$, $\displaystyle\sum_{n=1}^{\infty}\dfrac{1}{3^n}$ はともに公比の絶対値が 1 より小さい無限等比級数であるから収束する。

よって，求める和 S は

$$S = \dfrac{\dfrac{1}{2}}{1-\dfrac{1}{2}} + \dfrac{\dfrac{1}{3}}{1-\dfrac{1}{3}} = 1 + \dfrac{1}{2} = \dfrac{3}{2}$$

(2) $\displaystyle\sum_{n=1}^{\infty}\left(\dfrac{2}{5}\right)^n$, $\displaystyle\sum_{n=1}^{\infty}\left(\dfrac{1}{5}\right)^n$ はともに公比の絶対値が 1 より小さい無限等比級数であるから収束する。

よって，求める和 S は

$$S = \dfrac{\dfrac{2}{5}}{1-\dfrac{2}{5}} - \dfrac{\dfrac{1}{5}}{1-\dfrac{1}{5}} = \dfrac{2}{3} - \dfrac{1}{4} = \dfrac{5}{12}$$

123

答 $\dfrac{1}{2}$

検討 この無限級数の一般項は

$a_n=\dfrac{1}{3^{n-1}}-\dfrac{1}{2^n}=\left(\dfrac{1}{3}\right)^{n-1}-\left(\dfrac{1}{2}\right)^n$ であり,

$\sum\limits_{n=1}^{\infty}\left(\dfrac{1}{3}\right)^{n-1}$, $\sum\limits_{n=1}^{\infty}\left(\dfrac{1}{2}\right)^n$ はともに公比の絶対値が 1 より小さい無限等比級数であるから収束し,その和 S は

$$S=\sum_{n=1}^{\infty}a_n=\dfrac{1}{1-\dfrac{1}{3}}-\dfrac{\dfrac{1}{2}}{1-\dfrac{1}{2}}=\dfrac{3}{2}-1=\dfrac{1}{2}$$

124

答 (1) $\dfrac{1}{3}$ (2) $\dfrac{4}{11}$ (3) $\dfrac{19}{55}$ (4) $22.\dot{5}\dot{4}$

検討 (1) $0.\dot{3}=0.3333\cdots$
$=0.3+0.03+0.003+\cdots$
$=\dfrac{3}{10}+\dfrac{3}{10^2}+\dfrac{3}{10^3}+\cdots$
$=\dfrac{3}{10}\left(1+\dfrac{1}{10}+\dfrac{1}{10^2}+\cdots\right)$
$=\dfrac{3}{10}\cdot\dfrac{1}{1-\dfrac{1}{10}}=\dfrac{3}{10}\cdot\dfrac{10}{9}=\dfrac{1}{3}$

(2) $0.\dot{3}\dot{6}=0.36+0.0036+0.000036+\cdots$
$=\dfrac{36}{10^2}+\dfrac{36}{10^4}+\dfrac{36}{10^6}+\cdots$
$=\dfrac{36}{10^2}\left(1+\dfrac{1}{10^2}+\dfrac{1}{10^4}+\cdots\right)$
$=\dfrac{36}{10^2}\cdot\dfrac{1}{1-\dfrac{1}{10^2}}=\dfrac{36}{10^2}\cdot\dfrac{10^2}{99}=\dfrac{36}{99}=\dfrac{4}{11}$

(3) $0.3\dot{4}\dot{5}=0.3+0.045+0.00045+\cdots$
$=\dfrac{3}{10}+\dfrac{45}{10^3}+\dfrac{45}{10^5}+\cdots$
$=\dfrac{3}{10}+\dfrac{45}{10^3}\left(1+\dfrac{1}{10^2}+\cdots\right)$
$=\dfrac{3}{10}+\dfrac{45}{10^3}\cdot\dfrac{1}{1-\dfrac{1}{10^2}}=\dfrac{3}{10}+\dfrac{45}{10^3}\cdot\dfrac{10^2}{99}$
$=\dfrac{3}{10}+\dfrac{45}{990}=\dfrac{33+5}{110}=\dfrac{19}{55}$

(4) $1.\dot{2}\dot{5}=1+0.25+0.0025+0.000025+\cdots$
$=1+\dfrac{25}{10^2}+\dfrac{25}{10^4}+\dfrac{25}{10^6}+\cdots$
$=1+\dfrac{25}{10^2}\left(1+\dfrac{1}{10^2}+\dfrac{1}{10^4}+\cdots\right)$
$=1+\dfrac{25}{10^2}\cdot\dfrac{1}{1-\dfrac{1}{10^2}}=1+\dfrac{25}{10^2}\cdot\dfrac{10^2}{99}=\dfrac{124}{99}$

同様にして

$0.0\dot{5}=\dfrac{1}{18}$

よって,$1.\dot{2}\dot{5}\div 0.0\dot{5}=\dfrac{124}{99}\div\dfrac{1}{18}=\dfrac{248}{11}$
$\qquad\qquad\qquad =22.5454\cdots=22.\dot{5}\dot{4}$

応用問題 ……… 本冊 p.51

125

答 (1) $-\sqrt{3}<x<-1$,$1<x<\sqrt{3}$ のとき収束して,和は $\dfrac{1}{3-x^2}$

(2) $x=\dfrac{\pi}{2}$ のとき収束して,和は 0

$\dfrac{\pi}{4}<x<\dfrac{\pi}{2}$,$\dfrac{\pi}{2}<x<\dfrac{3}{4}\pi$ のとき収束して,

和は $\dfrac{1}{4\cos x}$

(3) $0<x<1$ のとき収束して,和は $\dfrac{1}{1-x}$

検討 (1) 初項 1,公比 x^2-2 であるから,収束条件は,$-1<x^2-2<1$,すなわち
$x^2-1>0$ と $x^2-3<0$ の共通部分である。
$x<-1$,$1<x$ ……① $-\sqrt{3}<x<\sqrt{3}$ ……②
①,②より $-\sqrt{3}<x<-1$,$1<x<\sqrt{3}$
このとき収束して,和は

$$\dfrac{1}{1-(x^2-2)}=\dfrac{1}{3-x^2}$$

(2) $\cos x=0$,すなわち $x=\dfrac{\pi}{2}$ のとき,この級数は $0+0+0+\cdots$ であるから収束し,和は 0 である。

$\cos x\neq 0$,すなわち $x\neq\dfrac{\pi}{2}$ のとき,公比は $1-4\cos^2 x$ であるから,収束条件は

$-1<1-4\cos^2x<1$

すなわち $-\dfrac{\sqrt{2}}{2}<\cos x<\dfrac{\sqrt{2}}{2}$ $(\cos x\ne 0)$

よって, $\dfrac{\pi}{4}<x<\dfrac{\pi}{2}$, $\dfrac{\pi}{2}<x<\dfrac{3}{4}\pi$ のとき収束

して, 和は $\dfrac{\cos x}{1-(1-4\cos^2x)}=\dfrac{1}{4\cos x}$

(3) $x>0$ であるから　初項 x, 公比 x^2-x+1
で, 収束する条件は $-1<x^2-x+1<1$
すなわち $x^2-x+2>0$ ……①,
$\qquad\qquad x^2-x<0$ ……②

①より, $\left(x-\dfrac{1}{2}\right)^2+\dfrac{7}{4}>0$ で常に成り立つ。

②より $0<x<1$
よって, $0<x<1$ のとき収束して, 和は

$\dfrac{x}{1-(x^2-x+1)}=\dfrac{1}{1-x}$

> 🖊 テスト対策
>
> 無限等比級数 $\sum\limits_{n=1}^{\infty}ar^{n-1}$ は,
> **$a=0$ または $|r|<1$**
> のとき**収束**し, その和は
> $a=0$ のとき　0
> $a\ne 0$, $|r|<1$ のとき $\dfrac{a}{1-r}$

126

答　3

検討　初項 a, 公比 r とすると, $\sum\limits_{n=1}^{\infty}ar^{n-1}=1$,

$\sum\limits_{n=1}^{\infty}(ar^{n-1})^2=3$ であるから

$\dfrac{a}{1-r}=1$, $\dfrac{a^2}{1-r^2}=3$, $|r|<1$ $(0\le r^2<1)$

$\dfrac{a}{1-r}=1$ より $a=1-r$ ……①

$\dfrac{a^2}{1-r^2}=3$ より $\dfrac{a}{1-r}\cdot\dfrac{a}{1+r}=3$ ……②

①, ②より $\dfrac{1-r}{1+r}=3$　$r=-\dfrac{1}{2}$

これは $|r|<1$ を満たす。①より $a=\dfrac{3}{2}$

よって, 求める和は

$\dfrac{a^3}{1-r^3}=\dfrac{\dfrac{27}{8}}{1+\dfrac{1}{8}}=3$

127

答　**45 m**

検討　ボールを 5 m の高さから落として最初にはね返る高さを a_1 (m), 2 回目にはね返る高さを a_2 (m), 以下順にはね返る高さを a_3, a_4, …… (m) とする。静止するまでにこのボールが移動した距離を S とすると

$S=5+2(a_1+a_2+a_3+\cdots+a_n+\cdots)$

$\sum\limits_{n=1}^{\infty}a_n$ は初項 $5\times\dfrac{4}{5}$, 公比 $\dfrac{4}{5}$ の無限等比級数

であるから収束して, 和は $\dfrac{5\times\dfrac{4}{5}}{1-\dfrac{4}{5}}=20$

よって　$S=5+2\times 20=45$ (m)

128

答　収束して, 和は $\dfrac{5}{2}$

検討　第 $2k$ 項までの部分和 S_{2k} について

$S_{2k}=1+\dfrac{1}{3}+\dfrac{1}{9}+\cdots+\left(\dfrac{1}{2}\right)^{k-1}+\left(\dfrac{1}{3}\right)^k$

$=\dfrac{1-\left(\dfrac{1}{2}\right)^k}{1-\dfrac{1}{2}}+\dfrac{\dfrac{1}{3}\left\{1-\left(\dfrac{1}{3}\right)^k\right\}}{1-\dfrac{1}{3}}$

$=2\left\{1-\left(\dfrac{1}{2}\right)^k\right\}+\dfrac{1}{2}\left\{1-\left(\dfrac{1}{3}\right)^k\right\}$

ゆえに　$\lim S_{2k}=2+\dfrac{1}{2}=\dfrac{5}{2}$

また, 第 $2k-1$ 項までの部分和 S_{2k-1} について $S_{2k-1}=S_{2k}-\left(\dfrac{1}{3}\right)^k$ であるから

$\lim\limits_{k\to\infty}S_{2k-1}=\lim\limits_{k\to\infty}S_{2k}=\dfrac{5}{2}$

よって, 与えられた級数は収束して, その和は $\dfrac{5}{2}$

14 関数の極限

基本問題 ……… 本冊 p. 54

129

答 (1) **4**　(2) **0**　(3) **3**　(4) **−1**
(5) **−1**　(6) **3**

130

答 (1) **5**　(2) **0**　(3) **−∞**　(4) **$-\dfrac{12}{5}$**

検討 (1) 与式 $=\lim_{x\to 2}\dfrac{(x-2)(x+3)}{x-2}$
$=\lim_{x\to 2}(x+3)=5$

(2) 与式 $=\lim_{x\to\infty}\dfrac{\dfrac{1}{x}-\dfrac{3}{x^2}}{\dfrac{3}{x^2}+1}=0$

(3) 与式 $=\lim_{x\to -\infty}\dfrac{x-\dfrac{1}{x^2}}{1-\dfrac{2}{x^2}}=-\infty$

(4) 与式 $=\lim_{x\to -2}\dfrac{(x+2)(x^2-2x+4)}{(x+2)(x-3)}$
$=\lim_{x\to -2}\dfrac{x^2-2x+4}{x-3}=-\dfrac{12}{5}$

131

答 (1) **∞**　(2) **−1**　(3) **−∞**
(4) **2**　(5) **$2\sqrt{2}$**　(6) **$\dfrac{1}{4}$**

検討 (1) $y=\dfrac{1}{x-2}$ のグラフ
は右の図のようになり,
$x\to 2+0$ のとき $y\to\infty$

(3) $y=1-\dfrac{1}{x^2}$ のグラフは右の
図のようになり,
$x\to -0$ のとき $y\to -\infty$

(4) 与式 $=\lim_{x\to\infty}\dfrac{2-\dfrac{1}{x}}{\sqrt{1+\dfrac{1}{x^2}}}=2$

(5) $\dfrac{x-2}{\sqrt{x}-\sqrt{2}}=\dfrac{(x-2)(\sqrt{x}+\sqrt{2})}{(\sqrt{x}-\sqrt{2})(\sqrt{x}+\sqrt{2})}$
$=\dfrac{(x-2)(\sqrt{x}+\sqrt{2})}{x-2}=\sqrt{x}+\sqrt{2}$

(6) $\dfrac{\sqrt{x+3}-2}{x-1}=\dfrac{(\sqrt{x+3}-2)(\sqrt{x+3}+2)}{(x-1)(\sqrt{x+3}+2)}$
$=\dfrac{x-1}{(x-1)(\sqrt{x+3}+2)}=\dfrac{1}{\sqrt{x+3}+2}$

132

答 (1) **2**　(2) **$\dfrac{3}{5}$**　(3) **0**　(4) **6**
(5) **1**　(6) **$-\dfrac{1}{2}$**

検討 (1) $\lim_{x\to 0}\dfrac{\sin 2x}{x}=\lim_{x\to 0}2\cdot\dfrac{\sin 2x}{2x}=2$

(2) $\lim_{x\to 0}\dfrac{\sin 3x}{\sin 5x}=\lim_{x\to 0}\dfrac{\dfrac{\sin 3x}{x}}{\dfrac{\sin 5x}{x}}=\lim_{x\to 0}\dfrac{3\cdot\dfrac{\sin 3x}{3x}}{5\cdot\dfrac{\sin 5x}{5x}}$
$=\dfrac{3}{5}$

(3) $\dfrac{1-\cos x}{x}=\dfrac{1-\cos^2 x}{x(1+\cos x)}=\dfrac{\sin^2 x}{x^2}\cdot\dfrac{x}{1+\cos x}$

与式 $=\lim_{x\to 0}\left(\dfrac{\sin x}{x}\right)^2\cdot\dfrac{x}{1+\cos x}=1\times 0=0$

(4) 与式 $=\lim_{x\to 0}\sin 6x\cdot\dfrac{\cos x}{\sin x}$
$=\lim_{x\to 0}\dfrac{\sin 6x}{6x}\cdot\dfrac{x}{\sin x}\cdot 6\cos x=1\times 1\times 6=6$

(5) 与式 $=\lim_{x\to 0}\dfrac{2}{1+\dfrac{\sin x}{x}}=\dfrac{2}{1+1}=1$

(6) $\dfrac{\sin x-\tan x}{x^3}=\dfrac{\sin x(\cos x-1)}{x^3\cos x}$
$=\dfrac{-\sin x(1-\cos x)}{x^3\cos x}$
$=\dfrac{-\sin x(1-\cos x)(1+\cos x)}{x^3\cos x(1+\cos x)}$
$=\dfrac{-\sin^3 x}{x^3\cos x(1+\cos x)}$

与式 $=\lim_{x\to 0}\left\{-\left(\dfrac{\sin x}{x}\right)^3\cdot\dfrac{1}{\cos x(1+\cos x)}\right\}$
$=-1\times\dfrac{1}{2}=-\dfrac{1}{2}$

133

答 (1) 2 (2) $0<a<1$ のとき ∞
$a>1$ のとき $-\infty$ (3) 1

検討 (1) 与式 $=\lim\limits_{x\to\infty}\dfrac{2}{\dfrac{1}{2^x}+1}=\dfrac{2}{0+1}=2$

(2) $\lim\limits_{x\to\infty}(x-\sqrt{x^2-1})=\lim\limits_{x\to\infty}\dfrac{x^2-(x^2-1)}{x+\sqrt{x^2-1}}$

$=\lim\limits_{x\to\infty}\dfrac{1}{x+\sqrt{x^2-1}}=0$

$y=\log_a x$ のグラフは右の図のようになるので, a の値による場合分けが必要となる。

(3) 与式 $=\lim\limits_{x\to 1}\log_2\left|\dfrac{(x-1)(x+1)}{x-1}\right|$

$=\lim\limits_{x\to 1}\log_2|x+1|=\log_2 2=1$

テスト対策
　指数関数, 対数関数の極限のとき, 底 a について $0<a<1$, $a>1$ の場合分けをすること。

応用問題　……………… 本冊 p.55

134

答 (1) 0 (2) 0 (3) 1 (4) $-\pi$

検討 (1) $t=4^x$ とおくと $x\to-\infty$ のとき $t\to 0$
与式 $=\lim\limits_{t\to 0}\log_3|\cos t|=\log_3 1=0$

(2) $x>0$ のとき $-1\leqq\cos x\leqq 1$

よって $-\dfrac{3}{x}\leqq\dfrac{3\cos x}{x}\leqq\dfrac{3}{x}$

$\lim\limits_{x\to\infty}\left(-\dfrac{3}{x}\right)=0$, $\lim\limits_{x\to\infty}\dfrac{3}{x}=0$ だから, はさみうちの原理より $\lim\limits_{x\to\infty}\dfrac{3\cos x}{x}=0$

(3) 与式 $=\lim\limits_{x\to 0}\left\{\dfrac{\sin(\sin x)}{\sin x}\cdot\dfrac{\sin x}{x}\right\}=1\times 1=1$

(4) $t=x-1$ とおくと $x\to 1$ のとき $t\to 0$

与式 $=\lim\limits_{t\to 0}\dfrac{\sin\pi(t+1)}{t}=\lim\limits_{t\to 0}\dfrac{-\sin\pi t}{t}$

$=\lim\limits_{t\to 0}\left(-\pi\cdot\dfrac{\sin\pi t}{\pi t}\right)=-\pi\times 1=-\pi$

135

答 (1) 0 (2) -1 (3) -1 (4) -1

検討 (1) 与式

$=\lim\limits_{x\to\infty}\left(\dfrac{\sqrt{x+2}-\sqrt{x}}{1}\cdot\dfrac{\sqrt{x+2}+\sqrt{x}}{\sqrt{x+2}+\sqrt{x}}\right)$

$=\lim\limits_{x\to\infty}\dfrac{2}{\sqrt{x+2}+\sqrt{x}}=0$

(2) $t=-x$ とおくと $x\to-\infty$ のとき $t\to\infty$

与式 $=\lim\limits_{t\to\infty}\{-t(\sqrt{t^2+2}-t)\}$

$=\lim\limits_{t\to\infty}\left\{-t(\sqrt{t^2+2}-t)\dfrac{\sqrt{t^2+2}+t}{\sqrt{t^2+2}+t}\right\}$

$=\lim\limits_{t\to\infty}\dfrac{-2t}{\sqrt{t^2+2}+t}=\lim\limits_{t\to\infty}\dfrac{-2}{\sqrt{1+\dfrac{2}{t^2}}+1}$

$=-1$

(3) $t=-x$ とおくと $x\to-\infty$ のとき $t\to\infty$

与式 $=\lim\limits_{t\to\infty}\dfrac{-t-2}{\sqrt{t^2+1}+1}$

$=\lim\limits_{t\to\infty}\dfrac{-1-\dfrac{2}{t}}{\sqrt{1+\dfrac{1}{t^2}}+\dfrac{1}{t}}=-1$

(4) $t=-x$ とおくと $x\to-\infty$ のとき $t\to\infty$

与式 $=\lim\limits_{t\to\infty}\dfrac{\sqrt{t^2+1}-3}{-t-2}$

$=\lim\limits_{t\to\infty}\dfrac{\sqrt{1+\dfrac{1}{t^2}}-\dfrac{3}{t}}{-1-\dfrac{2}{t}}=-1$

136

答 (1) 極限はない。 (2) 極限はない。

検討 (1) $x\to+0$ のとき $x>0$ だから $|x|=x$

$\lim\limits_{x\to+0}\dfrac{2x}{|x|}=\lim\limits_{x\to+0}\dfrac{2x}{x}=2$

$x\to-0$ のとき $x<0$ だから $|x|=-x$

$\lim\limits_{x\to-0}\dfrac{2x}{|x|}=\lim\limits_{x\to-0}\dfrac{2x}{-x}=-2$

ゆえに, 極限はない。

(2) $x\to+0$ のとき $|x|=x$

$\lim\limits_{x\to+0}\dfrac{x^2-2x}{|x|}=\lim\limits_{x\to+0}\dfrac{x^2-2x}{x}$

$=\lim\limits_{x\to+0}(x-2)=-2$

$x \to -0$ のとき $|x|=-x$
$$\lim_{x\to -0}\frac{x^2-2x}{|x|}=\lim_{x\to -0}\frac{x^2-2x}{-x}=\lim_{x\to -0}(2-x)=2$$
ゆえに，極限はない。

137

答 (1) $a=-1$, $b=12$
(2) $a=2\sqrt{2}$, $b=-4$
(3) $a=5$, $b=-16$ (4) $a=-6$, $b=-3$

検討 (1) $\lim_{x\to 3}(x-3)=0$ であるから
$$\lim_{x\to 3}(x^2-ax-b)=\lim_{x\to 3}\frac{x^2-ax-b}{x-3}\cdot (x-3)$$
$$=7\times 0=0$$
ゆえに $9-3a-b=0$
よって $b=9-3a$ …①
このとき
$$与式=\lim_{x\to 3}\frac{x^2-ax-(9-3a)}{x-3}$$
$$=\lim_{x\to 3}\frac{(x-3)\{x+(3-a)\}}{x-3}$$
$$=\lim_{x\to 3}(x+3-a)=6-a=7$$
よって $a=-1$　①より $b=12$

(2) $\lim_{x\to 1}(x-1)=0$ であるから
$$\lim_{x\to 1}(a\sqrt{x+1}+b)=\lim_{x\to 1}\frac{a\sqrt{x+1}+b}{x-1}\cdot (x-1)$$
$$=1\times 0=0$$
ゆえに $\sqrt{2}a+b=0$
よって $b=-\sqrt{2}a$ …①
このとき
$$与式=\lim_{x\to 1}\frac{a\sqrt{x+1}-\sqrt{2}a}{x-1}$$
$$=\lim_{x\to 1}\frac{a(\sqrt{x+1}-\sqrt{2})}{x-1}$$
$$=\lim_{x\to 1}\frac{a(x+1-2)}{(x-1)(\sqrt{x+1}+\sqrt{2})}$$
$$=\lim_{x\to 1}\frac{a}{\sqrt{x+1}+\sqrt{2}}=\frac{a}{2\sqrt{2}}=1$$
よって $a=2\sqrt{2}$　①より $b=-4$

(3) $\lim_{x\to -3}(x^2+8x+15)=0$ であるから
$$\lim_{x\to -3}(\sqrt{ax-b}-1)$$
$$=\lim_{x\to -3}\frac{\sqrt{ax-b}-1}{x^2+8x+15}\cdot (x^2+8x+15)=\frac{5}{4}\cdot 0=0$$

ゆえに $\sqrt{-3a-b}-1=0$
よって $b=-3a-1$ …①
このとき
$$与式=\lim_{x\to -3}\frac{\sqrt{ax+3a+1}-1}{x^2+8x+15}\cdot \frac{\sqrt{ax+3a+1}+1}{\sqrt{ax+3a+1}+1}$$
$$=\lim_{x\to -3}\frac{a(x+3)}{(x+3)(x+5)(\sqrt{ax+3a+1}+1)}$$
$$=\lim_{x\to -3}\frac{a}{(x+5)(\sqrt{ax+3a+1}+1)}=\frac{a}{4}=\frac{5}{4}$$
よって $a=5$　①より $b=-16$

(4) $b\geqq 0$ のとき，与式は ∞ となり条件を満たさないので，$b<0$ である。
$$\lim_{x\to \infty}\left\{(\sqrt{9x^2-ax+5}+bx)\cdot \frac{\sqrt{9x^2-ax+5}-bx}{\sqrt{9x^2-ax+5}-bx}\right\}$$
$$=\lim_{x\to \infty}\frac{(9-b^2)x^2-ax+5}{\sqrt{9x^2-ax+5}-bx}$$
$$=\lim_{x\to \infty}\frac{(9-b^2)x-a+\dfrac{5}{x}}{\sqrt{9-\dfrac{a}{x}+\dfrac{5}{x^2}}-b}$$ …①

$9-b^2\neq 0$ とすると，①は ∞ または $-\infty$ となり条件を満たさないので $9-b^2=0$
$b<0$ より $b=-3$
このとき，①より
$$与式=\lim_{x\to \infty}\frac{-a+\dfrac{5}{x}}{\sqrt{9-\dfrac{a}{x}+\dfrac{5}{x^2}}+3}=\frac{-a}{6}=1$$

よって $a=-6$

> **テスト対策**
> $\lim_{x\to a}\dfrac{f(x)}{g(x)}=\alpha$ かつ $\lim_{x\to a}g(x)=0$ （分母→0）
> ならば，$\lim_{x\to a}f(x)=0$ （分子→0）

138

答 $a=0$, $b=-1$, $c=2$, $d=3$

検討 $$\lim_{x\to \infty}\frac{f(x)}{x^2-1}=\lim_{x\to \infty}\frac{ax^3-bx^2+cx-d}{x^2-1}$$
$$=\lim_{x\to \infty}\frac{ax-b+\dfrac{c}{x}-\dfrac{d}{x^2}}{1-\dfrac{1}{x^2}}$$ …①

$a\neq 0$ とすると，①は ∞ または $-\infty$ となり条件を満たさないので $a=0$

また，$\lim_{x\to\infty}\dfrac{f(x)}{x^2-1}=1$ であるから $b=-1$

したがって
$$f(x)=x^2+cx-d \quad \cdots ②$$

$\lim_{x\to 1}\dfrac{f(x)}{x^2-1}=2$ において $x\to 1$ のとき分母$\to 0$ であるから分子$\to 0$ でなければならない。
$$\lim_{x\to 1}(x^2+cx-d)=1+c-d=0 \quad \cdots ③$$

②，③より
$$f(x)=x^2+cx-1-c=(x-1)(x+1+c)$$
$$\lim_{x\to 1}\dfrac{f(x)}{x^2-1}=\lim_{x\to 1}\dfrac{(x-1)(x+1+c)}{(x-1)(x+1)}$$
$$=\lim_{x\to 1}\dfrac{x+1+c}{x+1}$$
$$=\dfrac{2+c}{2}=2$$

よって $c=2$

これを③に代入して
$$1+2-d=0 \quad d=3$$

139

答 $f(x)=-(x-1)(x+1)(x-2)$

検討 $\lim_{x\to\infty}\dfrac{f(x)}{x^3-1}=a\neq 0$ だから $f(x)$ は 3 次式で x^3 の係数は a である。$\lim_{x\to 1}\dfrac{f(x)}{x^3-1}=\dfrac{2}{3}$ より $f(x)$ は $x-1$ を因数にもつことが必要である。同様にして $f(x)$ は $x-a$ を因数にもつことが必要である。

$a\neq 1$ だから $f(x)$ は $(x-1)(x-a)$ を因数にもつ。

$f(x)$ は 3 次式で x^3 の係数が a だから
$f(x)=(x-1)(x-a)(ax+b)$ とおける。
$$\lim_{x\to 1}\dfrac{f(x)}{x^3-1}=\lim_{x\to 1}\dfrac{(x-1)(x-a)(ax+b)}{(x-1)(x^2+x+1)}$$
$$=\dfrac{(1-a)(a+b)}{3}=\dfrac{2}{3}$$

よって $(1-a)(a+b)=2 \quad \cdots ①$
$$\lim_{x\to a}\dfrac{f(x)}{x-a}=\lim_{x\to a}\dfrac{(x-1)(x-a)(ax+b)}{x-a}$$
$$=\lim_{x\to a}(x-1)(ax+b)=(a-1)(a^2+b)=-6$$

よって $(a-1)(a^2+b)=-6 \quad \cdots ②$

①÷② より
$$-\dfrac{a+b}{a^2+b}=-\dfrac{1}{3} \quad 3a+3b=a^2+b$$
$$b=\dfrac{a^2-3a}{2} \quad \cdots ③$$

①に代入して，整理すると
$$(a+1)(a^2-3a+4)=0$$

a は実数だから $a=-1$

③より $b=2$
$$f(x)=(x-1)(x+1)(-x+2)$$
$$=-(x-1)(x+1)(x-2)$$

15 関数の連続性

基本問題 ……… 本冊 *p.57*

140

答 (1) 連続 (2) 連続 (3) 連続
(4) 不連続 (5) 連続 (6) 不連続

検討 (1) $f(x)=2x-1$ のとき $f(0)=-1$，$\lim_{x\to 0}f(x)=-1$ よって，$f(x)$ は $x=0$ で連続である。

(2) $f(x)=x^2-1$ のとき $f(1)=0$，$\lim_{x\to 1}f(x)=0$ よって，$f(x)$ は $x=1$ で連続である。

(3) $f(x)=x^3-2x$ のとき $f(1)=-1$，$\lim_{x\to 1}f(x)=-1$ よって，$f(x)$ は $x=1$ で連続である。

(4) $f(x)=[x]$ のとき $\lim_{x\to 1-0}f(x)=0$，$\lim_{x\to 1+0}f(x)=1$ よって，$\lim_{x\to 1}f(x)$ が存在しないので $f(x)$ は $x=1$ で不連続である。

(5) $f(x)=\dfrac{x+2}{x^2-1}$ のとき $f(0)=-2$，$\lim_{x\to 0}f(x)=-2$ よって，$f(x)$ は $x=0$ で連続である。

(6) $f(x)=[\cos x]$ のとき $f(0)=1$，$\lim_{x\to 0}f(x)=0$ すなわち $f(0)\neq\lim_{x\to 0}f(x)$

よって，$f(x)$ は $x=0$ で不連続である。

141

答 (1) $f(x)=x^3-3x+1$ とおくと
関数 $y=f(x)$ は閉区間 $[0, 1]$ で連続である。
$f(0)=1$, $f(1)=-1$ より, $f(0)>0$, $f(1)<0$
であるから, $f(x)=0$ は開区間 $(0, 1)$ で少なくとも1つの実数解をもつ。

(2) $f(x)=3x-\cos x-2$ とおくと
関数 $y=f(x)$ は閉区間 $[-1, 1]$ で連続である。
$$f(-1)=-3-\cos(-1)-2=-5-\cos 1$$
$$f(1)=3-\cos 1-2=1-\cos 1$$
$0<1<\dfrac{\pi}{2}$ より $0<\cos 1<1$
よって $f(-1)<0$, $f(1)>0$
したがって, $f(x)=0$ は開区間 $(-1, 1)$ で少なくとも1つの実数解をもつ。

> **テスト対策**
> 連続関数の性質として,「$f(x)$ が閉区間 $[a, b]$ で連続で $f(a)$ と $f(b)$ が異符号ならば a と b の間に $f(c)=0$ となる c が少なくとも1つある」 (中間値の定理)

142

答 $f(x)=x\sin x-\cos x$ とおくと
$f(x)$ は閉区間 $[0, 1]$ で連続である。
$f(0)=-1<0$, $f(1)=\sin 1-\cos 1$
ここで, $\dfrac{\pi}{4}<1<\dfrac{\pi}{2}$ だから $\sin 1>\cos 1$
よって $f(1)>0$
したがって, $f(x)=0$ すなわち $x\sin x=\cos x$ は開区間 $(0, 1)$ で少なくとも1つの実数解をもつ。

143

答 $f(x)=\sin x-\dfrac{\pi}{4}+x$ とおくと, $f(x)$ は
閉区間 $\left[0, \dfrac{\pi}{2}\right]$ で連続である。
$f(0)=-\dfrac{\pi}{4}<0$, $f\left(\dfrac{\pi}{2}\right)=1+\dfrac{\pi}{4}>0$

よって, $f(x)=0$ すなわち $\sin x=\dfrac{\pi}{4}-x$ は
開区間 $\left(0, \dfrac{\pi}{2}\right)$ で少なくとも1つの実数解をもつ。

144

答 (1) $x=1$ (2) $x=n$ (n は整数)

検討 (1) $x>1$ のとき $f(x)=\dfrac{x-1}{x-1}=1$
$x=1$ のとき $f(x)=1$
$0\leqq x<1$ のとき $f(x)=\dfrac{x-1}{-(x-1)}=-1$
$x<0$ のとき
$$f(x)=\dfrac{-x-1}{-(x-1)}=\dfrac{x+1}{x-1}=\dfrac{2}{x-1}+1$$

よって, $f(x)$ のグラフは左の図のようになるから, $f(x)$ は $x=1$ で不連続である。

(2) $n\leqq x<n+1$ (n は整数)のとき $[x]=n$ であるから $f(x)=n-x$
$n-1\leqq x<n$ のとき,
$f(x)=(n-1)-x$ だから
$$\lim_{x\to n+0}f(x)=\lim_{x\to n+0}(n-x)=0$$
$$\lim_{x\to n-0}f(x)=\lim_{x\to n-0}\{(n-1)-x\}$$
$$=-1$$
よって, $\lim_{x\to n}f(x)$ は存在しない。
ゆえに, $x=n$ (n は整数)で不連続である。

応用問題 ……… 本冊 p.59

145

答

(1) $x=1$, -1 で不連続 (2) $x=-1$ で不連続

38 146〜147 の答え

検討 (1) $|x|>1$ のとき $f(x)=0$
$|x|<1$ のとき $f(x)=x^2$
$|x|=1$ のとき $f(x)=\dfrac{1}{2}$

よって，グラフは解答の図のようになる。
$\lim_{x\to 1-0}f(x)=1$, $\lim_{x\to 1+0}f(x)=0$ であるから，$\lim_{x\to 1}f(x)$ は存在しない。ゆえに，$x=1$ で不連続。

また，$\lim_{x\to -1-0}f(x)=0$, $\lim_{x\to -1+0}f(x)=1$ であるから $\lim_{x\to -1}f(x)$ は存在しない。ゆえに，$x=-1$ で不連続。

したがって，$f(x)$ は $x=\pm 1$ でのみ不連続である。

(2) $|x|<1$ のとき $n\to\infty$ で $x^{2n}\to 0$, $x^{2n+1}\to 0$

だから $f(x)=\lim_{x\to\infty}\dfrac{x^{2n+1}+1}{x^{2n}+1}=1$

$|x|>1$ のとき $f(x)=\lim_{x\to\infty}\dfrac{x+\dfrac{1}{x^{2n}}}{1+\dfrac{1}{x^{2n}}}=x$

$x=1$ のとき $f(x)=1$
$x=-1$ のとき $f(x)=0$

よって，グラフは解答の図のようになる。したがって，$x=-1$ で不連続である。

146

答 (1) $x=\left(2n+\dfrac{1}{2}\right)\pi$ で不連続

(2) $x=1$ で不連続

(3) $x=1$, 2, 3 で不連続

(4) $x=0$, 1 で不連続

検討 (1) $y=f(x)$ は $x\ne\left(2n+\dfrac{1}{2}\right)\pi$ で連続である。

$\dfrac{\cos x}{1-\sin x}$
$=\dfrac{\cos x(1+\sin x)}{1-\sin^2 x}$
$=\dfrac{1+\sin x}{\cos x}$

より，$\lim_{x\to\left(2n+\frac{1}{2}\right)\pi-0}f(x)=\infty$,
$\lim_{x\to\left(2n+\frac{1}{2}\right)\pi+0}f(x)=-\infty$

よって，$\lim_{x\to\left(2n+\frac{1}{2}\right)\pi}f(x)$ が存在しないから $x=\left(2n+\dfrac{1}{2}\right)\pi$ で不連続。

(2) $f(x)$ は $x\ne 1$ で連続である。
$f(1)=0$, $\lim_{x\to 1}f(x)=-\infty$
より，$x=1$ で不連続。

(3) $0\le x<1$ のとき $f(x)=0$
$1\le x<2$ のとき $f(x)=x$
$2\le x<3$ のとき $f(x)=2x$
$x=3$ のとき $f(x)=9$
よって，$f(x)$ は $x=1$, 2, 3 で不連続である。

(4) $-1\le x<0$ のとき
$f(x)=x^2+1$
$0\le x<1$ のとき $f(x)=x^2$
$x=1$ のとき $f(x)=0$
$\lim_{x\to 0-0}f(x)=1$, $\lim_{x\to 0+0}f(x)=0$

より，$\lim_{x\to 0}f(x)$ が存在しないから $x=0$ で不連続。
$f(1)=0$, $\lim_{x\to 1-0}f(x)=1$ より，$x=1$ で不連続。

147

答 (1) (i) $f(x)=\dfrac{2}{x+4}$

(ii) $f(x)=\dfrac{-ax-b}{5}$

(2) $a=\dfrac{2}{3}$, $b=-\dfrac{8}{3}$

検討 (1) (i) $|x|>1$ のとき $\lim_{n\to\infty}|x|^n=\infty$

$f(x)=\lim_{n\to\infty}\dfrac{\dfrac{2}{x}-\dfrac{a}{x^{2n+1}}-\dfrac{b}{x^{2n+2}}}{1+\dfrac{4}{x}+\dfrac{5}{x^{2n+2}}}=\dfrac{\dfrac{2}{x}}{1+\dfrac{4}{x}}$

$=\dfrac{2}{x+4}$

(ii) $|x|<1$ のとき $\lim_{n\to\infty}x^n=0$

$f(x)=\dfrac{-ax-b}{5}$

(2) 関数 $f(x)$ が $x=1$, -1 で連続であるようにすればよい。関数 $f(x)$ が $x=1$ で連続であるためには，$\lim_{x\to 1+0} f(x) = \lim_{x\to 1-0} f(x) = f(1)$ が成り立てばよい。

ここで，$x=1$ のとき

$$f(1) = \lim_{n\to\infty} \frac{2\cdot 1^{2n+1}-a-b}{1^{2n+2}+4\cdot 1^{2n+1}+5} = \frac{2-a-b}{10}$$

$$\lim_{x\to 1+0} f(x) = \lim_{x\to 1+0} \frac{2}{x+4} = \frac{2}{5}$$

$$\lim_{x\to 1-0} f(x) = \lim_{x\to 1-0} \frac{-ax-b}{5} = \frac{-a-b}{5}$$

したがって，$\dfrac{2}{5} = \dfrac{-a-b}{5} = \dfrac{2-a-b}{10}$ が成り立てばよい。

これより $2 = -a-b$ ……①

同様に，関数 $f(x)$ が $x=-1$ で連続であるためには，$\lim_{x\to -1+0} f(x) = \lim_{x\to -1-0} f(x) = f(-1)$ が成り立てばよい。

ここで，$x=-1$ のとき

$$f(-1) = \lim_{n\to\infty} \frac{2(-1)^{2n+1}+a-b}{(-1)^{2n+2}+4(-1)^{2n+1}+5}$$
$$= \frac{-2+a-b}{2}$$

$$\lim_{x\to -1+0} f(x) = \lim_{x\to -1+0} \frac{-ax-b}{5} = \frac{a-b}{5}$$

$$\lim_{x\to -1-0} f(x) = \lim_{x\to -1-0} \frac{2}{x+4} = \frac{2}{3}$$

したがって，$\dfrac{a-b}{5} = \dfrac{2}{3} = \dfrac{-2+a-b}{2}$ が成り立てばよい。

これより $a-b = \dfrac{10}{3}$ ……②

①，② より $a = \dfrac{2}{3}$, $b = -\dfrac{8}{3}$

テスト対策

$\lim_{x\to a+0} f(x) = \lim_{x\to a-0} f(x) = f(a)$ のとき
関数 $f(x)$ は $x=a$ で連続

---

16 微分係数と導関数

基本問題 ……………… 本冊 p.61

148

答 (1) $y' = 3x^2 - 4x + 1$ (2) $y' = 1 - \dfrac{1}{x^2}$

(3) $y' = 3x^2 + 1$ (4) $y' = 4x^3 + 1$

(5) $y' = \dfrac{2-x}{x^3}$ (6) $y' = -\dfrac{2x}{(x^2-1)^2}$

(7) $y' = 2\left(x + \dfrac{1}{x^2} - \dfrac{2}{x^5}\right)$

(8) $y' = -\dfrac{2(x^2-4x+1)}{(x^2-x+1)^2}$

検討 (2) $y = x - 2 + x^{-1}$ より $y' = 1 - x^{-2}$

(3) $y' = (x-1)'(x^2+x+2) + (x-1)(x^2+x+2)'$
$= x^2+x+2+(x-1)(2x+1) = 3x^2+1$

(5) $y' = \dfrac{(x-1)'\cdot x^2 - (x-1)(x^2)'}{(x^2)^2}$

$= \dfrac{x^2 - 2x(x-1)}{x^4}$

$= \dfrac{2-x}{x^3}$

(7) $y = \left(x - \dfrac{1}{x^2}\right)^2 = x^2 - \dfrac{2}{x} + \dfrac{1}{x^4} = x^2 - 2x^{-1} + x^{-4}$

$y' = 2x + 2x^{-2} - 4x^{-5} = 2\left(x + \dfrac{1}{x^2} - \dfrac{2}{x^5}\right)$

(8) $y' = \dfrac{(x^2+x-3)'(x^2-x+1)-(x^2+x-3)(x^2-x+1)'}{(x^2-x+1)^2}$

$= \dfrac{(2x+1)(x^2-x+1)-(x^2+x-3)(2x-1)}{(x^2-x+1)^2}$

$= \dfrac{-2(x^2-4x+1)}{(x^2-x+1)^2}$

149

答 (1) $f'(x) = -3x^2$ (2) $f'(x) = \dfrac{1}{3\sqrt[3]{x^2}}$

(3) $f'(x) = -\dfrac{2x}{(x^2-1)^2}$

(4) $f'(x) = -\dfrac{1}{2\sqrt{x}(\sqrt{x}-1)^2}$

検討 (1) $f'(x) = \lim_{h\to 0} \dfrac{-(x+h)^3 + x^3}{h}$

$= \lim_{h\to 0}(-3x^2 - 3xh - h^2) = -3x^2$

(2) $f'(x)=\lim\limits_{h\to 0}\dfrac{\sqrt[3]{x+h}-\sqrt[3]{x}}{h}$

$=\lim\limits_{h\to 0}\dfrac{(\sqrt[3]{x+h}-\sqrt[3]{x})((\sqrt[3]{x+h})^2+\sqrt[3]{x(x+h)}+(\sqrt[3]{x})^2)}{h((\sqrt[3]{x+h})^2+\sqrt[3]{x(x+h)}+(\sqrt[3]{x})^2)}$

$=\lim\limits_{h\to 0}\dfrac{1}{(\sqrt[3]{x+h})^2+\sqrt[3]{x(x+h)}+(\sqrt[3]{x})^2}=\dfrac{1}{3\sqrt[3]{x^2}}$

(3) $f'(x)=\lim\limits_{h\to 0}\dfrac{\dfrac{1}{(x+h)^2-1}-\dfrac{1}{x^2-1}}{h}$

$=\lim\limits_{h\to 0}\dfrac{(x^2-1)-\{(x+h)^2-1\}}{h\{(x+h)^2-1\}(x^2-1)}$

$=\lim\limits_{h\to 0}\dfrac{-2x-h}{\{(x+h)^2-1\}(x^2-1)}=-\dfrac{2x}{(x^2-1)^2}$

(4) $f'(x)=\lim\limits_{h\to 0}\dfrac{\dfrac{1}{\sqrt{x+h}-1}-\dfrac{1}{\sqrt{x}-1}}{h}$

$=\lim\limits_{h\to 0}\dfrac{(\sqrt{x}-1)-(\sqrt{x+h}-1)}{h(\sqrt{x+h}-1)(\sqrt{x}-1)}$

$=\lim\limits_{h\to 0}\dfrac{(\sqrt{x}-\sqrt{x+h})(\sqrt{x}+\sqrt{x+h})}{h(\sqrt{x+h}-1)(\sqrt{x}-1)(\sqrt{x}+\sqrt{x+h})}$

$=\lim\limits_{h\to 0}\dfrac{-1}{(\sqrt{x+h}-1)(\sqrt{x}-1)(\sqrt{x}+\sqrt{x+h})}$

$=-\dfrac{1}{2\sqrt{x}(\sqrt{x}-1)^2}$

150

答 (1) $f'(a)=6a^2$ (2) $f'(a)=-\dfrac{1}{a^2}$

検討 (1) $f'(a)=\lim\limits_{h\to 0}\dfrac{2(a+h)^3-2a^3}{h}$

$=\lim\limits_{h\to 0}(6a^2+6ah+2h^2)=6a^2$

(2) $f'(a)=\lim\limits_{h\to 0}\dfrac{\dfrac{1}{a+h}-\dfrac{1}{a}}{h}=\lim\limits_{h\to 0}\dfrac{a-(a+h)}{h\cdot a(a+h)}$

$=\lim\limits_{h\to 0}\dfrac{-1}{a(a+h)}=-\dfrac{1}{a^2}$

151

答 (1) $\dfrac{dz}{dx}=-\dfrac{2y}{(x-y)^2}$

(2) $\dfrac{dz}{dy}=\dfrac{2x}{(x-y)^2}$

検討 (1) y は定数と考えて微分すればよい。

$\dfrac{dz}{dx}=\dfrac{2(x-y)-2x\cdot 1}{(x-y)^2}=-\dfrac{2y}{(x-y)^2}$

152

答 (1) $\dfrac{dS}{dt}=2+\dfrac{3}{t^4}$ (2) $\dfrac{dm}{dn}=-\dfrac{5}{(n-1)^2}$

検討 (2) $\dfrac{dm}{dn}=\dfrac{2(n-1)-(2n+3)\cdot 1}{(n-1)^2}$

$=-\dfrac{5}{(n-1)^2}$

応用問題 .... 本冊 p.63

153

答 (1) $-\dfrac{2f'(a)}{\{f(a)\}^2}$ (2) $a^2f'(a)-2af(a)$

検討 (1) 与式 $=\lim\limits_{h\to 0}\dfrac{f(a)-f(a+2h)}{hf(a+2h)f(a)}$

$=\lim\limits_{h\to 0}\left\{-\dfrac{f(a+2h)-f(a)}{2h}\right.$

$\left.\cdot\dfrac{1}{f(a+2h)f(a)}\cdot 2\right\}$

$=-f'(a)\cdot\dfrac{1}{\{f(a)\}^2}\cdot 2=-\dfrac{2f'(a)}{\{f(a)\}^2}$

(2) 与式

$=\lim\limits_{x\to a}\dfrac{a^2f(x)-a^2f(a)+a^2f(a)-x^2f(a)}{x-a}$

$=\lim\limits_{x\to a}\left\{\dfrac{f(x)-f(a)}{x-a}\cdot a^2-\dfrac{x^2-a^2}{x-a}\cdot f(a)\right\}$

$=a^2f'(a)-f(a)\lim\limits_{x\to a}(x+a)=a^2f'(a)-2af(a)$

154

答 (1) $x=0$ で微分可能である。
(2) $x=0$ で微分可能でない。

検討 (1) $x<0$ のとき,$f(x)=x^2$ であるから

$\lim\limits_{h\to -0}\dfrac{f(h)-f(0)}{h}=\lim\limits_{h\to -0}\dfrac{h^2-0}{h}=\lim\limits_{h\to -0}h=0$

$x\geqq 0$ のとき,$f(x)=-x^2$ であるから

$\lim\limits_{h\to +0}\dfrac{f(h)-f(0)}{h}=\lim\limits_{h\to +0}\dfrac{-h^2-0}{h}$

$=\lim\limits_{h\to +0}(-h)=0$

ゆえに $\lim\limits_{h\to +0}\dfrac{f(h)-f(0)}{h}=\lim\limits_{h\to -0}\dfrac{f(h)-f(0)}{h}$

したがって,$f(x)$ は $x=0$ で微分可能である。

(2) $x<0$ のとき,$f(x)=x$ であるから

$\lim\limits_{h\to -0}\dfrac{f(h)-f(0)}{h}=\lim\limits_{h\to -0}\dfrac{h-0}{h}=\lim\limits_{h\to -0}1=1$

$x \geqq 0$ のとき，$f(x) = -x$ であるから
$$\lim_{h \to +0} \frac{f(h) - f(0)}{h} = \lim_{h \to +0} \frac{-h - 0}{h}$$
$$= \lim_{h \to +0} (-1) = -1$$

ゆえに $\lim_{h \to +0} \frac{f(h) - f(0)}{h} \neq \lim_{h \to -0} \frac{f(h) - f(0)}{h}$

したがって，$f(x)$ は $x = 0$ で微分可能でない。

155

答 $a = -6$，$b = 2$

検討 $f(x)$ が $x = 1$ で微分可能であるためには
$$\lim_{x \to 1+0} \frac{f(x) - f(1)}{x - 1} = \lim_{x \to 1-0} \frac{f(x) - f(1)}{x - 1}$$ であれ
ばよい。
$$\lim_{x \to 1-0} \frac{f(x) - f(1)}{x - 1} = \lim_{x \to 1-0} \frac{(x^2 + 1) - 2}{x - 1}$$
$$= \lim_{x \to 1-0} (x + 1) = 2$$
であるから
$$\lim_{x \to 1+0} \frac{f(x) - f(1)}{x - 1} = \lim_{x \to 1+0} \frac{-2x^2 - ax - b - 2}{x - 1}$$
$$= 2$$
となればよい。
$\lim_{x \to 1+0} (x - 1) = 0$ であるから
$\lim_{x \to 1+0} (-2x^2 - ax - b - 2) = 0$ でなければならない。
$-2 - a - b - 2 = 0$ より $b = -a - 4$ …①
したがって
$$\lim_{x \to 1+0} \frac{-2x^2 - ax + a + 2}{x - 1}$$
$$= \lim_{x \to 1+0} \frac{-(x-1)(2x + a + 2)}{x - 1}$$
$$= \lim_{x \to 1+0} \{-(2x + a + 2)\} = -4 - a = 2$$
よって $a = -6$ ①より $b = 6 - 4 = 2$

156

答 連続かつ微分可能

検討 $\lim_{h \to 0} \frac{f(h) - f(0)}{h} = \lim_{h \to 0} \frac{h|h|}{h} = \lim_{h \to 0} |h| = 0$

よって，$f'(0) = 0$ となり，$f(x)$ は $x = 0$ で微分可能である。したがって $x = 0$ で連続である。

17 合成関数の微分法

基本問題 .... 本冊 p.64

157

答 (1) $y' = 6(2x+1)^2$ (2) $y' = -6(2-3x)$
(3) $y' = 6x(x^2-2)^2$
(4) $y' = 8(x-1)(x^2-2x+3)^3$
(5) $y' = -2(x-3)^{-3}$ (6) $y' = 4(1-x)^{-5}$

検討 (1) $y' = 3(2x+1)^2 \cdot 2 = 6(2x+1)^2$
(2) $y' = 2(2-3x) \cdot (-3) = -6(2-3x)$
(3) $y' = 3(x^2-2)^2 \cdot 2x = 6x(x^2-2)^2$
(4) $y' = 4(x^2-2x+3)^3 \cdot (2x-2)$
$= 8(x-1)(x^2-2x+3)^3$
(6) $y' = -4(1-x)^{-5} \cdot (-1) = 4(1-x)^{-5}$

テスト対策
$\{f(x)\}^n$ の微分公式
$[\{f(x)\}^n]' = n\{f(x)\}^{n-1} \cdot f'(x)$ （n は整数）

158

答 (1) $y' = -\dfrac{2}{(x-1)^3}$ (2) $y' = -\dfrac{6}{(2x+3)^4}$
(3) $y' = \dfrac{-2x+1}{(x+1)^4}$

検討 (1) $y = (x-1)^{-2}$
$y' = -2(x-1)^{-3} = -\dfrac{2}{(x-1)^3}$
(2) $y = (2x+3)^{-3}$
$y' = -3(2x+3)^{-4} \cdot 2 = -\dfrac{6}{(2x+3)^4}$
(3) $y = x(x+1)^{-3}$
$y' = (x+1)^{-3} + x\{-3(x+1)^{-4}\}$
$= \dfrac{1}{(x+1)^3} - \dfrac{3x}{(x+1)^4} = \dfrac{-2x+1}{(x+1)^4}$

159

答 (1) $y' = \dfrac{1}{3}x^{-\frac{2}{3}}$ (2) $y' = -\dfrac{4}{3}x^{-\frac{7}{3}}$
(3) $y' = \dfrac{5}{2}x\sqrt{x}$ (4) $y' = \dfrac{4}{3}\sqrt[3]{x}$
(5) $y' = \dfrac{1}{2x\sqrt{x}}$ (6) $y' = -\dfrac{3}{x^2\sqrt{x}}$

検討 (6) $y=2x^{-\frac{3}{2}}$ を微分すると
$$y'=2\times\left(-\frac{3}{2}\right)x^{-\frac{3}{2}-1}=-3x^{-\frac{5}{2}}=-\frac{3}{x^2\sqrt{x}}$$

160

答 (1) $y'=\dfrac{3}{2\sqrt{3x-1}}$

(2) $y'=\dfrac{x-1}{\sqrt{x^2-2x+3}}$

(3) $y'=\dfrac{2x}{3\sqrt[3]{(x^2-1)^2}}$

(4) $y'=-\dfrac{1}{(2x-1)\sqrt{2x-1}}$

(5) $y'=-\dfrac{1}{(x^2-1)\sqrt{x^2-1}}$

(6) $y'=-\dfrac{1}{(x-1)\sqrt{x^2-1}}$

検討 (1) $y=(3x-1)^{\frac{1}{2}}$ と変形して
$$y'=\frac{1}{2}(3x-1)^{-\frac{1}{2}}\cdot 3=\frac{3}{2}(3x-1)^{-\frac{1}{2}}=\frac{3}{2\sqrt{3x-1}}$$

(3) $y=(x^2-1)^{\frac{1}{3}}$ と変形して
$$y'=\frac{1}{3}(x^2-1)^{-\frac{2}{3}}\cdot 2x=\frac{2x}{3\sqrt[3]{(x^2-1)^2}}$$

(5) $y=x(x^2-1)^{-\frac{1}{2}}$ と変形して
$$y'=(x^2-1)^{-\frac{1}{2}}+x\left\{-\frac{1}{2}(x^2-1)^{-\frac{3}{2}}\cdot 2x\right\}$$
$$=\frac{1}{\sqrt{x^2-1}}-\frac{x^2}{(x^2-1)\sqrt{x^2-1}}$$
$$=-\frac{1}{(x^2-1)\sqrt{x^2-1}}$$

(6) $y=\left(\dfrac{x+1}{x-1}\right)^{\frac{1}{2}}$ と変形して
$$y'=\frac{1}{2}\left(\frac{x+1}{x-1}\right)^{-\frac{1}{2}}\frac{(x-1)-(x+1)}{(x-1)^2}$$
$$=-\frac{1}{(x-1)^2}\sqrt{\frac{x+1}{x-1}}=-\frac{1}{(x-1)\sqrt{x^2-1}}$$

161

答 (1) $y'=2(x^2+3)^2(2x-5)(8x^2-15x+6)$

(2) $y'=3x^2(3x-1)(x+3)^2(8x^2+13x-3)$

(3) $y'=\dfrac{2(x+1)}{3\sqrt[3]{(x^2+2x-3)^2}}$

(4) $y'=-\dfrac{2(x-\sqrt{x^2+1})^2}{\sqrt{x^2+1}}$

検討 (1) $y'=3(x^2+3)^2\cdot 2x\cdot(2x-5)^2$
$\qquad\qquad +(x^2+3)^3\cdot 2(2x-5)\cdot 2$

(2) $y'=2(3x-1)\cdot 3(x^2+3x)^3$
$\qquad\qquad +(3x-1)^2\cdot 3(x^2+3x)^2(2x+3)$

(3) $y=(x^2+2x-3)^{\frac{1}{3}}$ と変形して
$$y'=\frac{1}{3}(x^2+2x-3)^{-\frac{2}{3}}(2x+2)$$

(4) $y'=2(x-\sqrt{x^2+1})\left\{1-\frac{1}{2}(x^2+1)^{-\frac{1}{2}}\cdot 2x\right\}$
$$=2(x-\sqrt{x^2+1})\cdot\frac{\sqrt{x^2+1}-x}{\sqrt{x^2+1}}$$
$$=-\frac{2(x-\sqrt{x^2+1})^2}{\sqrt{x^2+1}}$$

162

答 (1) $\dfrac{dy}{dx}=-\dfrac{y}{x}$ (2) $\dfrac{dy}{dx}=\dfrac{3}{2y}$

(3) $\dfrac{dy}{dx}=-\dfrac{x}{y}$ (4) $\dfrac{dy}{dx}=\dfrac{4x}{9y}$

検討 (1) 与えられた方程式の両辺を x について微分すると $1\cdot y+x\cdot\dfrac{dy}{dx}=0$

よって $\dfrac{dy}{dx}=-\dfrac{y}{x}$

(2) 同様にして $2y\cdot\dfrac{dy}{dx}=3$

$y\neq 0$ のとき $\dfrac{dy}{dx}=\dfrac{3}{2y}$

(3) $2x+2y\cdot\dfrac{dy}{dx}=0$

$y\neq 0$ のとき $\dfrac{dy}{dx}=-\dfrac{x}{y}$

(4) $8x-18y\cdot\dfrac{dy}{dx}=0$

$y\neq 0$ のとき $\dfrac{dy}{dx}=\dfrac{4x}{9y}$

応用問題　本冊 p.65

163

答 (1) $y'=\dfrac{9x+5}{2\sqrt{3x+1}}$

(2) $y' = \dfrac{2\sqrt{x-1}+1}{4\sqrt{(x-1)(x+\sqrt{x-1})}}$

(3) $y' = \dfrac{x-\sqrt{x^2+1}}{\sqrt{x^2+1}}$

(4) $y' = \dfrac{(x-\sqrt{x^2+2})^2}{\sqrt{x^2+2}}$

検討 (1) $y=(x+1)(3x+1)^{\frac{1}{2}}$

$y'=(3x+1)^{\frac{1}{2}}+(x+1)\cdot\dfrac{1}{2}(3x+1)^{-\frac{1}{2}}\cdot 3$

$=\sqrt{3x+1}+\dfrac{3(x+1)}{2\sqrt{3x+1}}=\dfrac{6x+2+3x+3}{2\sqrt{3x+1}}$

$=\dfrac{9x+5}{2\sqrt{3x+1}}$

(2) $y=\{x+(x-1)^{\frac{1}{2}}\}^{\frac{1}{2}}$

$y'=\dfrac{1}{2}\{x+(x-1)^{\frac{1}{2}}\}^{-\frac{1}{2}}\{1+\dfrac{1}{2}(x-1)^{-\frac{1}{2}}\}$

$=\dfrac{1}{2\sqrt{x+\sqrt{x-1}}}\cdot\left(1+\dfrac{1}{2\sqrt{x-1}}\right)$

$=\dfrac{2\sqrt{x-1}+1}{4\sqrt{(x-1)(x+\sqrt{x-1})}}$

(3) $y=\dfrac{x-\sqrt{x^2+1}}{-1}=\sqrt{x^2+1}-x=(x^2+1)^{\frac{1}{2}}-x$

$y'=\dfrac{1}{2}(x^2+1)^{-\frac{1}{2}}\cdot 2x-1=\dfrac{x}{\sqrt{x^2+1}}-1$

$=\dfrac{x-\sqrt{x^2+1}}{\sqrt{x^2+1}}$

(4) $y=\dfrac{(x-\sqrt{x^2+2})^2}{(x+\sqrt{x^2+2})(x-\sqrt{x^2+2})}$

$=-\dfrac{1}{2}(x-\sqrt{x^2+2})^2$

$y'=-(x-\sqrt{x^2+2})\left\{1-\dfrac{1}{2}(x^2+2)^{-\frac{1}{2}}\cdot 2x\right\}$

$=\dfrac{-(x-\sqrt{x^2+2})(\sqrt{x^2+2}-x)}{\sqrt{x^2+2}}$

$=\dfrac{(x-\sqrt{x^2+2})^2}{\sqrt{x^2+2}}$

164

答 (1) -5 (2) $-\dfrac{1}{2}$

検討 (1) 両辺を x について微分すると

$y+x\cdot\dfrac{dy}{dx}=0 \quad \dfrac{dy}{dx}=-\dfrac{y}{x}$

$x=1$, $y=5$ を代入して

$-\dfrac{5}{1}=-5$

(2) 両辺を x について微分すると

$2y\cdot\dfrac{dy}{dx}=3 \quad y\neq 0$ のとき $\dfrac{dy}{dx}=\dfrac{3}{2y}$

$y=-3$ を代入して $\dfrac{3}{2\cdot(-3)}=-\dfrac{1}{2}$

165

答 (1) $\dfrac{dy}{dx}=\dfrac{2}{y}$ (2) $\dfrac{dy}{dx}=\dfrac{\sqrt{y}}{\sqrt{x}}$

(3) $\dfrac{dy}{dx}=-\dfrac{9x}{4y}$ (4) $\dfrac{dy}{dx}=\dfrac{3x}{4y}$

(5) $\dfrac{dy}{dx}=\dfrac{2x-3y}{3x-2y}$ (6) $\dfrac{dy}{dx}=-\dfrac{x^2+y}{x-y^2}$

検討 $\dfrac{dy}{dx}$ を y' と書く。

(1) 両辺を x について微分すると

$2y\cdot y'=4 \quad y\neq 0$ のとき $y'=\dfrac{2}{y}$

(2) $x^{\frac{1}{2}}-y^{\frac{1}{2}}=1$ と変形し,両辺を x について微分すると $\dfrac{1}{2}x^{-\frac{1}{2}}-\dfrac{1}{2}y^{-\frac{1}{2}}\cdot y'=0 \quad y'=\dfrac{\sqrt{y}}{\sqrt{x}}$

(3) 両辺を x について微分すると

$\dfrac{2x}{4}+\dfrac{2y}{9}\cdot y'=0$

$y\neq 0$ のとき $y'=-\dfrac{9x}{4y}$

(4) 両辺を x について微分すると

$\dfrac{2x}{4}-\dfrac{2y}{3}\cdot y'=0$

$y\neq 0$ のとき $y'=\dfrac{3x}{4y}$

(5) 与式を変形して $x^2-3xy+y^2=0$

両辺を x について微分すると

$2x-(3y+3x\cdot y')+2y\cdot y'=0$

$2x-3y-(3x-2y)y'=0$

よって $y'=\dfrac{2x-3y}{3x-2y}$

(6) 両辺を x について微分すると

$3x^2+(3y+3x\cdot y')-3y^2\cdot y'=0$

$(3x^2+3y)+(3x-3y^2)y'=0$

よって $y'=-\dfrac{3x^2+3y}{3x-3y^2}=-\dfrac{x^2+y}{x-y^2}$

166

答 (1) $\dfrac{dy}{dx}=\dfrac{1}{4x^{\frac{3}{4}}}$ (2) $\dfrac{dy}{dx}=\dfrac{3}{2\sqrt{3x-1}}$

(3) $\dfrac{dy}{dx}=\dfrac{1}{3\sqrt[3]{(x+2)^2}}$ (4) $\dfrac{dy}{dx}=\dfrac{1}{2\sqrt{x+1}}$

検討 (1) 与式より $x=y^4$

両辺を y について微分すると $\dfrac{dx}{dy}=4y^3$

$\dfrac{dy}{dx}=\dfrac{1}{4y^3}=\dfrac{1}{4(x^{\frac{1}{4}})^3}=\dfrac{1}{4x^{\frac{3}{4}}}$

(2) 与式より $x=\dfrac{y^2+1}{3}$

両辺を y について微分すると $\dfrac{dx}{dy}=\dfrac{2}{3}y$

$\dfrac{dy}{dx}=\dfrac{3}{2y}=\dfrac{3}{2\sqrt{3x-1}}$

(3) 与式より $x=y^3-2$

両辺を y について微分すると $\dfrac{dx}{dy}=3y^2$

$\dfrac{dy}{dx}=\dfrac{1}{3y^2}=\dfrac{1}{3\sqrt[3]{(x+2)^2}}$

(4) 両辺を y について微分すると $\dfrac{dx}{dy}=2y$

与式より,$y=\sqrt{x+1}$ であるから

$\dfrac{dy}{dx}=\dfrac{1}{2y}=\dfrac{1}{2\sqrt{x+1}}$

18 いろいろな関数の微分法

基本問題 ………………… 本冊 p.67

167

答 (1) $y'=4\cos 4x$

(2) $y'=-3\sin(3x-1)$

(3) $y'=\dfrac{1}{3\cos^2\dfrac{x}{3}}$ (4) $y'=\sin 2x$

(5) $y'=\dfrac{3\sin x}{\cos^4 x}$ (6) $y'=\dfrac{2\sin x}{\cos^3 x}$

(7) $y'=3\cos(3x+2)$ (8) $y'=-\sin 2(x-1)$

検討 (1) $y'=\cos 4x \cdot 4 = 4\cos 4x$

(2) $y'=-\sin(3x-1)\cdot 3=-3\sin(3x-1)$

(3) $y'=\dfrac{1}{\cos^2\dfrac{x}{3}}\cdot\dfrac{1}{3}=\dfrac{1}{3\cos^2\dfrac{x}{3}}$

(4) $y'=2\sin x\cdot\cos x=\sin 2x$

(5) $y=(\cos x)^{-3}$ と変形して

$y'=-3(\cos x)^{-4}\cdot(-\sin x)=\dfrac{3\sin x}{\cos^4 x}$

(6) $y'=2\tan x\cdot\dfrac{1}{\cos^2 x}=\dfrac{2\tan x}{\cos^2 x}=\dfrac{2\sin x}{\cos^3 x}$

(7) $y'=\cos(3x+2)\cdot 3=3\cos(3x+2)$

(8) $y'=2\cos(x-1)\cdot\{-\sin(x-1)\}$
$=-\sin 2(x-1)$

168

答 (1) $y'=\dfrac{1}{x}$ (2) $y'=\dfrac{3}{3x+2}$

(3) $y'=\dfrac{1}{x\log 10}$ (4) $y'=\dfrac{2\log x}{x}$

(5) $y'=x^2(3\log x+1)$ (6) $y'=\dfrac{2x}{x^2-2}$

検討 (1) $y'=\dfrac{1}{3x}\cdot 3=\dfrac{1}{x}$

(2) $y'=\dfrac{1}{3x+2}\cdot 3=\dfrac{3}{3x+2}$

(4) $y'=2\log x\cdot\dfrac{1}{x}=\dfrac{2\log x}{x}$

(5) $y'=3x^2\log x+x^3\cdot\dfrac{1}{x}=x^2(3\log x+1)$

(6) $y'=\dfrac{1}{x^2-2}\cdot 2x=\dfrac{2x}{x^2-2}$

169

答 (1) $y'=4e^{4x}$ (2) $y'=10^x\log 10$

(3) $y'=-a^{-x}\log a$ (4) $y'=3x^2e^{x^3}$

(5) $y'=e^x(1+x)$ (6) $y'=e^x\left(\log x+\dfrac{1}{x}\right)$

検討 (1) $y'=e^{4x}\cdot 4=4e^{4x}$

(3) $y'=a^{-x}\log a\cdot(-1)=-a^{-x}\log a$

(4) $y'=e^{x^3}\cdot 3x^2=3x^2e^{x^3}$

(5) $y'=e^x+xe^x=e^x(1+x)$

(6) $y'=e^x\log x+e^x\cdot\dfrac{1}{x}=e^x\left(\log x+\dfrac{1}{x}\right)$

170

答 (1) $y''=12x^2$, $y'''=24x$

(2) $y''=-9\cos 3x$, $y'''=27\sin 3x$

(3) $y''=(\log 2)^2 \cdot 2^x$, $y'''=(\log 2)^3 \cdot 2^x$

(4) $y''=-\dfrac{1}{(x+2)^2}$, $y'''=\dfrac{2}{(x+2)^3}$

(5) $y''=\dfrac{2}{(x-2)^3}$, $y'''=-\dfrac{6}{(x-2)^4}$

(6) $y''=-\dfrac{9}{4(3x-1)\sqrt{3x-1}}$,

$y'''=\dfrac{81}{8(3x-1)^2\sqrt{3x-1}}$

(7) $y''=\sin x - \cos x$, $y'''=\sin x + \cos x$

(8) $y''=e^x(2+x)$, $y'''=e^x(3+x)$

検討 (1) $y'=4x^3$ (2) $y'=-3\sin 3x$

(3) $y'=2^x\log 2$ (4) $y'=\dfrac{1}{x+2}$

(5) $y'=-\dfrac{1}{(x-2)^2}$ (6) $y'=\dfrac{3}{2\sqrt{3x-1}}$

(7) $y'=-\sin x-\cos x$ (8) $y'=e^x(1+x)$

171

答 (1) $y'=-1-\dfrac{a}{2}e^{-x}$ であるから

$y'+y+x$
$=\left(-1-\dfrac{a}{2}e^{-x}\right)+\left(-x+1+\dfrac{a}{2}e^{-x}\right)+x=0$

(2) 与式の両辺を x について微分すると
$2x+2yy'=0$
$x+yy'=0$
さらに両辺を x について微分すると
$1+y'y'+yy''=0$
よって $1+(y')^2+yy''=0$

172

答 (1) $\dfrac{dy}{dx}=2$ (2) $\dfrac{dy}{dx}=4(t-1)\sqrt{t}$

(3) $\dfrac{dy}{dx}=-\dfrac{1}{t^2+1}$ (4) $\dfrac{dy}{dx}=\dfrac{t^2-1}{2t}$

検討 (1) $\dfrac{dx}{dt}=1$, $\dfrac{dy}{dt}=2$ より $\dfrac{dy}{dx}=\dfrac{2}{1}=2$

(2) $\dfrac{dx}{dt}=\dfrac{1}{2\sqrt{t}}$, $\dfrac{dy}{dt}=2t-2$ より

$\dfrac{dy}{dx}=\dfrac{2t-2}{\dfrac{1}{2\sqrt{t}}}=4(t-1)\sqrt{t}$

(3) $\dfrac{dx}{dt}=\dfrac{t^2+1}{t^2}$, $\dfrac{dy}{dt}=-\dfrac{1}{t^2}$ より

$\dfrac{dy}{dx}=\dfrac{-\dfrac{1}{t^2}}{\dfrac{t^2+1}{t^2}}=-\dfrac{1}{t^2+1}$

(4) $\dfrac{dx}{dt}=-\dfrac{4t}{(1+t^2)^2}$, $\dfrac{dy}{dt}=\dfrac{2(1-t^2)}{(1+t^2)^2}$ より

$\dfrac{dy}{dx}=\dfrac{\dfrac{2(1-t^2)}{(1+t^2)^2}}{-\dfrac{4t}{(1+t^2)^2}}=\dfrac{t^2-1}{2t}$

応用問題 ………… 本冊 p.68

173

答 (1) $y'=e^x(\sin 3x+3\cos 3x)$

(2) $y'=x^2(3\cos x - x\sin x)$

(3) $y'=\dfrac{1}{\tan x}$ (4) $y'=\log x + 1$

(5) $y'=\dfrac{1-\log x}{x^2}$ (6) $y'=x^2e^{-x}(3-x)$

検討 (3) $y'=\dfrac{1}{\sin x}\cdot\cos x=\dfrac{1}{\tan x}$

(4) $y'=\log x+x\cdot\dfrac{1}{x}=\log x+1$

174

答 (1) $y'=-\sin x\log x+\dfrac{\cos x}{x}$

(2) $y'=e^{3x}\left(3\log x+\dfrac{1}{x}\right)$

(3) $y'=-\dfrac{x\sin x+\cos x}{x^2}$ (4) $y'=\dfrac{2}{\sin 2x-1}$

検討 (4) $y'=\dfrac{(\cos x-\sin x)(\sin x-\cos x)-(\sin x+\cos x)^2}{(\sin x-\cos x)^2}$

$=-\dfrac{2}{(\sin x-\cos x)^2}$

$=-\dfrac{2}{\sin^2 x-2\sin x\cos x+\cos^2 x}$

$=-\dfrac{2}{1-\sin 2x}=\dfrac{2}{\sin 2x-1}$

175

答 (1) $y' = \sqrt{5}\,x^{\sqrt{5}-1}$ (2) $y' = 2^x \log 2$

(3) $y' = -x^{-x}(1+\log x)$

(4) $y' = x^{\cos x}\left(-\sin x \log x + \dfrac{\cos x}{x}\right)$

(5) $y' = \dfrac{3x^2+2x+3}{3\sqrt[3]{(x+1)^2(x^2+3)^2}}$

(6) $y' = \dfrac{\sqrt[x]{x}}{x^2}(1-\log x)$

(7) $y' = -\dfrac{4x^2+13x+7}{(x+3)^3(x+2)^4}$

(8) $y' = -\dfrac{1}{\sin x}\sqrt{\dfrac{1+\cos x}{1-\cos x}}$

(9) $y' = (\tan x)^{\sin x}\left\{\cos x \log(\tan x) + \dfrac{1}{\cos x}\right\}$

(10) $y' = (\log x)^x\left\{\log(\log x) + \dfrac{1}{\log x}\right\}$

検討 (1) $x>0$ より $x^{\sqrt{5}}>0$ だから，与式において両辺の自然対数をとって $\log y = \sqrt{5}\log x$

両辺を x について微分して $\dfrac{1}{y}\cdot y' = \dfrac{\sqrt{5}}{x}$

よって $y' = \dfrac{\sqrt{5}}{x}y = \sqrt{5}\,x^{\sqrt{5}-1}$

(2)〜(4)も(1)と同様にすればよい。

(2) $\log y = x\log 2$ より $\dfrac{1}{y}\cdot y' = \log 2$

(3) $\log y = -x\log x$ より $\dfrac{1}{y}\cdot y' = -\log x - 1$

(4) $\log y = \cos x \log x$ より

$\dfrac{1}{y}\cdot y' = -\sin x \cdot \log x + \cos x \cdot \dfrac{1}{x}$

(5) 両辺の絶対値の自然対数をとって

$\log|y| = \dfrac{1}{3}(\log|x+1| + \log|x^2+3|)$

両辺を x について微分して

$\dfrac{1}{y}\cdot y' = \dfrac{1}{3}\left(\dfrac{1}{x+1} + \dfrac{2x}{x^2+3}\right)$

$= \dfrac{3x^2+2x+3}{3(x+1)(x^2+3)}$

よって $y' = \dfrac{3x^2+2x+3}{3\sqrt[3]{(x+1)^2(x^2+3)^2}}$

(6) (1)と同様にして

$\log y = \dfrac{\log x}{x}$ より $\dfrac{1}{y}\cdot y' = \dfrac{1-\log x}{x^2}$

(7) (5)と同様にして

$\log|y| = \log|x+1| - 2\log|x+3| - 3\log|x+2|$

両辺を x について微分して

$\dfrac{1}{y}\cdot y' = \dfrac{1}{x+1} - \dfrac{2}{x+3} - \dfrac{3}{x+2}$

$= -\dfrac{4x^2+13x+7}{(x+1)(x+2)(x+3)}$

よって

$y' = -\dfrac{4x^2+13x+7}{(x+1)(x+2)(x+3)}\cdot\dfrac{x+1}{(x+3)^2(x+2)^3}$

$= -\dfrac{4x^2+13x+7}{(x+3)^3(x+2)^4}$

(8) (1)と同様にして

$\log y = \dfrac{1}{2}\{\log(1+\cos x) - \log(1-\cos x)\}$

両辺を x について微分して

$\dfrac{1}{y}\cdot y' = \dfrac{1}{2}\left(\dfrac{-\sin x}{1+\cos x} - \dfrac{\sin x}{1-\cos x}\right) = -\dfrac{1}{\sin x}$

(9) (1)と同様にして

$\log y = \sin x \log(\tan x)$ より

$\dfrac{1}{y}\cdot y' = \cos x \cdot \log(\tan x) + \sin x \cdot \dfrac{1}{\tan x}\cdot \dfrac{1}{\cos^2 x}$

よって

$y' = (\tan x)^{\sin x}\left\{\cos x \log(\tan x) + \dfrac{1}{\cos x}\right\}$

(10) (1)と同様にして $\log y = x\log(\log x)$

両辺を x について微分して

$\dfrac{1}{y}\cdot y' = \log(\log x) + x \cdot \dfrac{1}{\log x}\cdot \dfrac{1}{x}$

よって $y' = (\log x)^x\left\{\log(\log x) + \dfrac{1}{\log x}\right\}$

176

答 (1) $y'' = 2\cos x - x\sin x$,

$y''' = -3\sin x - x\cos x$

(2) $y'' = e^x\left(\log x + \dfrac{2}{x} - \dfrac{1}{x^2}\right)$,

$y''' = e^x\left(\log x + \dfrac{3}{x} - \dfrac{3}{x^2} + \dfrac{2}{x^3}\right)$

検討 (1) $y' = \sin x + x\cos x$

(2) $y' = e^x\left(\log x + \dfrac{1}{x}\right)$

177

答 $(x-a)^2 + (y-b)^2 = r^2$ …① の両辺を

x について微分すると
$$2(x-a)+2(y-b)y'=0$$
$$(x-a)+(y-b)y'=0 \quad \cdots ②$$
さらに②の両辺を x について微分すると
$$1+y'\cdot y'+(y-b)y''=0$$
$$1+(y')^2+(y-b)y''=0 \quad \cdots ③$$
③より $\quad y-b=-\dfrac{1+(y')^2}{y''} \quad \cdots ④$

②, ④より $\quad x-a=-(y-b)y'$
$$=\dfrac{\{1+(y')^2\}y'}{y''} \quad \cdots ⑤$$

④, ⑤を①に代入して整理すると
$$(ry'')^2=\{1+(y')^2\}^3$$

178

答 (1) **1** (2) **1**

検討 (1) $f(x)=e^x$ とおくと
$$f'(x)=e^x, \quad f'(0)=1$$
与式 $=\lim\limits_{h\to 0}\dfrac{e^h-e^0}{h}=f'(0)=1$

(2) $f(x)=\log(1+x)$ とおくと
$$f'(x)=\dfrac{1}{1+x}, \quad f'(0)=1$$
与式 $=\lim\limits_{h\to 0}\dfrac{\log(1+h)-\log(1+0)}{h}=f'(0)=1$

179

答 (1) $y'=\dfrac{1}{x}$, $y''=-\dfrac{1}{x^2}$, $y'''=\dfrac{1\cdot 2}{x^3}$,
$$y^{(4)}=-\dfrac{1\cdot 2\cdot 3}{x^4}$$
よって, $y^{(n)}=(-1)^{n-1}\dfrac{(n-1)!}{x^n} \quad \cdots ①$
と推定できる。
①を数学的帰納法を用いて証明する。
(I) $n=1$ のとき
$$\text{左辺}=\dfrac{d}{dx}\log x=\dfrac{1}{x},$$
$$\text{右辺}=(-1)^0\dfrac{0!}{x^1}=\dfrac{1}{x}$$
よって, $n=1$ のとき①は成立する。
(II) $n=k$ のとき, ①が成立すると仮定すると
$$\dfrac{d^k}{dx^k}\log x=(-1)^{k-1}\dfrac{(k-1)!}{x^k}\text{であるから}$$
$$\dfrac{d^{k+1}}{dx^{k+1}}\log x=\dfrac{d}{dx}\left\{(-1)^{k-1}\dfrac{(k-1)!}{x^k}\right\}$$
$$=(-1)^{k-1}(k-1)!\left(-\dfrac{k}{x^{k+1}}\right)$$
$$=(-1)^k\dfrac{k!}{x^{k+1}}$$
よって, ①は $n=k+1$ のときも成立する。
ゆえに(I), (II)より, すべての自然数 n に対して①は成立する。

(2) $y'=\cos x$, $y''=-\sin x$, $y'''=-\cos x$,
$y^{(4)}=\sin x$
よって, $y^{(n)}=\sin\left(x+\dfrac{n\pi}{2}\right) \quad \cdots ①$と推定できる。
①を数学的帰納法を用いて証明する。
(I) $n=1$ のとき
$$\text{左辺}=\dfrac{d}{dx}\sin x=\cos x,$$
$$\text{右辺}=\sin\left(x+\dfrac{\pi}{2}\right)=\cos x$$
よって, $n=1$ のとき①は成立する。
(II) $n=k$ のとき, ①が成立すると仮定すると
$$\dfrac{d^k}{dx^k}\sin x=\sin\left(x+\dfrac{k\pi}{2}\right)\text{であるから}$$
$$\dfrac{d^{k+1}}{dx^{k+1}}\sin x=\dfrac{d}{dx}\sin\left(x+\dfrac{k\pi}{2}\right)$$
$$=\cos\left(x+\dfrac{k\pi}{2}\right)$$
$$=\sin\left\{x+\dfrac{(k+1)\pi}{2}\right\}$$
よって, ①は $n=k+1$ のときも成立する。
ゆえに(I), (II)より, すべての自然数 n に対して①は成立する。

180

答 (1) $\dfrac{dy}{dx}=\log t$ (2) $\dfrac{dy}{dx}=-\tan t$

検討 (1) $x=\log(\log t)$ より $\dfrac{dx}{dt}=\dfrac{1}{\log t}\cdot\dfrac{1}{t}$
$y=\log t$ より $\dfrac{dy}{dt}=\dfrac{1}{t}$
よって $\dfrac{dy}{dx}=\dfrac{\dfrac{dy}{dt}}{\dfrac{dx}{dt}}=\dfrac{\dfrac{1}{t}}{\dfrac{1}{t\log t}}=\log t$

(2) $x=a\cos^3 t$ より $\dfrac{dx}{dt}=a\cdot 3\cos^2 t\cdot(-\sin t)$

$y=a\sin^3 t$ より $\dfrac{dy}{dt}=a\cdot 3\sin^2 t\cdot\cos t$

$\dfrac{dy}{dx}=\dfrac{\frac{dy}{dt}}{\frac{dx}{dt}}=\dfrac{3a\sin^2 t\cos t}{-3a\sin t\cos^2 t}=-\tan t$

181

答 $f(x)$ を $(x-\alpha)^3$ で割ったときの商を $Q(x)$,余りを px^2+qx+r とおくと
$f(x)=(x-\alpha)^3 Q(x)+px^2+qx+r$
$f'(x)=3(x-\alpha)^2 Q(x)+(x-\alpha)^3 Q'(x)$
$\qquad\qquad\qquad\qquad\qquad +2px+q$
$f''(x)=6(x-\alpha)Q(x)+6(x-\alpha)^2 Q'(x)$
$\qquad\qquad\qquad\qquad +(x-\alpha)^3 Q''(x)+2p$
ゆえに $f(\alpha)=p\alpha^2+q\alpha+r$ …①
$\qquad\qquad f'(\alpha)=2p\alpha+q$ …②
$\qquad\qquad f''(\alpha)=2p$ …③
③より $p=\dfrac{f''(\alpha)}{2}$ …④
②,④より $q=f'(\alpha)-\alpha f''(\alpha)$ …⑤
①,④,⑤より
$r=f(\alpha)-\dfrac{\alpha^2 f''(\alpha)}{2}-\alpha\{f'(\alpha)-\alpha f''(\alpha)\}$
$\;=f(\alpha)-\alpha f'(\alpha)+\dfrac{\alpha^2}{2}f''(\alpha)$ …⑥

余りが 0 すなわち $p=q=r=0$ であるとすると,①,②,③より
$f(\alpha)=f'(\alpha)=f''(\alpha)=0$
また,$f(\alpha)=f'(\alpha)=f''(\alpha)=0$ であるとすると,④,⑤,⑥より
$p=q=r=0$ すなわち余り 0
よって,$f(x)$ が $(x-\alpha)^3$ で割り切れるための必要十分条件は $f(\alpha)=f'(\alpha)=f''(\alpha)=0$

19 接線と法線

基本問題 ………………… 本冊 p.71

182

答 (1) 接線:$y=3x-4$

法線:$y=-\dfrac{1}{3}x+\dfrac{8}{3}$

(2) 接線:$y=4x-2$ 法線:$y=-\dfrac{1}{4}x+\dfrac{9}{4}$

(3) 接線:$y=2x+1$ 法線:$y=-\dfrac{1}{2}x+1$

(4) 接線:$y=\dfrac{1}{e}x$ 法線:$y=-ex+e^2+1$

(5) 接線:$y=\dfrac{3}{2}x-\dfrac{\pi}{2}+\dfrac{3\sqrt{3}}{2}$

法線:$y=-\dfrac{2}{3}x+\dfrac{2}{9}\pi+\dfrac{3\sqrt{3}}{2}$

(6) 接線:$y=\dfrac{1}{2}x$ 法線:$y=-2x+5$

(7) 接線:$y=-x+3$ 法線:$y=x-1$

(8) 接線:$y=-\dfrac{1}{e}x$ 法線:$y=ex-e^2-1$

検討 (1) $y'=2x-1$ だから,点 $(2,2)$ での接線の傾きは,$x=2$ を代入して 3
また,点 $(2,2)$ を通るから,接線の方程式は
$y-2=3(x-2)$ $y=3x-4$
法線の傾きは,接線の傾きの逆数に $-$ をつけたものだから $-\dfrac{1}{3}$
点 $(2,2)$ を通るから,法線の方程式は
$y-2=-\dfrac{1}{3}(x-2)$ $y=-\dfrac{1}{3}x+\dfrac{8}{3}$
(2)~(8)も同様にすればよい。

(2) $y'=3x^2+1$
接線の傾きは $x=1$ を代入して 4

(3) $y'=2e^{2x}$ 接線の傾きは $x=0$ を代入して 2

(4) $y'=\dfrac{1}{x}$ 接線の傾きは $x=e$ を代入して $\dfrac{1}{e}$

(5) $y'=3\cos x$
接線の傾きは $x=\dfrac{\pi}{3}$ を代入して $\dfrac{3}{2}$

(6) $y'=\dfrac{1}{2\sqrt{x-1}}$
接線の傾きは $x=2$ を代入して $\dfrac{1}{2}$

(7) $y'=-\dfrac{1}{(x-1)^2}$
接線の傾きは $x=2$ を代入して -1

(8) $y'=-\dfrac{1}{x}$

接線の傾きは $x=e$ を代入して $-\dfrac{1}{e}$

183

答 (1) 接線：$y=\dfrac{1}{2}x-\dfrac{5}{2}$　法線：$y=-2x$

(2) 接線：$y=-\dfrac{\sqrt{6}}{4}x-\dfrac{\sqrt{6}}{2}$

　　法線：$y=\dfrac{2\sqrt{6}}{3}x-\dfrac{7\sqrt{6}}{3}$

(3) 接線：$y=-\sqrt{2}x-\sqrt{2}$

　　法線：$y=\dfrac{\sqrt{2}}{2}x+2\sqrt{2}$

(4) 接線：$y=-\dfrac{1}{5}x+2$　法線：$y=5x-24$

検討 (1) 両辺を x で微分すると
$$2x+2y\cdot y'=0$$
$x=1$, $y=-2$ を代入して　$y'=\dfrac{1}{2}$

よって，接線は傾き $\dfrac{1}{2}$ で，点 $(1, -2)$ を通るから　$y+2=\dfrac{1}{2}(x-1)$　$y=\dfrac{1}{2}x-\dfrac{5}{2}$

法線は傾き -2 で，点 $(1, -2)$ を通るから
$$y+2=-2(x-1) \quad y=-2x$$

(2) 両辺を x で微分すると　$2y\cdot y'=3$

$y=-\sqrt{6}$ を代入して　$y'=-\dfrac{\sqrt{6}}{4}$

よって，接線は傾き $-\dfrac{\sqrt{6}}{4}$ で，点 $(2, -\sqrt{6})$ を通るから　$y+\sqrt{6}=-\dfrac{\sqrt{6}}{4}(x-2)$

$$y=-\dfrac{\sqrt{6}}{4}x-\dfrac{\sqrt{6}}{2}$$

法線は傾き $\dfrac{2\sqrt{6}}{3}$ で，点 $(2, -\sqrt{6})$ を通るから　$y+\sqrt{6}=\dfrac{2\sqrt{6}}{3}(x-2)$　$y=\dfrac{2\sqrt{6}}{3}x-\dfrac{7\sqrt{6}}{3}$

(3) 両辺を x で微分すると　$2x-2y\cdot y'=0$

$x=-2$, $y=\sqrt{2}$ を代入して　$y'=-\sqrt{2}$

よって，接線は傾き $-\sqrt{2}$ で，点 $(-2, \sqrt{2})$ を通るから　$y-\sqrt{2}=-\sqrt{2}(x+2)$

$$y=-\sqrt{2}x-\sqrt{2}$$

法線は傾き $\dfrac{\sqrt{2}}{2}$ で，点 $(-2, \sqrt{2})$ を通るから

$y-\sqrt{2}=\dfrac{\sqrt{2}}{2}(x+2)$　$y=\dfrac{\sqrt{2}}{2}x+2\sqrt{2}$

(4) 両辺を x で微分すると　$y+x\cdot y'=0$

$x=5$, $y=1$ を代入して　$y'=-\dfrac{1}{5}$

よって，接線は傾き $-\dfrac{1}{5}$ で，点 $(5, 1)$ を通るから　$y-1=-\dfrac{1}{5}(x-5)$　$y=-\dfrac{1}{5}x+2$

法線は傾き 5 で，点 $(5, 1)$ を通るから
$$y-1=5(x-5) \quad y=5x-24$$

184

答 接線の方程式 $y=x-\log 2+3$
$P(\log 2, 3)$

検討 $y'=e^x-2e^{-x}$ であるから，接点の x 座標を t とすると，題意より　$e^t-2e^{-t}=1$

$e^t=X$ とおくと　$X-2X^{-1}=1$
$$X^2-X-2=0 \quad (X+1)(X-2)=0$$
よって　$X=-1, 2$
$X=e^t>0$ より，$X=-1$ は不適
$X=2$ より，$e^t=2$ だから　$t=\log 2$
接点の y 座標は　$y=e^t+2e^{-t}=2+1=3$
したがって，接線の方程式は
$$y-3=1\cdot(x-\log 2) \quad y=x-\log 2+3$$

185

答 $y=(1+\log 3)x-3$

検討 $y'=1+\log x$ であるから，接点の座標を $(t, t\log t)$ とすると，接線の方程式は
$$y-t\log t=(1+\log t)(x-t) \quad \cdots ①$$
①が点 $(0, -3)$ を通るから
$$-3-t\log t=(1+\log t)(-t) \quad t=3$$
①に $t=3$ を代入して　$y=(1+\log 3)x-3$

応用問題　本冊 p.72

186

答 $y=2x-\dfrac{3}{2}$

検討 $\dfrac{dx}{dt}=-\sin t$, $\dfrac{dy}{dt}=-2\sin 2t$ より

$\dfrac{dy}{dx}=\dfrac{-2\sin 2t}{-\sin t}=\dfrac{2\cdot 2\sin t\cos t}{\sin t}=4\cos t$

$t=\dfrac{\pi}{3}$ のとき,接線の傾きは2で,点 $\left(\dfrac{1}{2},\ -\dfrac{1}{2}\right)$ を通るから,接線の方程式は
$$y+\dfrac{1}{2}=2\left(x-\dfrac{1}{2}\right)$$

187

答 接線:$y=-\dfrac{\sqrt{3}}{3}x+\dfrac{1}{2}$

　　法線:$y=\sqrt{3}x-1$

検討 $t=\dfrac{\pi}{6}$ に対応する点の座標を $(x,\ y)$ とすると　$x=\left(\dfrac{\sqrt{3}}{2}\right)^3=\dfrac{3\sqrt{3}}{8}$,　$y=\left(\dfrac{1}{2}\right)^3=\dfrac{1}{8}$

$\dfrac{dy}{dx}=\dfrac{\dfrac{dy}{dt}}{\dfrac{dx}{dt}}=\dfrac{3\sin^2 t\cos t}{-3\cos^2 t\sin t}=-\tan t$ より

接線の傾きは $-\dfrac{1}{\sqrt{3}}$,法線の傾きは $\sqrt{3}$

よって,接線の方程式は
$$y-\dfrac{1}{8}=-\dfrac{1}{\sqrt{3}}\left(x-\dfrac{3\sqrt{3}}{8}\right)$$

法線の方程式は　$y-\dfrac{1}{8}=\sqrt{3}\left(x-\dfrac{3\sqrt{3}}{8}\right)$

188

答 接線:$y=32x-47$

　　法線:$y=-\dfrac{1}{32}x+\dfrac{273}{16}$

検討 $t=4$ のとき　$x=2$,$y=17$

$\dfrac{dy}{dx}=\dfrac{\dfrac{dy}{dt}}{\dfrac{dx}{dt}}=\dfrac{2t}{\dfrac{1}{2\sqrt{t}}}=4t\sqrt{t}$ であるから

接線の傾きは32,法線の傾きは $-\dfrac{1}{32}$

よって,接線の方程式は　$y-17=32(x-2)$

法線の方程式は　$y-17=-\dfrac{1}{32}(x-2)$

189

答 $y=-\dfrac{\sqrt{3}b}{a}x+2b$

検討 $\theta=\dfrac{\pi}{6}$ のとき　$x=\dfrac{\sqrt{3}}{2}a$,$y=\dfrac{b}{2}$

$\dfrac{dy}{dx}=\dfrac{\dfrac{dy}{d\theta}}{\dfrac{dx}{d\theta}}=\dfrac{b\cos\theta}{-a\sin\theta}=-\dfrac{b}{a\tan\theta}$ であるから

接線の傾きは $-\dfrac{\sqrt{3}b}{a}$

よって,接線の方程式は
$$y-\dfrac{b}{2}=-\dfrac{\sqrt{3}b}{a}\left(x-\dfrac{\sqrt{3}}{2}a\right)$$

190

答 $a=8\log 2-4$

検討 $y=(2x-a)^2$ より　$y'=4(2x-a)$

$y=e^x$ より　$y'=e^x$

$x=t$ において,2曲線が共有点をもつとき
　$(2t-a)^2=e^t$ …①

$x=t$ において,2曲線の接線が一致するとき
　$4(2t-a)=e^t$ …②

①,②から　$(2t-a)^2=4(2t-a)$

ここで②から,$2t-a>0$ より　$2t-a=4$

②に代入して　$e^t=16$　よって　$t=\log 16$

したがって　$a=2\log 16-4=8\log 2-4$

> **テスト対策**
>
> 2つの曲線 $y=f(x)$ と $y=g(x)$ が共有点で共通の接線をもつ(2曲線が接する)とき,共有点の x 座標を t とすると
> 　$f(t)=g(t)$ かつ $f'(t)=g'(t)$

191

答 (1) $\beta=-\alpha-2$

(2) $y=e^{\alpha+1}x-(\alpha+2)$,$y=x-1$

検討 (1) 点 $(1,\ 0)$ における C_2 の接線の傾きは $y'=\dfrac{1}{x}$ より1となるから,接線の方程式は
　$y=x-1$ …①

C_1 上の接点の x 座標を s とすると,接線の方程式は　$y-(e^{s+\alpha}+\beta)=e^{s+\alpha}(x-s)$

　$y=e^{s+\alpha}x+(1-s)e^{s+\alpha}+\beta$ …②

①,②が一致するとき
　$e^{s+\alpha}=1$ …③

$(1-s)e^{s+\alpha}+\beta=-1$ …④
③を④に代入して
$1-s+\beta=-1$ $s=\beta+2$
また，③より $s+\alpha=0$ であるから $s=-\alpha$
よって $-\alpha=\beta+2$ $\beta=-\alpha-2$ …⑤

(2) C_2 上の接点の x 座標を t とすると，接線の方程式は $y-\log t=\dfrac{1}{t}(x-t)$

$y=\dfrac{1}{t}x+\log t-1$ …⑥

②，⑥が一致するとき，共通接線となるから

$\dfrac{1}{t}=e^{s+\alpha}$ …⑦

$\log t-1=(1-s)e^{s+\alpha}+\beta$ …⑧

⑦を⑧に代入して

$\log t-1=(1-s)\dfrac{1}{t}+\beta$ …⑨

また，⑦より $\log\dfrac{1}{t}=s+\alpha$ $s=-\alpha-\log t$

この s を⑨に代入して，⑤を使うと

$\log t-1=(1+\alpha+\log t)\dfrac{1}{t}-\alpha-2$

$(1+\alpha+\log t)\left(1-\dfrac{1}{t}\right)=0$

これより $1+\alpha+\log t=0$ または $t=1$
よって，$t=e^{-(\alpha+1)}$ のとき，求める共通接線は⑥より $y=e^{\alpha+1}x-(\alpha+2)$
$t=1$ のとき $y=x-1$

192

答 $a<-4$, $0<a$

検討 接点の座標を (t, te^t) とおくと
$y'=(1+x)e^x$ より，接線の傾きは $(1+t)e^t$
接線の方程式は $y-te^t=(1+t)e^t(x-t)$
これが点 $(a, 0)$ を通るから
$-te^t=(1+t)e^t(a-t)$
$e^t\ne 0$ より $t^2-at-a=0$
この曲線に2点で接する接線は存在しないから，上式の t についての方程式の実数解の個数は接線の本数に等しい。判別式を D とすると $D>0$ より
$D=a^2+4a>0$ よって $a<-4$, $0<a$

20 関数の値の変化

基本問題 ●●●●●●●●●●●●●●●●● 本冊 p.74

193

答 (1) $c=1$ (2) $c=\log\dfrac{e^2-1}{2}$

(3) $c=\dfrac{3+2\sqrt{2}}{2}$ (4) $c=e-1$

検討 (1) $f'(x)=2x$ 平均値の定理より
$f(2)-f(0)=(2-0)f'(c)$ $4-0=4c$
$c=1$ これは $0<c<2$ を満たす。

(2) $f'(x)=e^x$ 平均値の定理より
$f(2)-f(0)=(2-0)f'(c)$ $e^2-1=2e^c$
$c=\log\dfrac{e^2-1}{2}$ これは $1<\dfrac{e^2-1}{2}<e^2$ より
$0<c<2$ を満たす。

(3) $f'(x)=\dfrac{1}{2\sqrt{x}}$ だから $2-\sqrt{2}=(4-2)\dfrac{1}{2\sqrt{c}}$

$c=\dfrac{1}{(2-\sqrt{2})^2}=\dfrac{3+2\sqrt{2}}{2}$ これは $2<c<4$
を満たす。

(4) $f'(x)=\dfrac{1}{x}$ だから $1-0=(e-1)\dfrac{1}{c}$

$c=e-1$ これは $1<c<e$ を満たす。

194

答 (1) $\theta=\dfrac{\sqrt{3}}{4}$ (2) $\theta=\dfrac{1}{2}\log\dfrac{e^2-1}{2}$

検討 (1) $f'(x)=\dfrac{1}{2\sqrt{x+1}}$ 平均値の定理より
$f(2)=f(0)+2f'(2\theta)$ $(0<\theta<1)$ を満たす θ
が存在する。すなわち $\sqrt{3}=1+\dfrac{1}{\sqrt{2\theta+1}}$

$\theta=\dfrac{\sqrt{3}}{4}$ これは $0<\theta<1$ を満たす。

(2) $f'(x)=e^x$ 平均値の定理より
$f(2)=f(0)+2f'(2\theta)$ $(0<\theta<1)$ を満たす θ
が存在する。すなわち $e^2=1+2e^{2\theta}$

$e^{2\theta}=\dfrac{e^2-1}{2}$ $\theta=\dfrac{1}{2}\log\dfrac{e^2-1}{2}$

これは $0<\theta<1$ を満たす。

195

答 (1) $x \leqq -1$, $0 \leqq x$ のとき増加
$-1 \leqq x \leqq 0$ のとき減少
(2) $x \leqq -2$, $0 \leqq x$ のとき増加
$-2 \leqq x \leqq 0$ のとき減少
(3) $x \neq -1$ のとき増加
(4) $x \leqq 1$ のとき増加, $x \geqq 1$ のとき減少

検討 (1) $f'(x) = 6x^2 + 6x = 6x(x+1)$
よって,増減表は次のようになる。

x	$\cdots$	-1	$\cdots$	0	$\cdots$
$f'(x)$	$+$	0	$-$	0	$+$
$f(x)$	↗	1	↘	0	↗

(2) $f'(x) = 2xe^x + x^2 e^x = x(x+2)e^x$
(1)と同様にすればよい。

(3) $f'(x) = \dfrac{3}{(x+1)^2} > 0$

よって,増減表は次のようになる。

x	$\cdots$	-1	$\cdots$
$f'(x)$	$+$		$+$
$f(x)$	↗		↗

(4) $f'(x) = \dfrac{e^x - xe^x}{e^{2x}} = \dfrac{1-x}{e^x}$
(1)と同様にすればよい。

196

答 (1) $0 \leqq x \leqq 1$ のとき増加, $1 \leqq x \leqq 2$ のとき減少, $x=1$ のとき極大値 1

(2) $0 \leqq x \leqq \dfrac{3}{4}\pi$ のとき増加, $\dfrac{3}{4}\pi \leqq x \leqq \pi$ のとき減少, $x = \dfrac{3}{4}\pi$ のとき極大値 $\dfrac{\sqrt{2}}{2} e^{\frac{3}{4}\pi}$

(3) $-1 \leqq x \leqq 3$ のとき増加, $x \leqq -1$, $3 \leqq x$ のとき減少, $x=3$ のとき極大値 $\dfrac{1}{6}$,
$x=-1$ のとき極小値 $-\dfrac{1}{2}$

(4) $x \leqq -1$, $1 \leqq x$ のとき増加, $-1 \leqq x < 0$, $0 < x \leqq 1$ のとき減少, $x=-1$ のとき極大値 -2, $x=1$ のとき極小値 2

検討 (1) 定義域は $x(2-x) \geqq 0$ より $0 \leqq x \leqq 2$

$f'(x) = \dfrac{1-x}{\sqrt{x(2-x)}}$

$f'(x) = 0$ より $x=1$
よって,増減表は次のようになる。

x	0	$\cdots$	1	$\cdots$	2
$f'(x)$		$+$	0	$-$	
$f(x)$	0	↗	1	↘	0

$x=1$ で極大値 1

(2) $f'(x) = e^x(\sin x + \cos x) = \sqrt{2} e^x \sin\left(x + \dfrac{\pi}{4}\right)$

$f'(x) = 0$ となる x を $0 \leqq x \leqq \pi$ で求めると
$x = \dfrac{3}{4}\pi$

あとは増減表を作って調べる。

(3) $f'(x) = -\dfrac{(x+1)(x-3)}{(x^2+3)^2}$

(1)と同様にすればよい。

(4) $f'(x) = 1 - \dfrac{1}{x^2} = \dfrac{(x+1)(x-1)}{x^2}$

$f'(x) = 0$ より $x = \pm 1$
よって,増減表は次のようになる。

x	$\cdots$	-1	$\cdots$	0	$\cdots$	1	$\cdots$
$f'(x)$	$+$	0	$-$		$-$	0	$+$
$f(x)$	↗	-2	↘		↘	2	↗

$x=-1$ で極大値 -2
$x=1$ で極小値 2

197

答 (1) $x \leqq 0$, $\dfrac{2}{3} \leqq x$ のとき増加,
$0 \leqq x \leqq \dfrac{2}{3}$ のとき減少, $x=0$ のとき極大値 0,
$x = \dfrac{2}{3}$ のとき極小値 $-\dfrac{4}{27}$

(2) $x \geqq 1$ のとき増加, $0 < x \leqq 1$ のとき減少,
$x=1$ のとき極小値 1

(3) $x \geqq 0$ のとき増加, $x \leqq 0$ のとき減少,
$x=0$ のとき極小値 2

(4) $0 \leqq x \leqq 2\pi$ のとき減少, 極値なし

検討 $f'(x) = 0$ となる x を求め,増減表を正しく作ればよい。

(1) $f'(x)=x(3x-2)$

(2) $f'(x)=\dfrac{x-1}{x}$　　$x>0$ に注意

(3) $f'(x)=e^x-e^{-x}$

(4) $f'(x)=\cos x-1$

応用問題　　　　　　　　　　　本冊 p. 76

198

答　$f(x)=e^x$ とおくと，$f(x)$ は実数全体で微分可能で　$f'(x)=e^x$
区間 $m \leqq x \leqq n$ で，平均値の定理を用いると
$$\dfrac{e^n-e^m}{n-m}=f'(c)=e^c \quad \cdots ①$$
$$m<c<n \quad \cdots ②$$
を満たす c が存在する。
e^x は増加関数であるから，② より
$$e^m<e^c<e^n$$
① を代入して
$$e^m<\dfrac{e^n-e^m}{n-m}<e^n$$

199

答　$\theta=\dfrac{1}{h}\left(\sqrt{a^2+ah+\dfrac{h^2}{3}}-a\right)$
$\lim\limits_{h\to 0}\theta=\dfrac{1}{2}$

検討　$f'(x)=3x^2$ で，平均値の定理より
$(a+h)^3=a^3+3(a+\theta h)^2 h$
展開して整理すると，$h>0$ より
$3h\theta^2+6a\theta-3a-h=0$
$0<\theta<1$ より　$\theta=\dfrac{1}{h}\left(\sqrt{a^2+ah+\dfrac{h^2}{3}}-a\right)$
$$\lim_{h\to 0}\theta=\lim_{h\to 0}\dfrac{a+\dfrac{h}{3}}{\sqrt{a^2+ah+\dfrac{h^2}{3}}+a}=\dfrac{1}{2}$$

200

答　(1) $-2\leqq x<-\sqrt{2}$, $-\sqrt{2}<x\leqq -1$ のとき増加，$x\leqq -2$, $-1\leqq x<\sqrt{2}$, $\sqrt{2}<x$ のとき減少，$x=-1$ のとき極大値 -1，$x=-2$ のとき極小値 $-\dfrac{1}{2}$

(2) $x\leqq -1$, $1\leqq x$ のとき増加，$-1\leqq x\leqq 1$ のとき減少，$x=-1$ のとき極大値 3，$x=1$ のとき極小値 $\dfrac{1}{3}$

(3) $0\leqq x\leqq \dfrac{\pi}{2}$, $\dfrac{3}{2}\pi<x\leqq 2\pi$ のとき増加，$\dfrac{\pi}{2}\leqq x<\dfrac{3}{2}\pi$ のとき減少，$x=\dfrac{\pi}{2}$ のとき極大値 $\dfrac{1}{2}$

検討　(1) $f'(x)=-\dfrac{2(x+1)(x+2)}{(x^2-2)^2}$
$f'(x)=0$ より，$x=-1$，-2 であるから，増減表は次のようになる。

x	$\cdots$	-2	$\cdots$	$-\sqrt{2}$	$\cdots$	-1	$\cdots$	$\sqrt{2}$	$\cdots$
$f'(x)$	$-$	0	$+$		$+$	0	$-$		$-$
$f(x)$	$\searrow$	$-\dfrac{1}{2}$	$\nearrow$		$\nearrow$	-1	$\searrow$		$\searrow$

(2) $f'(x)=\dfrac{2(x+1)(x-1)}{(x^2+x+1)^2}$
$f'(x)=0$ より，$x=-1$，1 であることから，増減表を作ればよい。

(3) $f'(x)=\dfrac{\cos x}{(1+\sin x)^2}$　　$f'(x)=0$ より　$x=\dfrac{\pi}{2}$
増減表は次のようになる。

x	0	$\cdots$	$\dfrac{\pi}{2}$	$\cdots$	$\dfrac{3}{2}\pi$	$\cdots$	2π
$f'(x)$		$+$	0	$-$		$+$	
$f(x)$	0	$\nearrow$	$\dfrac{1}{2}$	$\searrow$		$\nearrow$	0

201

答　$a=-1$

検討　$f'(x)=1+\dfrac{a}{x^2}$

$f(x)$ は $x=1$ で極値をとるから　$f'(1)=0$
すなわち　$1+a=0$　$a=-1$
このとき $f'(x)=0$ とすると　$x=\pm 1$
よって，増減表は次のようになる。

x	$\cdots$	-1	$\cdots$	0	$\cdots$	1	$\cdots$
$f'(x)$	$+$	0	$-$		$-$	0	$+$
$f(x)$	$\nearrow$	-2	$\searrow$		$\searrow$	2	$\nearrow$

ゆえに $f(x)$ は $x=1$ で極値をとる。
したがって　$a=-1$

> **テスト対策**
> 関数 $f(x)$ が $x=a$ で微分可能なとき
> $x=a$ で極値をとる $\Longrightarrow f'(a)=0$
> （逆は成り立つとは限らないので，増減を確認する。）

202

[答] $a=4$, $b=5$

[検討] $x=2$ で極値1をとるから $f(2)=1$
すなわち $\dfrac{2a-b}{3}=1$ $2a-b=3$ …①

$$f'(x)=-\dfrac{ax^2-2bx+a}{(x^2-1)^2}$$

$x=2$ で極値をとるから $f'(2)=0$
すなわち $-\dfrac{4a-4b+a}{9}=0$

$5a-4b=0$ …②

①，②より $a=4$, $b=5$

このとき $f(x)=\dfrac{4x-5}{x^2-1}$,

$f'(x)=-\dfrac{2(2x-1)(x-2)}{(x^2-1)^2}$

増減表は次のようになる。

x	…	-1	…	$\frac{1}{2}$	…	1	…	2	…
$f'(x)$	$-$		$-$	0	$+$		$+$	0	$-$
$f(x)$	↘		↘	4	↗		↗	1	↘

$x=2$ で極大値1となり適する。

203

[答] (1) $f'(x)=\dfrac{e^x(-ax^2+2ax+1)}{(1-ax^2)^2}$

(2) $a<-1$

[検討] (1) $f'(x)=\dfrac{e^x(1-ax^2)-e^x(-2ax)}{(1-ax^2)^2}$

(2) $f(x)$ が極値をもつためには，$f'(x)$ の符号が変化すればよい。$a<0$ より $1-ax^2>0$
これと $e^x>0$ より，$f'(x)$ の符号が変わることと $-ax^2+2ax+1$ の値の符号が変わることは同値である。
$-ax^2+2ax+1=0$ が異なる2つの実数解をもつためには，上式の判別式を D とすると

$\dfrac{D}{4}=a^2+a>0$ よって $a<-1$, $0<a$
条件 $a<0$ より $a<-1$

21 最大・最小

基本問題 ……… 本冊 p.78

204

[答] (1) $x=0$ のとき最大値 0,
$x=1$ のとき最小値 -1

(2) $x=\dfrac{1}{3}$ のとき最大値 $\dfrac{10}{3}$,
$x=1$ のとき最小値 2

(3) $x=\dfrac{2}{3}\pi$ のとき最大値 $\dfrac{2}{3}\pi+\sqrt{3}$,
$x=0$ のとき最小値 0

(4) $x=0$ のとき最大値 -1,
$x=-1$ のとき最小値 $-1-e$

[検討] (1) $f'(x)=1-\dfrac{1}{\sqrt{x}}$ だから，$0<x\leqq 1$ の範囲では $f'(x)\leqq 0$
よって，$f(x)$ は $0\leqq x\leqq 1$ で減少する。

(2) $f'(x)=1-\dfrac{1}{x^2}$ だから，$f'(x)=0$ より
$x=\pm 1$
定義域内の増減表は次のようになる。

x	$\frac{1}{3}$	…	1	…	2
$f'(x)$		$-$	0	$+$	
$f(x)$	$\frac{10}{3}$	↘	2	↗	$\frac{5}{2}$

$x=\dfrac{1}{3}$ のとき最大値,
$x=1$ のとき最小値をとる。

(3)も同様にすればよい。

(4) $f(x)=\begin{cases} x-e^x & (0\leqq x\leqq 1) \\ x-e^{-x} & (-1\leqq x<0) \end{cases}$
と場合分けをする。

応用問題　本冊 p.79

205

答 (1) $x=\dfrac{\sqrt{2}}{2}$ のとき最大値 $\sqrt{2}$,

$x=-1$ のとき最小値 -1

(2) $x=0$ のとき最大値 2,

$x=\pm 1$ のとき最小値 $\sqrt{2}$

(3) $x=2-\sqrt{6}$ のとき最大値 $\dfrac{2+\sqrt{6}}{4}$,

$x=2+\sqrt{6}$ のとき最小値 $\dfrac{2-\sqrt{6}}{4}$

(4) $x=\sqrt{2}$ のとき最大値 2,

$x=-\sqrt{2}$ のとき最小値 -2

(5) $x=-1-\sqrt{5}$ のとき最大値 $\dfrac{1+\sqrt{5}}{2}$,

$x=-1+\sqrt{5}$ のとき最小値 $\dfrac{1-\sqrt{5}}{2}$

検討 $y=f(x)$ とおく。

(1) $f'(x)=1-\dfrac{x}{\sqrt{1-x^2}}$

$f'(x)=0$ とおけば $\sqrt{1-x^2}=x$ …①

両辺を 2 乗すると $1-x^2=x^2$

①より, $x\geqq 0$ であるから $x=\dfrac{\sqrt{2}}{2}$

増減表は次のようになる。

x	-1	$\cdots$	$\dfrac{\sqrt{2}}{2}$	$\cdots$	1
$f'(x)$		$+$	0	$-$	
$f(x)$	-1	↗	$\sqrt{2}$	↘	1

$x=\dfrac{\sqrt{2}}{2}$ のとき最大値 $\sqrt{2}$

$x=-1$ のとき最小値 -1

(2) $f'(x)=\dfrac{\sqrt{1-x}-\sqrt{1+x}}{2\sqrt{1-x^2}}$ で, (1)と同様にすればよい。

(3) $f'(x)=\dfrac{x^2-4x-2}{(x^2+2)^2}$

$f'(x)=0$ とおくと, $x^2-4x-2=0$ より

$x=2\pm\sqrt{6}$

$f(2+\sqrt{6})=\dfrac{2-\sqrt{6}}{4}$, $f(2-\sqrt{6})=\dfrac{2+\sqrt{6}}{4}$

増減表は次のようになる。

x	$\cdots$	$2-\sqrt{6}$	$\cdots$	$2+\sqrt{6}$	$\cdots$
$f'(x)$	$+$	0	$-$	0	$+$
$f(x)$	↗	$\dfrac{2+\sqrt{6}}{4}$	↘	$\dfrac{2-\sqrt{6}}{4}$	↗

ところで $\lim\limits_{x\to-\infty}f(x)=0$, $\lim\limits_{x\to\infty}f(x)=0$

$x=2-\sqrt{6}$ のとき最大値 $\dfrac{2+\sqrt{6}}{4}$

$x=2+\sqrt{6}$ のとき最小値 $\dfrac{2-\sqrt{6}}{4}$

(4) $f'(x)=-\dfrac{2(x^2-2)}{\sqrt{4-x^2}}$ で, (1)と同様にすればよい。

(5) $f'(x)=\dfrac{4(x^2+2x-4)}{(x^2+4)^2}$

206

答 (1) $x=\dfrac{\pi}{2}$ のとき最大値 2,

$x=0$, π のとき最小値 0

(2) $x=0$ のとき最大値 1,

$x=\pi$ のとき最小値 -1

(3) 最大値なし, $x=\dfrac{1}{e}$ のとき最小値 $-\dfrac{1}{e}$

(4) $x=\dfrac{1}{2}$, 2 のとき最大値 $\log\dfrac{5}{2}$,

$x=1$ のとき最小値 $\log 2$

検討 $y=f(x)$ とおく。

(1) $f'(x)=\cos x(1+2\sin x)$

$f'(x)=0$ より $x=\dfrac{\pi}{2}$

増減表を作り, 最大, 最小を求めればよい。

(2) $f'(x)=(x-1)\cos x$

$f'(x)=0$ より $x=1$, $\dfrac{\pi}{2}$

増減表は次のようになる。

x	0	$\cdots$	1	$\cdots$	$\dfrac{\pi}{2}$	$\cdots$	π
$f'(x)$		$-$	0	$+$	0	$-$	
$f(x)$	1	↘	$\cos 1$	↗	$\dfrac{\pi}{2}-1$	↘	-1

$\cos 1$ と -1, 1 と $\dfrac{\pi}{2}-1$ の大小を考えればよい。

(3) $f'(x)=\log x+1$

(4) $f'(x)=\dfrac{(x+1)(x-1)}{x(x^2+1)}$ で同様にする。

207

答 $x=\dfrac{1}{2}$ のとき最大値 $e^{-\frac{1}{2}}$

$x=3$ のとき最小値 $-9e^{-3}$

検討 $f'(x)=(2x-1)(x-3)e^{-x}$

$f'(x)=0$ より $x=\dfrac{1}{2},\ 3$

よって, $f(x)$ の増減表は次のようになる。

x	0	…	$\dfrac{1}{2}$	…	3	…
$f'(x)$		+	0	−	0	+
$f(x)$	0	↗	$e^{-\frac{1}{2}}$	↘	$-9e^{-3}$	↗

また, $\lim_{x\to\infty}f(x)=3\lim_{x\to\infty}xe^{-x}-2\lim_{x\to\infty}x^2e^{-x}=0$

208

答 (1) $l=4a\cos\theta(1+\sin\theta)$

(2) $\theta=\dfrac{\pi}{6}$ のとき最大となり, 最大値 $3\sqrt{3}a$

検討 (1) 右の図のように, 中心 O より辺 AB に下ろした垂線の足を N, 辺 BC の中点を M とすると

$AB=2a\cos\theta$

$MB=2a\cos\theta\cdot\sin\theta$

よって $l=2AB+2MB$
$=4a\cos\theta(1+\sin\theta)$

(2) $\dfrac{dl}{d\theta}=4a(-\sin\theta)(1+\sin\theta)+4a\cos\theta\cdot\cos\theta$

$=-4a(2\sin\theta-1)(\sin\theta+1)$

ここで $0<2\theta<\pi$ より, $0<\theta<\dfrac{\pi}{2}$ だから,

$\dfrac{dl}{d\theta}=0$ のとき $\theta=\dfrac{\pi}{6}$

増減表を作って, 最大値を求めればよい。

209

答 $\dfrac{\pi}{3}$

検討 半円の中心(AB の中点)を O とし, $\angle POA=\theta$ とおくと

$0<\theta<\dfrac{\pi}{2}$ …①

円に内接する台形は等脚台形で O は円の中心であるから $\triangle POA\equiv\triangle QOB$

台形 PABQ, $\triangle POA$, $\triangle POQ$ の面積をそれぞれ S, S_1, S_2 とすると, 図より

$S=2S_1+S_2$

$S_1=\dfrac{1}{2}a^2\sin\theta$

$S_2=\dfrac{1}{2}a^2\sin(\pi-2\theta)=\dfrac{1}{2}a^2\sin 2\theta$

$S=a^2\sin\theta+\dfrac{1}{2}a^2\sin 2\theta$

$\dfrac{dS}{d\theta}=a^2(2\cos\theta-1)(\cos\theta+1)$

$\dfrac{dS}{d\theta}=0$ のとき, ① より

$\theta=\dfrac{\pi}{3}$

①の範囲で増減表を作ればよい。

210

答 $\dfrac{8}{3}\pi a^3$

検討 右の図のように, 直円錐の軸を含む平面でこの直円錐を切ったときにできる切り口の三角形を $\triangle ABC$ とする。また, 球 O の切り口と AC, BC との接点をそれぞれ D, E とする。直円錐の高さを x とすると

$x>2a$ …①

また, $\triangle ABE\infty\triangle AOD$ だから

$BE:OD=AE:AD$

ここで $AD=\sqrt{AO^2-OD^2}=\sqrt{(x-a)^2-a^2}$
$=\sqrt{x^2-2ax}$

$OD=a$, $AE=x$ であるから

$BE=\dfrac{OD\cdot AE}{AD}=\dfrac{ax}{\sqrt{x^2-2ax}}$

直円錐の体積を $V=f(x)$ とおくと

$$f(x) = \frac{1}{3}\pi \mathrm{BE}^2 \cdot \mathrm{AE} = \frac{\pi a^2}{3} \cdot \frac{x^2}{x-2a}$$

$$f'(x) = \frac{\pi a^2}{3} \cdot \frac{x(x-4a)}{(x-2a)^2}$$

①の範囲で $f'(x)=0$ とおくと $x=4a$
増減表を作って考えればよい。

211

答 $1:1$

検討 底面の半径を a, 高さを h とすると
体積 $V=\pi a^2 h$, 表面積 $S=2\pi a(a+h)$ より

$$h = \frac{S}{2\pi a} - a \quad \cdots ①$$

$$V = \frac{a}{2}(S-2\pi a^2), \quad \frac{dV}{da} = \frac{1}{2}(S-6\pi a^2)$$

また, ①で $h>0$ より $0 < a < \sqrt{\dfrac{S}{2\pi}}$

$\dfrac{dV}{da}=0$ より $a = \sqrt{\dfrac{S}{6\pi}}$

増減表を作れば, $a = \sqrt{\dfrac{S}{6\pi}}$ のとき V は最大
となる。
$a = \sqrt{\dfrac{S}{6\pi}}$ に $S=2\pi a(a+h)$ を代入して整理
すると, $\dfrac{2a}{h}=1$ より $2a:h=1:1$

212

答 $\dfrac{9}{4}\pi r^3$

検討 右の図のように, 直円
錐の軸を含む平面で切った
断面図を考える。
$\dfrac{h}{x} = \dfrac{r}{x-r}$ より $h = \dfrac{rx}{x-r}$
直円錐の体積を V とすると

$$V = \frac{1}{3}\pi x^2 h = \frac{\pi r}{3} \cdot \frac{x^3}{x-r}$$

$$\frac{dV}{dx} = \frac{\pi r}{3} \cdot \frac{x^2(2x-3r)}{(x-r)^2}$$

$\dfrac{dV}{dx}=0$ となるのは, $x>r$ より $x=\dfrac{3}{2}r$
増減表を作ればよい。

213

答 $a=-1$ のとき最大値 $\dfrac{2}{e}$

検討 $y'=e^x$ より, 点 P における接線の方程式
は $y=e^a x + (1-a)e^a$
$y=0$ のとき $x=a-1$
$x=0$ のとき $y=(1-a)e^a$

よって $S = \dfrac{1}{2}|a-1||(1-a)e^a| = \dfrac{1}{2}(a-1)^2 e^a$

$$\frac{dS}{da} = \frac{1}{2}(a-1)(a+1)e^a$$

$\dfrac{dS}{da}=0$ となるのは, $a<0$ より $a=-1$
増減表を作ればよい。

214

答 $\mathrm{P}\left(\dfrac{3\sqrt{15}}{5}, \dfrac{2\sqrt{10}}{5}\right)$ のとき最小値 5

検討 点 P の座標を (x_1, y_1) とおくと, 点 P に
おける接線の方程式は $\dfrac{x_1 x}{9} + \dfrac{y_1 y}{4} = 1$

これより, Q, R の座標は
$\mathrm{Q}\left(\dfrac{9}{x_1}, 0\right), \mathrm{R}\left(0, \dfrac{4}{y_1}\right)$

また, P は楕円上の点より $\dfrac{x_1^2}{9} + \dfrac{y_1^2}{4} = 1$

$$y_1^2 = \frac{4(9-x_1^2)}{9}$$

$\mathrm{QR} = \sqrt{\left(\dfrac{9}{x_1}\right)^2 + \left(\dfrac{4}{y_1}\right)^2}$ だから

$$\mathrm{QR}^2 = \frac{81}{x_1^2} + \frac{36}{9-x_1^2}$$

$t=x_1^2$ とおくと, $0<x_1<3$ より
$0<t<9$ $\cdots ①$

$f(t)=\mathrm{QR}^2$ とおくと $f(t) = \dfrac{81}{t} + \dfrac{36}{9-t}$

また $f'(t) = -\dfrac{9(5t-27)(t-27)}{t^2(9-t)^2}$

①の範囲では $f'(t)=0$ のとき, $t=\dfrac{27}{5}$ で,

増減表を作れば $t=\dfrac{27}{5}$ のとき $f(t)$ の最小値
は 25 となる。
よって, 求める最小値は 5 である。

215

答 $t=\dfrac{5}{3}\pi$ のとき最大，$t=\dfrac{\pi}{3}$ のとき最小

検討 $PQ^2=f(t)$
$=(\sin t-\sqrt{2}\cos t)^2+(\sqrt{2}-\sin t)^2$
$=4-2\sqrt{2}\sin t\cos t-2\sqrt{2}\sin t$

とおくと
$f'(t)=-2\sqrt{2}(\cos t+1)(2\cos t-1)$

$f'(t)=0$ とおき $0\leqq t\leqq 2\pi$ の範囲で増減表を作って，最大値，最小値を与える t を求めればよい。

22 第2次導関数の応用

基本問題 ………………… 本冊 p.83

216

答 (1) $y''=6x-6$

(2) $y''=-\dfrac{1}{4(x-1)\sqrt{x-1}}$

(3) $y''=\dfrac{2}{(x+2)^3}$ (4) $y''=\dfrac{-3+2\log x}{x^3}$

(5) $y''=-\sin x$ (6) $y''=(x+1)e^x$

検討 (1) $y'=3x^2-6x$ (2) $y'=\dfrac{1}{2}(x-1)^{-\frac{1}{2}}$

(3) $y'=-(x+2)^{-2}$ (4) $y'=\dfrac{1-\log x}{x^2}$

(5) $y'=\cos x$ (6) $y'=xe^x$

217

答 (1) $x=-2$ のとき極大値 4，
$x=0$ のとき極小値 0

(2) $x=2$ のとき極大値 $4e^{-2}$，
$x=0$ のとき極小値 0

(3) $x=\dfrac{\pi}{6}$ のとき極大値 $\dfrac{\pi}{6}+\sqrt{3}$，

$x=\dfrac{5}{6}\pi$ のとき極小値 $\dfrac{5}{6}\pi-\sqrt{3}$

(4) $x=0$ のとき極大値 2

検討 $y=f(x)$ とおく。

(1) $f'(x)=3x^2+6x$，$f''(x)=6x+6$
$f'(x)=0$ とすると $x=0$，-2
$f''(0)=6>0$，$f''(-2)=-6<0$
よって，$x=-2$ のとき極大値 $f(-2)=4$，
$x=0$ のとき極小値 $f(0)=0$

(2) $f'(x)=(2x-x^2)e^{-x}$，
$f''(x)=(x^2-4x+2)e^{-x}$
$f'(x)=0$ とすると $x=0$，2
$f''(0)=2>0$，$f''(2)=-2e^{-2}<0$
よって，$x=2$ のとき極大値 $f(2)=4e^{-2}$，
$x=0$ のとき極小値 $f(0)=0$

(3)，(4)についても同様にすればよい。

218

答 (1) $x<1$ のとき上に凸，$x>1$ のとき下に凸，変曲点 $(1,\ 0)$

(2) $x<0$，$\dfrac{1}{2}<x$ のとき上に凸，$0<x<\dfrac{1}{2}$ のとき下に凸，変曲点 $(0,\ 1)$，$\left(\dfrac{1}{2},\ \dfrac{17}{16}\right)$

(3) $-\dfrac{\sqrt{2}}{2}<x<\dfrac{\sqrt{2}}{2}$ のとき上に凸，

$x<-\dfrac{\sqrt{2}}{2}$，$\dfrac{\sqrt{2}}{2}<x$ のとき下に凸，

変曲点 $\left(-\dfrac{\sqrt{2}}{2},\ e^{-\frac{1}{2}}\right)$，$\left(\dfrac{\sqrt{2}}{2},\ e^{-\frac{1}{2}}\right)$

(4) $x<-1$，$1<x$ のとき上に凸，$-1<x<1$ のとき下に凸，変曲点 $(-1,\ \log 2)$，$(1,\ \log 2)$

(5) $0<x<\dfrac{\pi}{2}$，$\dfrac{\pi}{2}<x<\dfrac{7}{6}\pi$，$\dfrac{11}{6}\pi<x<2\pi$ のとき上に凸，$\dfrac{7}{6}\pi<x<\dfrac{11}{6}\pi$ のとき下に凸，

変曲点 $\left(\dfrac{7}{6}\pi,\ -\dfrac{5}{4}\right)$，$\left(\dfrac{11}{6}\pi,\ -\dfrac{5}{4}\right)$

検討 $y=f(x)$ とおく。

(1) $f'(x)=3x^2-6x$，$f''(x)=6x-6$
$f''(x)=0$ とすると $x=1$
曲線の凹凸は次のようになる。

x	$\cdots$	1	$\cdots$
$f''(x)$	$-$	0	$+$
$f(x)$	上に凸	0	下に凸

表から，点 $(1,\ 0)$ の前後で凹凸が入れかわっていることがわかる。したがって，変曲点は $(1,\ 0)$ である。

(2) $f'(x)=-4x^3+3x^2$，$f''(x)=-12x^2+6x$
$f''(x)=0$ とすると $x=0$，$\dfrac{1}{2}$

曲線の凹凸は次のようになる。

x	$\cdots$	0	$\cdots$	$\dfrac{1}{2}$	$\cdots$
$f''(x)$	$-$	0	$+$	0	$-$
$f(x)$	上に凸	1	下に凸	$\dfrac{17}{16}$	上に凸

表から,点 $(0,\ 1)$, $\left(\dfrac{1}{2},\ \dfrac{17}{16}\right)$ の前後で凹凸が入れかわっていることがわかる。したがって,変曲点は $(0,\ 1)$, $\left(\dfrac{1}{2},\ \dfrac{17}{16}\right)$ である。

(3),(4),(5)についても同様にすればよい。

219

答 (1) $y=x+1$, $x=1$
(2) $y=x-1$, $x=-1$
(3) $y=2x$, $x=1$, $x=-1$

検討 (1) $y=x+1+\dfrac{1}{x-1}$ と変形できるので

$\displaystyle\lim_{x\to\pm\infty}\{y-(x+1)\}=\lim_{x\to\pm\infty}\dfrac{1}{x-1}=0$ であるから

$y=x+1$ は漸近線である。

また, $\displaystyle\lim_{x\to1+0}y=\lim_{x\to1+0}\dfrac{x^2}{x-1}=\infty$

同様に $\displaystyle\lim_{x\to1-0}y=-\infty$ よって, $x=1$ も漸近線。

(2),(3)についても同様にすればよい。

220

答 下の図

(1) (2)

検討 (1) $y'=\dfrac{x^2-2x-1}{(x-1)^2}$ $y''=\dfrac{4}{(x-1)^3}$

漸近線は $y=x+1$, $x=1$

x	$\cdots$	$1-\sqrt{2}$	$\cdots$	1	$\cdots$	$1+\sqrt{2}$	$\cdots$
y'	$+$	0	$-$		$-$	0	$+$
y''	$-$	$-$	$-$		$+$	$+$	$+$
y	↗	$2-2\sqrt{2}$	↘		↘	$2+2\sqrt{2}$	↗

(2) $y'=\dfrac{2x}{(1-x^2)^2}$ $y''=\dfrac{2(1+3x^2)}{(1-x^2)^3}$

x	$\cdots$	-1	$\cdots$	0	$\cdots$	1	$\cdots$
y'	$-$		$-$	0	$+$		$+$
y''	$-$		$+$	$+$	$+$		$-$
y	↘		↘	-1	↗		↗

y は偶関数(グラフは y 軸に関して対称)
漸近線は $x=-1$, $x=1$, $y=-2$

応用問題 ················· 本冊 *p.85*

221

答 下の図

検討 $y'=-x(x-2)e^{-x}$,
$y''=(x^2-4x+2)e^{-x}$

y', y'' の符号を調べて表を作ると

x	$\cdots$	0	$\cdots$	$2-\sqrt{2}$	$\cdots$	2	$\cdots$
y'	$-$	0	$+$	$+$	$+$	0	$-$
y''	$+$	$+$	$+$	0	$-$	$-$	$-$
y	↘	極小 0	↗	$\dfrac{6-4\sqrt{2}}{e^{2-\sqrt{2}}}$	↗	極大 $\dfrac{4}{e^2}$	↘

x	$2+\sqrt{2}$	$\cdots$
y'	$-$	$-$
y''	0	$+$
y	$\dfrac{6+4\sqrt{2}}{e^{2+\sqrt{2}}}$	↘

表より,$x=0$ のとき極小値 0,$x=2$ のとき極大値 $\dfrac{4}{e^2}$ をとる。また,変曲点は

$\left(2-\sqrt{2},\ \dfrac{6-4\sqrt{2}}{e^{2-\sqrt{2}}}\right)$, $\left(2+\sqrt{2},\ \dfrac{6+4\sqrt{2}}{e^{2+\sqrt{2}}}\right)$

なお,直線 $y=0$ が漸近線である。

222

答 $y=x^3-3x^2-12x+1$ $\cdots\cdots$①

$y'=3x^2-6x-12$, $y''=6x-6$ より,表を作

x	$\cdots$	1	$\cdots$
y''	$-$	0	$+$
y	上に凸	-13	下に凸

ると,変曲点は $(1,\ -13)$ である。

変曲点 $(1,\ -13)$ が原点に移るような平行移動によって,曲線①上の点 $(x,\ y)$ が点 $(X,\ Y)$ に移るとすると
$x=X+1,\ y=Y-13$ ……②

②を①に代入して整理すると
$Y=X^3-15X$ ……③

③は奇関数であるから,そのグラフは原点に関して対称である。したがって,①のグラフは変曲点 $(1,\ -13)$ に関して対称である。

223

答 右の図

検討 y について解くと $y=\pm x\sqrt{1+x}$
つまり,$y=x\sqrt{1+x}$ と $y=-x\sqrt{1+x}$ をあわせてかけばよい。この両者は x 軸に関して対称であるから,$y=f(x)=x\sqrt{1+x}$ について調べる。

x の変域は $x^2(1+x)\geqq 0$ より $x\geqq -1$

$f'(x)=\dfrac{3x+2}{2\sqrt{1+x}}$

$f'(x)=0$ とおくと $x=-\dfrac{2}{3}$

$f''(x)=\dfrac{3x+4}{4\sqrt{(1+x)^3}}$

$x>-1$ では常に $f''(x)>0$

x	-1	$\cdots$	$-\dfrac{2}{3}$	$\cdots$
$f'(x)$	/	$-$	0	$+$
$f''(x)$	/	$+$	$+$	$+$
$f(x)$	0	↘	極小 $-\dfrac{2\sqrt{3}}{9}$	↗

x 軸との交点は,$(-1,\ 0),\ (0,\ 0)$

$\lim_{x\to -1+0} f'(x)=-\infty$ だから,端の点 $(-1,\ 0)$

での接線は $x=-1$ である。

したがって,$y=f(x)$ のグラフは右の図のようになる。曲線 $y=f(x)$ にこれと x 軸に関して対称な曲線 $y=-f(x)$ をあわせたものが求める曲線である。

224

答 右の図

検討 $x=t^2+1$ ……①,$y=2t-t^2$ ……②

①より $x-1=t^2$ ……③

$t^2\geqq 0$ より $x\geqq 1$

②,③より $y=\pm 2\sqrt{x-1}-x+1$

これより $y'=\dfrac{\pm 1-\sqrt{x-1}}{\sqrt{x-1}}$ (複号同順)

したがって,$y_1=2\sqrt{x-1}-x+1$ は $x=2$ のとき極大値 1,$y_2=-2\sqrt{x-1}-x+1$ は極値なし。

23 方程式・不等式への応用

基本問題 …………………… 本冊 p.87

225

答 (1) 2 個 (2) 1 個 (3) 2 個 (4) 2 個

検討 (1) $f(x)=e^x-x-2$ とおくと
$f'(x)=e^x-1$
$f'(x)=0$ とおくと
$e^x=1$
よって $x=0$

x	$\cdots$	0	$\cdots$
$f'(x)$	$-$	0	$+$
$f(x)$	↘	-1	↗

したがって,$f(-2)=e^{-2}>0$,$f(0)=-1<0$,$f(2)=e^2-4>0$ より,$y=f(x)$ のグラフと x 軸との共有点の個数は 2 個

(2) $f(x)=2x-\cos x$ とおくと

$f'(x)=2+\sin x>0$

したがって，$f(x)$ は単調増加であり，

$f(0)=-1<0$, $f\left(\dfrac{\pi}{2}\right)=\pi>0$ より，$y=f(x)$

のグラフと x 軸との共有点の個数は 1 個

(3) $f(x)=4\log x-x$ $(x>0)$ とおくと

$$f'(x)=\dfrac{4}{x}-1$$

$f'(x)=0$ となる x を求めると $x=4$

x	0	$\cdots$	4	$\cdots$
$f'(x)$		$+$	0	$-$
$f(x)$		↗	$4\log 4-4$	↘

したがって，$f(1)=-1<0$

$f(4)=4\log 4-4>0$，$f(e^3)=12-e^3<0$ より，

$y=f(x)$ のグラフと x 軸との共有点の個数は 2 個

(4) $f(x)=x^4-6x^2-5$ とおくと

$f'(x)=4x^3-12x$ $\displaystyle\lim_{x\to\pm\infty}f(x)=\infty$

x	$\cdots$	$-\sqrt{3}$	$\cdots$	0	$\cdots$	$\sqrt{3}$	$\cdots$
$f'(x)$	$-$	0	$+$	0	$-$	0	$+$
$f(x)$	↘	-14	↗	-5	↘	-14	↗

226

答 (1) $f(x)=x^4-4x+3$ とおくと
$f'(x)=4x^3-4=4(x-1)(x^2+x+1)$

$x>1$ のとき $f'(x)>0$ だから，$f(x)$ は $x\geqq 1$ で増加する。

ゆえに $f(x)>f(1)=0$

したがって $x^4-4x+3>0$

(2) $f(x)=1+\dfrac{1}{2}x-\sqrt{1+x}$ とおくと

$f'(x)=\dfrac{1}{2}-\dfrac{1}{2\sqrt{1+x}}=\dfrac{\sqrt{1+x}-1}{2\sqrt{1+x}}$

$f'(x)=0$ となる x を求めると $x=0$
増減表より
$f(x)\geqq f(0)=0$

x	-1	$\cdots$	0	$\cdots$
$f'(x)$		$-$	0	$+$
$f(x)$	$\dfrac{1}{2}$	↘	0	↗

したがって $1+\dfrac{1}{2}x\geqq\sqrt{1+x}$

等号成立は $x=0$ のとき

(3) $f(x)=x-\log(x+1)$ とおくと

$f'(x)=1-\dfrac{1}{x+1}=\dfrac{x}{x+1}$

$x>0$ のとき $f'(x)>0$ だから，$f(x)$ は $x\geqq 0$ で増加する。

ゆえに $f(x)>f(0)=0$

したがって $x>\log(x+1)$

応用問題 ·················· 本冊 p.89

227

答 $k<-4$ のとき 3 個，$k=-4$ のとき 2 個，
$-4<k<-1$ のとき 1 個，$k=-1$ のとき 0 個，$-1<k<0$ のとき 1 個，$k=0$ のとき 2 個，
$k>0$ のとき 3 個

検討 与えられた方程式は $x=\pm 1$，-4 を解にもたないから

$$-\dfrac{x^2(x+8)}{(x^2-1)(x+4)}=k$$

$f(x)=-\dfrac{x^2(x+8)}{(x^2-1)(x+4)}$ とおくと

$f'(x)=\dfrac{2x(x+2)(2x^2-3x+16)}{(x^2-1)^2(x+4)^2}$

$f'(x)=0$ となる x を求めると $x=-2$, 0
$f(x)$ の増減表を作ると

x	$\cdots$	-4	$\cdots$	-2	$\cdots$	-1
$f'(x)$	$+$		$+$	0	$-$	
$f(x)$	↗		↗	極大 -4	↘	

$\cdots$	0	$\cdots$	1	$\cdots$
$-$	0	$+$		$+$
↘	極小 0	↗		↗

ところで $\displaystyle\lim_{x\to\pm\infty}f(x)=-1$,

$\displaystyle\lim_{x\to-4-0}f(x)=\infty$, $\displaystyle\lim_{x\to-4+0}f(x)=-\infty$,

$\displaystyle\lim_{x\to-1-0}f(x)=-\infty$, $\displaystyle\lim_{x\to-1+0}f(x)=\infty$,

$\displaystyle\lim_{x\to 1-0}f(x)=\infty$, $\displaystyle\lim_{x\to 1+0}f(x)=-\infty$

実数解の個数は $y=f(x)$ のグラフと直線 $y=k$ との共有点の個数に等しい。

228

答 (1) $f(x)=\log x$ とおくと $f'(x)=\dfrac{1}{x}$ であるから，平均値の定理によって

$$\dfrac{\log(x+1)-\log 1}{(x+1)-1}=\dfrac{\log(x+1)}{x}=\dfrac{1}{c}$$ かつ

$1<c<x+1$

となる c が存在する。

$1<c<x+1$ より $\dfrac{1}{x+1}<\dfrac{1}{c}<1$ であるから

$$\dfrac{1}{x+1}<\dfrac{\log(x+1)}{x}<1$$

したがって $\dfrac{x}{x+1}<\log(x+1)<x$

(2) (i) $x=1$ のとき 等号が成立する。

(ii) $0<x<1$ のとき $f(x)=x^n$ とおくと $f'(x)=nx^{n-1}$ であるから，平均値の定理によって

$$\dfrac{x^n-1}{x-1}=nc^{n-1}$$ かつ $x<c<1$

となる c が存在する。

$0<c<1$ より，$nc^{n-1}<n$ であるから

$$\dfrac{x^n-1}{x-1}<n$$

$x-1<0$ より $x^n-1>n(x-1)$

(iii) $x>1$ のとき (ii) と同様に，平均値の定理によって

$$\dfrac{x^n-1}{x-1}=nc^{n-1}$$ かつ $1<c<x$

となる c が存在する。

$c>1$ より，$nc^{n-1}>n$ であるから

$$\dfrac{x^n-1}{x-1}>n$$

$x-1>0$ より $x^n-1>n(x-1)$

(i)～(iii) より，$x>0$ のとき $x^n-1 \geqq n(x-1)$

24 極限値への応用

応用問題 ……… 本冊 p.91

229

答 (1) $-a^3f'(a)+3a^2f(a)$ (2) $5f'(a)$

検討 (1) 与式

$$=\lim_{x\to a}\dfrac{-a^3\{f(x)-f(a)\}+(x^3-a^3)f(a)}{x-a}$$

$$=-a^3\lim_{x\to a}\dfrac{f(x)-f(a)}{x-a}$$
$$\quad+\lim_{x\to a}\{(x^2+ax+a^2)f(a)\}$$

$$=-a^3f'(a)+3a^2f(a)$$

(2) 与式

$$=\lim_{h\to 0}\dfrac{f(a+3h)-f(a)}{h}-\lim_{h\to 0}\dfrac{f(a-2h)-f(a)}{h}$$

$$=\lim_{h\to 0}\dfrac{f(a+3h)-f(a)}{3h}\cdot 3$$
$$\quad-\lim_{h\to 0}\dfrac{f(a-2h)-f(a)}{-2h}\cdot(-2)$$

$$=3f'(a)+2f'(a)=5f'(a)$$

230

答 (1) $\cos a$ (2) $\dfrac{1}{3}$ (3) $\dfrac{2\sqrt{a}}{\cos^2 a}$

(4) $3\sqrt[3]{a^2}\cos a$

検討 (1) $f(x)=\sin x$ とおくと $f'(x)=\cos x$

与式$=\lim_{x\to a}\left\{\dfrac{\sin x-\sin a}{x-a}\cdot\dfrac{x-a}{\sin(x-a)}\right\}$

$$\lim_{x\to a}\dfrac{\sin x-\sin a}{x-a}=\lim_{x\to a}\dfrac{f(x)-f(a)}{x-a}=f'(a)$$
$$=\cos a$$

$x-a=\theta$ とおくと

$$\lim_{x\to a}\dfrac{x-a}{\sin(x-a)}=\lim_{\theta\to 0}\dfrac{\theta}{\sin\theta}=1$$

よって 与式 $=\cos a\cdot 1=\cos a$

(2) $f(x)=\log(x+1)$, $g(x)=e^{3x}$ とおくと

$$f'(x)=\dfrac{1}{x+1},\ g'(x)=3e^{3x}$$

与式$=\lim_{x\to 0}\left\{\dfrac{\log(x+1)-\log 1}{x}\cdot\dfrac{1}{\dfrac{e^{3x}-e^0}{x}}\right\}$

$$\lim_{x\to 0}\dfrac{\log(x+1)-\log 1}{x}=\lim_{x\to 0}\dfrac{f(x)-f(0)}{x-0}$$
$$=f'(0)=1$$

$$\lim_{x\to 0}\dfrac{e^{3x}-e^0}{x}=\lim_{x\to 0}\dfrac{g(x)-g(0)}{x-0}=g'(0)=3e^0=3$$

よって 与式 $=1\cdot\dfrac{1}{3}=\dfrac{1}{3}$

(3) $f(x)=\tan x$ とおくと $f'(x)=\dfrac{1}{\cos^2 x}$

与式 $=\lim\limits_{x\to a}\left\{\dfrac{f(x)-f(a)}{x-a}\cdot(\sqrt{x}+\sqrt{a})\right\}$

$=2\sqrt{a}\,f'(a)=\dfrac{2\sqrt{a}}{\cos^2 a}$

(4) $f(x)=\sin x$, $g(x)=\sqrt[3]{x}$ とおくと

$f'(x)=\cos x$, $g'(x)=\dfrac{1}{3\sqrt[3]{x^2}}$

与式 $=\lim\limits_{x\to 0}\dfrac{f(a+x)-f(a)}{g(a+x)-g(a)}$

$=\lim\limits_{x\to 0}\dfrac{\dfrac{f(a+x)-f(a)}{x}}{\dfrac{g(a+x)-g(a)}{x}}=\dfrac{f'(a)}{g'(a)}$

$=\dfrac{\cos a}{\dfrac{1}{3\sqrt[3]{a^2}}}=3\sqrt[3]{a^2}\cos a$

231

答 (1) $\dfrac{1}{e^2}$ (2) 3 (3) $2\log 2$

検討 (1) $h=-\dfrac{2}{x}$ とおくと $x\to\infty$ のとき $h\to 0$

与式 $=\lim\limits_{h\to 0}(1+h)^{-\frac{2}{h}}=\lim\limits_{h\to 0}\{(1+h)^{\frac{1}{h}}\}^{-2}$

$=e^{-2}=\dfrac{1}{e^2}$

(2) $h=e^{3x}-1$ とおくと $x\to 0$ のとき $h\to 0$
このとき, $3x=\log(1+h)$ より

$x=\dfrac{1}{3}\log(1+h)$

与式 $=\lim\limits_{h\to 0}\dfrac{h}{\dfrac{1}{3}\log(1+h)}=\lim\limits_{h\to 0}\dfrac{3}{\dfrac{1}{h}\log(1+h)}$

$=\lim\limits_{h\to 0}\dfrac{3}{\log(1+h)^{\frac{1}{h}}}=\dfrac{3}{\log e}=3$

(3) $h=4^x-1$ とおくと $x\to 0$ のとき $h\to 0$
このとき

$x=\log_4(1+h)=\dfrac{\log(1+h)}{\log 4}=\dfrac{\log(1+h)}{2\log 2}$

与式 $=\lim\limits_{h\to 0}\dfrac{2h\log 2}{\log(1+h)}=\lim\limits_{h\to 0}\dfrac{2\log 2}{\log(1+h)^{\frac{1}{h}}}$

$=\dfrac{2\log 2}{\log e}=2\log 2$

232

答 (1) 1 (2) 0 (3) $\dfrac{3}{2}$

検討 (1) $\lim\limits_{x\to +0}\log(\sin x)=-\infty$,

$\lim\limits_{x\to +0}\log x=-\infty$

ロピタルの定理より

与式 $=\lim\limits_{x\to +0}\dfrac{\dfrac{\cos x}{\sin x}}{\dfrac{1}{x}}=\lim\limits_{x\to +0}\dfrac{1}{\dfrac{\sin x}{x}}\cdot\cos x=1$

(2) $\lim\limits_{x\to\infty}x^2=\infty$, $\lim\limits_{x\to\infty}(e^x-1)=\infty$

ロピタルの定理より

与式 $=\lim\limits_{x\to\infty}\dfrac{2x}{e^x}$

$\lim\limits_{x\to\infty}2x=\infty$, $\lim\limits_{x\to\infty}e^x=\infty$ より, ふたたびロピタルの定理を利用すると

与式 $=\lim\limits_{x\to\infty}\dfrac{2}{e^x}=0$

(3) 与式 $=\lim\limits_{x\to 0}\dfrac{3\cos 3x}{1+\cos x}=\dfrac{3}{2}$

25 速度と近似式

基本問題 ・・・・・・・・・・・・・ 本冊 $p.\,93$

233

答 (1) 速度: v_0-gt 加速度: $-g$

(2) $\dfrac{v_0}{g}$ 秒後

検討 (2) 最高点における速度は 0 であるから
$v_0-gt=0$

234

答 (1) 位置: -5, 速度: -9, 速さ: 9,
運動の向き: 負の向き, 加速度: -6

(2) 4 秒後

検討 (1) $\dfrac{dx}{dt}=3t^2-12t$, $\dfrac{d^2x}{dt^2}=6t-12$

(2) 点 P が運動の向きを変えるのは, 点 P の速度の符号が変わるときであるから, $\dfrac{dx}{dt}=0$

として $t=0$, 4

235

答 $t=(2n+1)\pi$（n は整数）のとき最大値 3

検討 $v=2-\cos t$　$|v|=|2-\cos t|$
$-1 \leq \cos t \leq 1$ であるから，$\cos t=-1$ のとき
すなわち $t=(2n+1)\pi$ のとき最大となる。

236

答 速度ベクトル：$(1, 2)$，速さ：$\sqrt{5}$，
加速度ベクトル：$(0, 2)$，加速度の大きさ：2

検討 $\dfrac{dx}{dt}=1$，$\dfrac{dy}{dt}=2t-2$，$\dfrac{d^2x}{dt^2}=0$，$\dfrac{d^2y}{dt^2}=2$

237

答 $\vec{v}=\left(-\dfrac{\sqrt{2}}{4}\pi,\ 0\right)$，$\vec{\alpha}=\left(0,\ -\dfrac{\sqrt{2}}{16}\pi^2\right)$

検討 $\dfrac{dx}{dt}=-\dfrac{\sqrt{2}}{4}\pi\sin\dfrac{\pi}{4}t$，$\dfrac{dy}{dt}=\dfrac{\sqrt{2}}{4}\pi\cos\dfrac{\pi}{4}t$
$\dfrac{d^2x}{dt^2}=-\dfrac{\sqrt{2}}{16}\pi^2\cos\dfrac{\pi}{4}t$，$\dfrac{d^2y}{dt^2}=-\dfrac{\sqrt{2}}{16}\pi^2\sin\dfrac{\pi}{4}t$

238

答 (1) $1+4x$　(2) x　(3) $e^2(1+x)$
(4) $1+\dfrac{1}{2}x$　(5) $1-x$

検討 (1) $f(x)=x^4$ とおくと　$f'(x)=4x^3$
$f(1+x) \fallingdotseq f(1)+f'(1)x$ より求められる。
(2) $f(x)=\sin x$ とおくと　$f'(x)=\cos x$
$f(x) \fallingdotseq f(0)+xf'(0)=0+1 \cdot x=x$
(3)〜(5)も同様にすればよい。

239

答 (1) 1.9917　(2) 0.8748

検討 (1) $\sqrt[3]{7.9}=\sqrt[3]{8(1-0.0125)}=2\sqrt[3]{1-0.0125}$
$f(x)=\sqrt[3]{1-x}$ とおくと
$f'(x)=-\dfrac{1}{3\sqrt[3]{(1-x)^2}}$
$x \fallingdotseq 0$ のとき　$f(x) \fallingdotseq f(0)+f'(0)x=1-\dfrac{1}{3}x$
よって　$\sqrt[3]{7.9} \fallingdotseq 2\left(1-\dfrac{1}{3} \times 0.0125\right) \fallingdotseq 1.9917$
(2) $\sin 61° = \sin\left(\dfrac{\pi}{3}+\dfrac{\pi}{180}\right)$

$f(x)=\sin\left(\dfrac{\pi}{3}+x\right)$ とおくと
$f'(x)=\cos\left(\dfrac{\pi}{3}+x\right)$
$x \fallingdotseq 0$ のとき
$f(x) \fallingdotseq f(0)+f'(0)x=\dfrac{\sqrt{3}}{2}+\dfrac{1}{2}x$
よって
$\sin 61° \fallingdotseq \dfrac{\sqrt{3}}{2}+\dfrac{1}{2} \cdot \dfrac{\pi}{180} \fallingdotseq 0.86603+0.00873$

応用問題　本冊 p.95

240

答 (1) 速さ：$\dfrac{\pi}{4}a$，加速度の大きさ：$\dfrac{\pi^2}{16}a$
(2) 円 $x^2+y^2=a^2$

検討 (1) $\dfrac{dx}{dt}=-\dfrac{\pi}{4}a\sin\dfrac{\pi}{4}t$，$\dfrac{dy}{dt}=\dfrac{\pi}{4}a\cos\dfrac{\pi}{4}t$
$\dfrac{d^2x}{dt^2}=-\dfrac{\pi^2}{16}a\cos\dfrac{\pi}{4}t$，$\dfrac{d^2y}{dt^2}=-\dfrac{\pi^2}{16}a\sin\dfrac{\pi}{4}t$
時刻 t における P の速さは，$a>0$ だから
$|v|=\sqrt{\left(\dfrac{dx}{dt}\right)^2+\left(\dfrac{dy}{dt}\right)^2}$
$=\sqrt{\dfrac{\pi^2}{16}a^2\sin^2\dfrac{\pi}{4}t+\dfrac{\pi^2}{16}a^2\cos^2\dfrac{\pi}{4}t}=\dfrac{\pi}{4}a$
また，P の加速度の大きさも同様にすればよい。
(2) 与式から t を消去すると　$x^2+y^2=a^2$
$0 \leq t \leq 8$ のとき　$0 \leq \dfrac{\pi}{4}t \leq 2\pi$

241

答 $\dfrac{dx}{dt}=a(1-\cos t)$，$\dfrac{d^2x}{dt^2}=a\sin t$
$\dfrac{dy}{dt}=a\sin t$，$\dfrac{d^2y}{dt^2}=a\cos t$
時刻 t における加速度 $\vec{\alpha}$ の大きさ $|\vec{\alpha}|$ は
$|\vec{\alpha}|=\sqrt{a^2\sin^2 t+a^2\cos^2 t}=a$
であるから，一定である。

242

答 4.4 cm/秒

検討 t 秒後のはしごの下端および上端の位置

をそれぞれ P(x, 0), Q(0, y) とすると
$$x^2+y^2=25 \quad \cdots \text{①}$$
両辺を t で微分すると
$$2x\frac{dx}{dt}+2y\frac{dy}{dt}=0$$
$$\frac{dy}{dt}=-\frac{x}{y}\cdot\frac{dx}{dt} \quad \cdots \text{②}$$
題意より $\frac{dx}{dt}=0.1$ (m/秒) $\cdots$ ③

また, $x=2$ のとき, ①から $y=\sqrt{21}$ $\cdots$ ④

よって, ③, ④を②に代入すると
$$\left|\frac{dy}{dt}\right|=\left|-\frac{2}{\sqrt{21}}\cdot 0.1\right|\fallingdotseq 0.044 \text{ (m/秒)}$$

243

答 $\dfrac{2}{5}$ m²/分

検討 時刻 t 分における球の体積を V m³, 表面積を S m², 半径を r m とする。

$V=\dfrac{4}{3}\pi r^3$ より $\dfrac{dV}{dt}=4\pi r^2\dfrac{dr}{dt}$

$\dfrac{dV}{dt}=1$ より $\dfrac{dr}{dt}=\dfrac{1}{4\pi r^2}$

$S=4\pi r^2$ より $\dfrac{dS}{dt}=8\pi r\cdot\dfrac{dr}{dt}=\dfrac{2}{r}$

直径 10m, すなわち $r=5$ とすると $\dfrac{dS}{dt}=\dfrac{2}{5}$

26 不定積分

基本問題 ●●●●●●●●●●●●●●● 本冊 $p.98$

244 （以下 C は積分定数を表す）

答 (1) $\dfrac{1}{6}x^6-\dfrac{1}{4}x^4+C$

(2) $x-\dfrac{1}{x}+\log|x|+C$

(3) $\log|x|-\dfrac{2}{x}-\dfrac{1}{2x^2}+C$

(4) $x-4\sqrt{x}+\log|x|+C$

検討 (3) 与式 $=\displaystyle\int\left(\dfrac{1}{x}+\dfrac{2}{x^2}+\dfrac{1}{x^3}\right)dx$ と変形する。

(4) 与式 $=\displaystyle\int\left(1-\dfrac{2}{\sqrt{x}}+\dfrac{1}{x}\right)dx$ と変形する。

245

答 (1) $2x-3e^x+C$ (2) $\dfrac{2^x}{\log 2}-\dfrac{5^x}{\log 5}+C$

(3) $e^x-3e^{-2}x+C$

検討 (3) 与式 $=\displaystyle\int(e^x-3e^{-2})dx$ と変形する。

246

答 (1) $\sin x-\cos x+C$

(2) $3\tan x-2x+C$

(3) $\tan x+\cos x-x+C$

検討 (2) 与式 $=\displaystyle\int\left(\dfrac{3}{\cos^2 x}-2\right)dx$ と変形する。

(3) 与式 $=\displaystyle\int\left(\dfrac{\sin^2 x}{\cos^2 x}-\sin x\right)dx$

$=\displaystyle\int\left(\dfrac{1-\cos^2 x}{\cos^2 x}-\sin x\right)dx$

$=\displaystyle\int\left(\dfrac{1}{\cos^2 x}-1-\sin x\right)dx$ と変形する。

応用問題 ●●●●●●●●●●●●● 本冊 $p.99$

247

答 (1) $\dfrac{2}{5}x^2\sqrt{x}-\dfrac{4}{3}x\sqrt{x}+4\sqrt{x}+C$

(2) $\dfrac{2}{3}x\sqrt{x}-2x+2\sqrt{x}+C$

(3) $\dfrac{1}{2}x^2+\dfrac{18}{5}x\sqrt[3]{x^2}+9x\sqrt[3]{x}+8x+C$

(4) $\dfrac{3}{8}x^2\sqrt[3]{x^2}-\dfrac{12}{5}x\sqrt[3]{x^2}+6\sqrt[3]{x^2}+C$

検討 (1) 与式 $=\displaystyle\int\left(x^{\frac{3}{2}}-2x^{\frac{1}{2}}+2x^{-\frac{1}{2}}\right)dx$

(2) 与式 $=\displaystyle\int\left(x^{\frac{1}{2}}-2+x^{-\frac{1}{2}}\right)dx$

(3) 与式 $=\displaystyle\int\left(x+6x^{\frac{2}{3}}+12x^{\frac{1}{3}}+8\right)dx$

(4) 与式 $=\displaystyle\int\left(x^{\frac{5}{3}}-4x^{\frac{2}{3}}+4x^{-\frac{1}{3}}\right)dx$

27 不定積分の計算法

基本問題 ●●●●●●●●●●● 本冊 *p.101*

248

答 (1) $\dfrac{2^{2x-1}}{\log 2} + \dfrac{3^{3x-1}}{\log 3} + C$

(2) $\dfrac{2^x}{\log 2} - \dfrac{4^{2x-1}}{\log 2} + C$

検討 $(2^{2x})' = (2^{2x}\log 2)\cdot 2$ より $2^{2x} = \dfrac{(2^{2x})'}{2\log 2}$ だから $\displaystyle\int 2^{2x}dx = \dfrac{2^{2x}}{2\log 2} + C$

他も同様にすればよい。

249

答 (1) $-\dfrac{1}{3(3x+1)} + C$

(2) $-\dfrac{1}{2}\cos(2x-1) + C$

(3) $\dfrac{1}{3}(2x+3)\sqrt{2x+3} + C$ (4) $\log|\log x| + C$

検討 (1) 与式 $= \displaystyle\int (3x+1)^{-2}dx$

(3) 与式 $= \displaystyle\int (2x+3)^{\frac{1}{2}}dx$

(4) 与式 $= \displaystyle\int \dfrac{(\log x)'}{\log x}dx = \log|\log x| + C$

250

答 (1) $-x\cos x + \sin x + C$

(2) $\dfrac{1}{2}x\sin 2x + \dfrac{1}{4}\cos 2x + C$

(3) $xe^x - e^x + C$

(4) $(3x-4)e^x + C$

検討 部分積分法により求めることができる。

(1) 与式 $= x(-\cos x) - \displaystyle\int (-\cos x)dx$
$= -x\cos x + \sin x + C$

(2) 与式 $= x\cdot\dfrac{\sin 2x}{2} - \displaystyle\int \dfrac{\sin 2x}{2}dx$
$= \dfrac{1}{2}x\sin 2x + \dfrac{1}{4}\cos 2x + C$

(3) 与式 $= xe^x - \displaystyle\int e^x dx = xe^x - e^x + C$

(4) 与式 $= (3x-1)e^x - \displaystyle\int 3e^x dx$
$= (3x-1)e^x - 3e^x + C$
$= (3x-4)e^x + C$

251

答 (1) $\dfrac{1}{2}\log\left|\dfrac{x}{x+2}\right| + C$

(2) $\dfrac{1}{5}\log\left|\dfrac{x-2}{x+3}\right| + C$

(3) $\dfrac{1}{3}\log|x-1| + \dfrac{2}{3}\log|x+2| + C$

検討 (1) 与式 $= \dfrac{1}{2}\displaystyle\int \left(\dfrac{1}{x} - \dfrac{1}{x+2}\right)dx$

(2) 与式 $= \displaystyle\int \dfrac{dx}{(x-2)(x+3)}$
$= \dfrac{1}{5}\displaystyle\int \left(\dfrac{1}{x-2} - \dfrac{1}{x+3}\right)dx$

(3) 与式 $= \displaystyle\int \dfrac{x}{(x-1)(x+2)}dx$
$= \dfrac{1}{3}\displaystyle\int \left(\dfrac{1}{x-1} + \dfrac{2}{x+2}\right)dx$

テスト対策

分数関数の不定積分を求めるときは,
①分子を分母で割って,分子の次数を下げる。
②部分分数に分解する。

252

答 (1) $\dfrac{1}{2}x - \dfrac{1}{4}\sin 2x + C$

(2) $\dfrac{1}{4}\sin 2x - \dfrac{1}{12}\sin 6x + C$

検討 (1) 与式 $= \displaystyle\int \dfrac{1-\cos 2x}{2}dx$

(2) 与式 $= \dfrac{1}{2}\displaystyle\int (\cos 2x - \cos 6x)dx$

テスト対策

三角関数の累乗や積の不定積分を求めるときは,半角の公式や積→和の公式を利用する。

253

答 (1) $\dfrac{1}{2}e^{2x}+x-\dfrac{1}{2}e^{-2x}+C$

(2) $\dfrac{2}{3}\{(x+1)\sqrt{x+1}-(x-2)\sqrt{x-2}\}+C$

検討 (1) 与式 $=\displaystyle\int(e^{2x}+1+e^{-2x})dx$

$e^{2x}=\dfrac{1}{2}(e^{2x})',\ e^{-2x}=-\dfrac{1}{2}(e^{-2x})'$

(2) 与式 $=\displaystyle\int(\sqrt{x+1}-\sqrt{x-2})dx$

254

答 (1) $\dfrac{1}{270}(15x-1)(3x+1)^5+C$

(2) $\dfrac{2}{3}(3x^2-1)\sqrt{3x^2-1}+C$

(3) $\dfrac{2}{15}(x-1)(3x+7)\sqrt{x-1}+C$

(4) $\dfrac{1}{2}(x^2+x-1)^2+C$

検討 (1) $3x+1=t$ とおくと

$x=\dfrac{t-1}{3}\quad dx=\dfrac{1}{3}dt$

与式 $=\displaystyle\int\dfrac{t-1}{3}\cdot t^4\cdot\dfrac{1}{3}dt=\dfrac{1}{9}\int(t^5-t^4)dt$

$=\dfrac{1}{9}\left(\dfrac{t^6}{6}-\dfrac{t^5}{5}\right)+C=\dfrac{t^5}{270}(5t-6)+C$

(2) $3x^2-1=t$ とおくと $6xdx=dt$

与式 $=\displaystyle\int\sqrt{t}\,dt=\int t^{\frac{1}{2}}dt=\dfrac{2}{3}t^{\frac{3}{2}}+C=\dfrac{2}{3}t\sqrt{t}+C$

(3) $x-1=t$ とおく。

(4) $x^2+x-1=t$ とおく。

255

答 (1) $\sin x-\dfrac{1}{3}\sin^3 x+C$

(2) $\dfrac{1}{5}\cos^5 x-\dfrac{1}{3}\cos^3 x+C$ (3) $\dfrac{1}{\cos x}+C$

(4) $\tan x+\dfrac{1}{3}\tan^3 x+C$

検討 (1) $\cos^3 x=(1-\sin^2 x)\cos x$ と変形し,

$\sin x=t$ とおくと $\cos x dx=dt$

与式 $=\displaystyle\int(1-t^2)dt=t-\dfrac{1}{3}t^3+C$

(2) $\sin^3 x\cos^2 x=\sin x(1-\cos^2 x)\cos^2 x$ と変形し, $\cos x=t$ とおくと $-\sin x dx=dt$

与式 $=-\displaystyle\int(1-t^2)t^2 dt=\int(t^4-t^2)dt$

$=\dfrac{t^5}{5}-\dfrac{t^3}{3}+C$

(3) $\dfrac{\tan x}{\cos x}=\dfrac{\sin x}{\cos^2 x}$ と変形し, $\cos x=t$ とおくと

$-\sin x dx=dt$

与式 $=-\displaystyle\int\dfrac{dt}{t^2}=-\int t^{-2}dt=t^{-1}+C=\dfrac{1}{t}+C$

(4) $\dfrac{1}{\cos^4 x}=(1+\tan^2 x)\cdot\dfrac{1}{\cos^2 x}$ と変形し,

$\tan x=t$ とおくと $\dfrac{dx}{\cos^2 x}=dt$

与式 $=\displaystyle\int(1+t^2)dt=t+\dfrac{1}{3}t^3+C$

256

答 (1) $-\dfrac{1}{3}(4x+7)\sqrt{1-2x}+C$

(2) $\dfrac{3}{4}\sqrt[3]{(2x-3)^2}+C$

(3) $\dfrac{2}{15}(x-1)(3x+2)\sqrt{x-1}+C$

(4) $\dfrac{3}{112}(2x+1)(8x-3)\sqrt[3]{2x+1}+C$

検討 (1) $\sqrt{1-2x}=t$ とおくと $1-2x=t^2$

$dx=-tdt$

与式 $=\displaystyle\int(2t^2-3)dt=\dfrac{2}{3}t^3-3t+C$

$=\dfrac{1}{3}t(2t^2-9)+C$

(2) $\sqrt[3]{2x-3}=t$ とおくと $2x-3=t^3$

$dx=\dfrac{3}{2}t^2 dt$

与式 $=\displaystyle\int\dfrac{1}{t}\cdot\dfrac{3}{2}t^2 dt=\dfrac{3}{2}\int t dt$

$=\dfrac{3}{4}t^2+C$

(3) $\sqrt{x-1}=t$ とおくと $x-1=t^2$

$dx=2tdt$

与式 $=\displaystyle\int(t^2+1)\cdot t\cdot 2tdt=2\int(t^4+t^2)dt$

$=\dfrac{2}{15}t^3(3t^2+5)+C$

(4) $\sqrt[3]{2x+1}=t$ とおくと $2x+1=t^3$

$dx=\dfrac{3}{2}t^2dt$

与式 $=\displaystyle\int\dfrac{1}{2}(t^3-1)\cdot t\cdot\dfrac{3}{2}t^2dt=\dfrac{3}{4}\int(t^6-t^3)dt$

$=\dfrac{3}{4}\left(\dfrac{t^7}{7}-\dfrac{t^4}{4}\right)+C=\dfrac{3}{112}t^4(4t^3-7)+C$

257

答 (1) $\dfrac{1}{2}x^2\log x-\dfrac{1}{4}x^2+C$

(2) $(x-1)\log(x-1)-x+C$

(3) $x(\log x)^2-2x\log x+2x+C$

(4) $\dfrac{1}{2}x^2\sin 2x+\dfrac{1}{2}x\cos 2x-\dfrac{1}{4}\sin 2x+C$

検討 (1) $x\log x=\log x\cdot\left(\dfrac{1}{2}x^2\right)'$ と考え,部分積分法を用いる。

(2) $\log(x-1)=\log(x-1)\cdot(x-1)'$ と考えると

与式 $=(x-1)\log(x-1)-\displaystyle\int dx$

$=(x-1)\log(x-1)-x+C$

(3) $(\log x)^2=(\log x)^2\cdot(x)'$ と考え,部分積分法を用いる。

与式 $=x(\log x)^2-2\displaystyle\int\log x dx$

$=x(\log x)^2-2\left(x\log x-\displaystyle\int dx\right)$

$=x(\log x)^2-2x\log x+2x+C$

(4) $x^2\cos 2x=x^2\cdot\left(\dfrac{1}{2}\sin 2x\right)'$ と考え,部分積分法を用いる。

与式 $=\dfrac{1}{2}x^2\sin 2x-\displaystyle\int x\sin 2x dx$

ふたたび部分積分法を用いると

与式 $=\dfrac{1}{2}x^2\sin 2x-\displaystyle\int x\left(-\dfrac{1}{2}\cos 2x\right)'dx$

$=\dfrac{1}{2}x^2\sin 2x$

$\quad-\left\{-\dfrac{1}{2}x\cos 2x-\displaystyle\int\left(-\dfrac{1}{2}\cos 2x\right)dx\right\}$

$=\dfrac{1}{2}x^2\sin 2x+\dfrac{1}{2}x\cos 2x-\dfrac{1}{2}\displaystyle\int\cos 2x dx$

$=\dfrac{1}{2}x^2\sin 2x+\dfrac{1}{2}x\cos 2x-\dfrac{1}{4}\sin 2x+C$

応用問題　　　本冊 p.104

258

答 (1) $a=1$, $b=2$, $c=-2$

(2) $-\dfrac{1}{x-1}+2\log\left|\dfrac{x+1}{x-1}\right|+C$

検討 (1) $\dfrac{-3x+5}{(x-1)^2(x+1)}$

$=\dfrac{(b+c)x^2+(a-2b)x+(a+b-c)}{(x-1)^2(x+1)}$

分子の係数を比較して

$b+c=0$, $a-2b=-3$, $a+b-c=5$

この3式を連立させて解けばよい。

(2) 与式 $=\displaystyle\int\left\{\dfrac{1}{(x-1)^2}+\dfrac{2}{x+1}-\dfrac{2}{x-1}\right\}dx$

$=-\dfrac{1}{x-1}+2\log|x+1|-2\log|x-1|+C$

259

答 (1) $\dfrac{1}{2}x^2+3\log|x+1|+C$

(2) $\dfrac{1}{2}\log\dfrac{1+\sin x}{1-\sin x}+C$

(3) $\cos x+\dfrac{1}{\cos x}+C$

(4) $\dfrac{1}{\cos x}+\tan x-x+C$

検討 (1) 与式 $=\displaystyle\int\left(x+\dfrac{3}{x+1}\right)dx$ と変形する。

(2) $\dfrac{1}{\cos x}=\dfrac{\cos x}{\cos^2 x}=\dfrac{\cos x}{1-\sin^2 x}$ と変形し,

$\sin x=t$ $(-1<t<1)$ とおく。

$\cos x dx=dt$ より

与式 $=\displaystyle\int\dfrac{dt}{1-t^2}=\dfrac{1}{2}\int\left(\dfrac{1}{1-t}+\dfrac{1}{1+t}\right)dt$

$=\dfrac{1}{2}(-\log|1-t|+\log|1+t|)+C$

$=\dfrac{1}{2}\log\left|\dfrac{1+t}{1-t}\right|+C$

(3) $\dfrac{\sin^3 x}{\cos^2 x}=\dfrac{(1-\cos^2 x)\cdot\sin x}{\cos^2 x}$ と変形し,

$\cos x=t$ とおくと $-\sin x dx=dt$

与式 $=-\displaystyle\int\dfrac{1-t^2}{t^2}dt=\int\left(1-\dfrac{1}{t^2}\right)dt$

$=t+\dfrac{1}{t}+C$

(4) $\dfrac{\sin x}{1-\sin x}=\dfrac{\sin x(1+\sin x)}{1-\sin^2 x}=\dfrac{\sin x+\sin^2 x}{\cos^2 x}$

$=\dfrac{\sin x+1-\cos^2 x}{\cos^2 x}=\dfrac{\sin x}{\cos^2 x}+\dfrac{1}{\cos^2 x}-1$

$\dfrac{\sin x}{\cos^2 x}$ の不定積分は,$\cos x=t$ とおくと

$-\sin x dx=dt$ より

$\displaystyle\int \dfrac{\sin x}{\cos^2 x}dx=-\int\dfrac{dt}{t^2}=-\int t^{-2}dt=\dfrac{1}{t}+C'$

よって 与式 $=\displaystyle\int\left(\dfrac{\sin x}{\cos^2 x}+\dfrac{1}{\cos^2 x}-1\right)dx$

$=\dfrac{1}{\cos x}+\tan x-x+C$

260

答 (1) $\dfrac{1}{4}x^2-\dfrac{1}{4}x\sin 2x-\dfrac{1}{8}\cos 2x+C$

(2) $\dfrac{1}{2}(x^2-1)\{\log(x^2-1)-1\}+C$

(3) $-\dfrac{1}{4}x\cos 2x+\dfrac{1}{8}\sin 2x+C$

(4) $\sin x\log(\sin x)-\sin x+C$

検討 (1) $\sin^2 x=\dfrac{1-\cos 2x}{2}$ であるから

与式 $=\dfrac{1}{2}\displaystyle\int x dx-\dfrac{1}{2}\int x\cos 2x dx$

$x\cos 2x=x\cdot\left(\dfrac{1}{2}\sin 2x\right)'$ と考えると

与式 $=\dfrac{1}{4}x^2-\dfrac{1}{2}\left(x\cdot\dfrac{1}{2}\sin 2x-\dfrac{1}{2}\displaystyle\int\sin 2x dx\right)$

$=\dfrac{1}{4}x^2-\dfrac{1}{4}x\sin 2x+\dfrac{1}{4}\left(-\dfrac{1}{2}\cos 2x\right)+C$

(2) $x^2-1=t$ とおくと $2xdx=dt$

与式 $=\dfrac{1}{2}\displaystyle\int 2x\log(x^2-1)dx=\dfrac{1}{2}\int\log t dt$

$=\dfrac{1}{2}t\log t-\dfrac{1}{2}\displaystyle\int dt=\dfrac{1}{2}t\log t-\dfrac{1}{2}t+C$

(3) 与式 $=\dfrac{1}{2}\displaystyle\int x\sin 2x dx$

$=\dfrac{1}{2}\left\{x\left(-\dfrac{1}{2}\cos 2x\right)+\dfrac{1}{2}\displaystyle\int\cos 2x dx\right\}$

$=-\dfrac{1}{4}x\cos 2x+\dfrac{1}{8}\sin 2x+C$

(4) $\sin x=t$ とおくと $\cos x dx=dt$

与式 $=\displaystyle\int\log t dt=t\log t-\int dt=t\log t-t+C$

28 定積分の計算法

基本問題 ………………… 本冊 $p.107$

261

答 (1) $\dfrac{5}{6}$ (2) $-\log 2$ (3) $\dfrac{8}{9}$ (4) 1

(5) $\dfrac{14}{3}$ (6) -1

検討 (1) 与式 $=\displaystyle\int_0^1 x^{\frac{1}{5}}dx=\left[\dfrac{5}{6}x^{\frac{6}{5}}\right]_0^1=\dfrac{5}{6}$

(2) 与式 $=\Big[\log|x-1|\Big]_{-1}^0=-\log 2$

(3) 与式 $=\Big[-e^{-x}\Big]_0^{\log 9}=-e^{-\log 9}+e^0=-\dfrac{1}{9}+1=\dfrac{8}{9}$

(4) 与式 $=\Big[-\cos x\Big]_0^{\frac{\pi}{2}}=0+1=1$

(5) 与式 $=\left[\dfrac{1}{6}(2x-1)^3\right]_0^2=\dfrac{1}{6}(27+1)=\dfrac{14}{3}$

(6) 与式 $=\Big[\log|x|\Big]_1^{\frac{1}{e}}=\log\dfrac{1}{e}-\log 1=-1$

262

答 (1) $\dfrac{3}{10}(7\sqrt[3]{49}-1)$ (2) 0 (3) $\sqrt{2}$

(4) 0

検討 (1) $2x-1=t$ とおくと $dx=\dfrac{1}{2}dt$

与式 $=\displaystyle\int_1^7\sqrt[3]{t^2}\cdot\dfrac{1}{2}dt=\dfrac{1}{2}\left[\dfrac{3}{5}t^{\frac{5}{3}}\right]_1^7=\dfrac{3}{10}\left(7^{\frac{5}{3}}-1\right)$

(2) $3x=t$ とおくと $dx=\dfrac{1}{3}dt$

与式 $=\displaystyle\int_0^\pi\cos t\cdot\dfrac{1}{3}dt=\dfrac{1}{3}\Big[\sin t\Big]_0^\pi=0$

(3) $f(x)=\cos x$,$g(x)=\sin x$ とおくと
$f(-x)=f(x)$,$g(-x)=-g(x)$ となり,
$f(x)$ は偶関数,$g(x)$ は奇関数であるから

与式 $=2\displaystyle\int_0^{\frac{\pi}{4}}\cos x dx=2\Big[\sin x\Big]_0^{\frac{\pi}{4}}=\sqrt{2}$

(4) $f(x)=\dfrac{x^3}{x^2-1}$ とおくと $f(-x)=-f(x)$ と

なるので,$f(x)$ は奇関数である。

よって 与式 $=0$

263

答 (1) 1 (2) 1 (3) 0 (4) $\dfrac{e^2-1}{4}$

検討 (1) 与式 $=\Big[xe^x\Big]_0^1-\displaystyle\int_0^1 e^x dx$

$=e-\Big[e^x\Big]_0^1=e-(e-1)=1$

(2) 与式 $=\Big[x\log x\Big]_1^e-\displaystyle\int_1^e dx=e-\Big[x\Big]_1^e=1$

(3) 与式 $=\Big[x\cdot\dfrac{1}{2}\sin 2x\Big]_0^\pi-\displaystyle\int_0^\pi \dfrac{1}{2}\sin 2x\, dx$

$=-\displaystyle\int_0^\pi \dfrac{1}{2}\sin 2x\, dx=-\Big[-\dfrac{1}{4}\cos 2x\Big]_0^\pi=0$

(4) 与式 $=\Big[\dfrac{1}{2}x^2(\log x)^2\Big]_1^e-\displaystyle\int_1^e \dfrac{1}{2}x^2\cdot 2\log x\cdot\dfrac{1}{x}dx$

$=\dfrac{e^2}{2}-\displaystyle\int_1^e x\log x\, dx$

$=\dfrac{e^2}{2}-\Big(\Big[\dfrac{1}{2}x^2\log x\Big]_1^e-\displaystyle\int_1^e \dfrac{x}{2}dx\Big)$

$=\dfrac{e^2}{2}-\dfrac{e^2}{2}+\Big[\dfrac{x^2}{4}\Big]_1^e=\dfrac{e^2-1}{4}$

応用問題　　本冊 p.108

264

答 (1) $\dfrac{\pi}{4}$ (2) $\dfrac{\sqrt{3}}{12}\pi$

検討 (1) 与式 $=\displaystyle\int_0^1 \sqrt{1-(x-1)^2}\, dx$

$x-1=\sin\theta$ とおくと　$dx=\cos\theta d\theta$

積分区間の対応は，右の表のようになる。

x	0	$\to 1$
θ	$-\dfrac{\pi}{2}$	$\to 0$

$-\dfrac{\pi}{2}\leqq\theta\leqq 0$ で $\cos\theta\geqq 0$

だから

与式 $=\displaystyle\int_{-\frac{\pi}{2}}^0 \sqrt{1-\sin^2\theta}\cdot\cos\theta d\theta$

$=\displaystyle\int_{-\frac{\pi}{2}}^0 \cos^2\theta d\theta=\displaystyle\int_{-\frac{\pi}{2}}^0 \dfrac{1+\cos 2\theta}{2}d\theta$

$=\Big[\dfrac{\theta}{2}+\dfrac{1}{4}\sin 2\theta\Big]_{-\frac{\pi}{2}}^0=\dfrac{\pi}{4}$

(2) $x=\sqrt{3}\tan\theta$ とおくと　$dx=\dfrac{\sqrt{3}}{\cos^2\theta}d\theta$

積分区間の対応は，右の表のようになる。

x	$0\to\sqrt{3}$
θ	$0\to\dfrac{\pi}{4}$

与式 $=\displaystyle\int_0^{\frac{\pi}{4}} \dfrac{1}{3\tan^2\theta+3}\cdot\dfrac{\sqrt{3}}{\cos^2\theta}d\theta$

$=\dfrac{\sqrt{3}}{3}\displaystyle\int_0^{\frac{\pi}{4}}d\theta=\dfrac{\sqrt{3}}{3}\Big[\theta\Big]_0^{\frac{\pi}{4}}=\dfrac{\sqrt{3}}{12}\pi$

> **テスト対策**
>
> 置換積分をするとき，
> $\sqrt{a^2-x^2}$ を含むタイプは　$x=a\sin\theta$
> $\dfrac{1}{a^2+x^2}$ を含むタイプは　$x=a\tan\theta$
> とおくとよい。

265

答 (1) 2 (2) $\dfrac{5}{2}$ (3) $\dfrac{9}{4\log 2}$ (4) 4

検討 (1) 与式 $=\displaystyle\int_0^{\frac{\pi}{2}}\cos x\, dx-\displaystyle\int_{\frac{\pi}{2}}^\pi \cos x\, dx$

$=\Big[\sin x\Big]_0^{\frac{\pi}{2}}-\Big[\sin x\Big]_{\frac{\pi}{2}}^\pi=(1-0)-(0-1)=2$

(2) 与式 $=\displaystyle\int_1^3 (3-x)dx+\displaystyle\int_3^4 (x-3)dx$ と変形する。

(3) 与式 $=\displaystyle\int_{-2}^0 (1-2^x)dx+\displaystyle\int_0^2 (2^x-1)dx$

$=\Big[x-\dfrac{2^x}{\log 2}\Big]_{-2}^0+\Big[\dfrac{2^x}{\log 2}-x\Big]_0^2=\dfrac{9}{4\log 2}$

(4) 与式 $=\displaystyle\int_0^\pi 2\Big|\sin\Big(x+\dfrac{\pi}{3}\Big)\Big|dx$

$=\displaystyle\int_0^{\frac{2}{3}\pi} 2\sin\Big(x+\dfrac{\pi}{3}\Big)dx-\displaystyle\int_{\frac{2}{3}\pi}^\pi 2\sin\Big(x+\dfrac{\pi}{3}\Big)dx$

$=2\Big[-\cos\Big(x+\dfrac{\pi}{3}\Big)\Big]_0^{\frac{2}{3}\pi}-2\Big[-\cos\Big(x+\dfrac{\pi}{3}\Big)\Big]_{\frac{2}{3}\pi}^\pi=4$

266

答 (1) $3\log 3$ (2) $\dfrac{1}{2}$

検討 (1) $\sqrt{x}+1=t$ とおくと　$x=(t-1)^2$
$dx=2(t-1)dt$

与式 $=\int_1^3 \log t \cdot 2(t-1)dt$

$= \left[(t-1)^2 \log t\right]_1^3 - \int_1^3 \frac{(t-1)^2}{t}dt$

$= 4\log 3 - \int_1^3 \left(t-2+\frac{1}{t}\right)dt$

$= 4\log 3 - \left[\frac{t^2}{2}-2t+\log t\right]_1^3 = 3\log 3$

(2) $x^2=t$ とおくと $2xdx=dt$

与式 $=\int_0^1 e^t \cdot \frac{t}{2}dt = \left[\frac{t}{2}\cdot e^t\right]_0^1 - \int_0^1 \frac{e^t}{2}dt$

$= \frac{e}{2} - \left[\frac{e^t}{2}\right]_0^1 = \frac{1}{2}$

29 定積分のいろいろな問題

基本問題 ・・・・・・・・・・・・ 本冊 p.110

267

答 (1) $\cos x$ (2) $\sqrt{1+x^2}$ (3) $\frac{1}{x^2+1}$

(4) $e^x \log x$

検討 $\frac{d}{dx}\int_a^x f(t)dt = f(x)$ を利用する。

268

答 (1) $2\sin^2 2x - \sin^2 x$

(2) $2xe^{x^2}\cos x^2 - e^x\cos x$

検討 (1) $\sin^2 t$ の不定積分の1つを $F(t)$ とする。

$f(x) = F(2x) - F(x)$, $F'(t) = \sin^2 t$ より

$f'(x) = \frac{d}{dx}\int_x^{2x} \sin^2 t dt = 2F'(2x) - F'(x)$

$= 2\sin^2 2x - \sin^2 x$

(2) $e^t \cos t$ の不定積分の1つを $F(t)$ とし, (1)と同様にする。

> **テスト対策**
> 〔定積分で表された関数〕
> $\frac{d}{dx}\int_a^x f(t)dt = f(x)$
>
> $\frac{d}{dx}\int_{g(x)}^{h(x)} f(t)dt$
> $= f(h(x))h'(x) - f(g(x))g'(x)$

269

答 (1) $\frac{1}{2}$ (2) $\frac{1}{2}\log 2$ (3) $2\sqrt{2}-2$

検討 (1) 与式 $= \lim_{n\to\infty} n\sum_{k=1}^n \frac{1}{(n+k)^2}$

$= \lim_{n\to\infty} \frac{1}{n}\sum_{k=1}^n \frac{1}{\left(1+\frac{k}{n}\right)^2} = \int_0^1 \frac{1}{(1+x)^2}dx$

$= \left[-\frac{1}{1+x}\right]_0^1 = -\frac{1}{2}-(-1) = \frac{1}{2}$

(2) 与式 $= \lim_{n\to\infty}\sum_{k=1}^n \frac{k}{n^2+k^2} = \lim_{n\to\infty}\frac{1}{n}\sum_{k=1}^n \frac{\frac{k}{n}}{1+\left(\frac{k}{n}\right)^2}$

$= \int_0^1 \frac{x}{1+x^2}dx = \frac{1}{2}\int_0^1 \frac{(1+x^2)'}{1+x^2}dx$

$= \frac{1}{2}\left[\log(1+x^2)\right]_0^1 = \frac{1}{2}\log 2$

(3) 与式 $= \lim_{n\to\infty}\frac{1}{\sqrt{n}}\sum_{k=1}^n \frac{1}{\sqrt{n+k}}$

$= \lim_{n\to\infty}\frac{1}{n}\sum_{k=1}^n \frac{1}{\sqrt{1+\frac{k}{n}}}$

$= \int_0^1 \frac{1}{\sqrt{1+x}}dx = \left[2(1+x)^{\frac{1}{2}}\right]_0^1 = 2\sqrt{2}-2$

応用問題 ・・・・・・・・・・・・ 本冊 p.112

270

答 $x=0$ で最小値 $\frac{8\sqrt{2}}{3}$

検討 $x \leq -2$ のとき

$f(x) = \int_{-2}^2 \sqrt{t-x}dt = \frac{2}{3}\left[(t-x)^{\frac{3}{2}}\right]_{-2}^2$

$= \frac{2}{3}\left\{(2-x)^{\frac{3}{2}}-(-2-x)^{\frac{3}{2}}\right\}$

よって

$f'(x) = \sqrt{-x-2} - \sqrt{-x+2}$

$= \frac{-4}{\sqrt{-x-2}+\sqrt{-x+2}} < 0$

$-2 < x < 2$ のとき

$f(x) = \int_{-2}^x \sqrt{-t+x}dt + \int_x^2 \sqrt{t-x}dt$

$= -\frac{2}{3}\left[(-t+x)^{\frac{3}{2}}\right]_{-2}^x + \frac{2}{3}\left[(t-x)^{\frac{3}{2}}\right]_x^2$

$$= \frac{2}{3}\left\{(2+x)^{\frac{3}{2}}+(2-x)^{\frac{3}{2}}\right\}$$

$$f'(x)=\sqrt{x+2}-\sqrt{-x+2}$$

$$=\frac{2x}{\sqrt{x+2}+\sqrt{-x+2}}$$

$x \geqq 2$ のとき

$$f(x)=\int_{-2}^{2}\sqrt{-t+x}\,dt=-\frac{2}{3}\Big[(-t+x)^{\frac{3}{2}}\Big]_{-2}^{2}$$

$$=-\frac{2}{3}\left\{(-2+x)^{\frac{3}{2}}-(2+x)^{\frac{3}{2}}\right\}$$

よって

$$f'(x)=\sqrt{x+2}-\sqrt{x-2}$$

$$=\frac{4}{\sqrt{x+2}+\sqrt{x-2}}>0$$

x	$\cdots$	-2	$\cdots$	0	$\cdots$	2	$\cdots$
$f'(x)$	$-$		$-$	0	$+$		$+$
$f(x)$	$\searrow$	$\frac{16}{3}$	$\searrow$	極小 $\frac{8\sqrt{2}}{3}$	$\nearrow$	$\frac{16}{3}$	$\nearrow$

増減表より,$x=0$ のとき極小かつ最小となる。

271

[答] $a=-\dfrac{24}{\pi^2}$, $b=\dfrac{12}{\pi^2}$ のとき最小値 $-\dfrac{48}{\pi^4}+\dfrac{1}{2}$

[検討] $\{\cos\pi x-(ax+b)\}^2$
$=\cos^2\pi x-2(ax+b)\cos\pi x+(ax+b)^2$
$=\dfrac{1}{2}\cos 2\pi x-2(ax+b)\cos\pi x$
$\quad+a^2x^2+2abx+b^2+\dfrac{1}{2}$

ここで $\displaystyle\int_0^1\cos 2\pi x\,dx=\left[\dfrac{1}{2\pi}\sin 2\pi x\right]_0^1=0$

$-2\displaystyle\int_0^1(ax+b)\cos\pi x\,dx$

$=-2\left[(ax+b)\dfrac{\sin\pi x}{\pi}\right]_0^1+2\int_0^1 a\cdot\dfrac{\sin\pi x}{\pi}dx$

$=\dfrac{2a}{\pi}\left[-\dfrac{\cos\pi x}{\pi}\right]_0^1=\dfrac{4a}{\pi^2}$

$\displaystyle\int_0^1\left(a^2x^2+2abx+b^2+\dfrac{1}{2}\right)dx$

$=\dfrac{a^2}{3}+ab+b^2+\dfrac{1}{2}$

よって

$$\text{与式}=\dfrac{4a}{\pi^2}+\dfrac{a^2}{3}+ab+b^2+\dfrac{1}{2}$$

$$=\left(b+\dfrac{a}{2}\right)^2+\dfrac{1}{12}\left(a+\dfrac{24}{\pi^2}\right)^2-\dfrac{48}{\pi^4}+\dfrac{1}{2}$$

したがって,$b+\dfrac{a}{2}=0$,$a+\dfrac{24}{\pi^2}=0$ のとき最小となる。

272

[答] (1) $\displaystyle\int_0^1 f(x)dx=\dfrac{2}{3}$,$\displaystyle\int_0^1 xf(x)dx=\dfrac{16}{39}$

(2) $\dfrac{10}{39}$

[検討] (1) $\displaystyle\int_0^1 f(x)dx=\int_0^{\frac{1}{3}}f(x)dx+\int_{\frac{1}{3}}^1 f(x)dx$

$=\displaystyle\int_0^{\frac{1}{3}}\dfrac{1}{2}f(3x)dx+\int_{\frac{1}{3}}^1\left\{\dfrac{1}{2}f\left(\dfrac{3x-1}{2}\right)+\dfrac{1}{2}\right\}dx$

ここで $3x=t$,$\dfrac{3x-1}{2}=u$ とおき置換積分を行うと

$\displaystyle\int_0^1 f(x)dx$

$=\displaystyle\int_0^1\dfrac{1}{2}f(t)\cdot\dfrac{1}{3}dt+\int_0^1\dfrac{1}{2}f(u)\cdot\dfrac{2}{3}du+\left[\dfrac{x}{2}\right]_{\frac{1}{3}}^1$

$=\dfrac{1}{6}\displaystyle\int_0^1 f(t)dt+\dfrac{1}{3}\int_0^1 f(u)du+\dfrac{1}{3}$

$=\dfrac{1}{6}\displaystyle\int_0^1 f(x)dx+\dfrac{1}{3}\int_0^1 f(x)dx+\dfrac{1}{3}$

$=\dfrac{1}{2}\displaystyle\int_0^1 f(x)dx+\dfrac{1}{3}$

よって $\displaystyle\int_0^1 f(x)dx=\dfrac{2}{3}$ $\cdots$①

同様にして

$\displaystyle\int_0^1 xf(x)dx=\int_0^{\frac{1}{3}}xf(x)dx+\int_{\frac{1}{3}}^1 xf(x)dx$

$=\displaystyle\int_0^{\frac{1}{3}}\dfrac{x}{2}f(3x)dx+\int_{\frac{1}{3}}^1\left\{\dfrac{x}{2}f\left(\dfrac{3x-1}{2}\right)+\dfrac{x}{2}\right\}dx$

$=\displaystyle\int_0^1\dfrac{t}{6}f(t)\cdot\dfrac{1}{3}dt+\int_0^1\dfrac{2u+1}{6}f(u)\cdot\dfrac{2}{3}du$

$\quad+\left[\dfrac{x^2}{4}\right]_{\frac{1}{3}}^1$

$=\dfrac{1}{18}\displaystyle\int_0^1 tf(t)dt+\dfrac{2}{9}\int_0^1 uf(u)du$

$+\dfrac{1}{9}\displaystyle\int_0^1 f(u)du+\dfrac{2}{9}$

よって
$\displaystyle\int_0^1 xf(x)dx$
$=\dfrac{5}{18}\displaystyle\int_0^1 xf(x)dx+\dfrac{1}{9}\displaystyle\int_0^1 f(x)dx+\dfrac{2}{9}$

①を代入して
$\dfrac{13}{18}\displaystyle\int_0^1 xf(x)dx=\dfrac{8}{27}$

よって $\displaystyle\int_0^1 xf(x)dx=\dfrac{16}{39}$

(2) 部分積分法により
$\displaystyle\int_0^1 F(x)dx=\Big[xF(x)\Big]_0^1-\displaystyle\int_0^1 xF'(x)dx$
$=F(1)-\displaystyle\int_0^1 xf(x)dx$
$=\displaystyle\int_0^1 f(y)dy-\displaystyle\int_0^1 xf(x)dx$
$=\displaystyle\int_0^1 f(x)dx-\displaystyle\int_0^1 xf(x)dx=\dfrac{2}{3}-\dfrac{16}{39}=\dfrac{10}{39}$

273

答 (1) $0\leqq x\leqq\dfrac{1}{2}$ の範囲で

$0<1-x\leqq 1-x^4\leqq 1$

だから $\sqrt{1-x}\leqq\sqrt{1-x^4}\leqq 1$

$1\leqq\dfrac{1}{\sqrt{1-x^4}}\leqq\dfrac{1}{\sqrt{1-x}}$

等号は常には成り立たないから

$\displaystyle\int_0^{\frac{1}{2}}dx<\displaystyle\int_0^{\frac{1}{2}}\dfrac{dx}{\sqrt{1-x^4}}<\displaystyle\int_0^{\frac{1}{2}}\dfrac{dx}{\sqrt{1-x}}$

$\Big[x\Big]_0^{\frac{1}{2}}<\displaystyle\int_0^{\frac{1}{2}}\dfrac{dx}{\sqrt{1-x^4}}<\Big[-2(1-x)^{\frac{1}{2}}\Big]_0^{\frac{1}{2}}$

$\dfrac{1}{2}<\displaystyle\int_0^{\frac{1}{2}}\dfrac{dx}{\sqrt{1-x^4}}<2-\sqrt{2}$

(2) $f(x)=\sin x-\dfrac{2}{\pi}x$ とおくと

$f'(x)=\cos x-\dfrac{2}{\pi}$

$f'(\alpha)=0$
$\left(0<\alpha<\dfrac{\pi}{2}\right)$
とおくと,
増減表より

x	0	$\cdots$	α	$\cdots$	$\dfrac{\pi}{2}$
$f'(x)$		$+$	0	$-$	
$f(x)$	0	↗	極大	↘	0

$0<x<\dfrac{\pi}{2}$ で $f(x)>0$

また, $g(x)=x-\sin x$ とおくと $0<x<\dfrac{\pi}{2}$ で
$g'(x)=1-\cos x>0$, $g(0)=0$

よって $0<x<\dfrac{\pi}{2}$ で $g(x)>0$

以上より $0<x<\dfrac{\pi}{2}$ で $\dfrac{2}{\pi}x<\sin x<x$

また $0<x<\dfrac{\pi}{2}$ で

$0<1+\dfrac{2}{\pi}x<1+\sin x<1+x$ だから

$\log\left(1+\dfrac{2}{\pi}x\right)<\log(1+\sin x)<\log(1+x)$

よって $\displaystyle\int_0^{\frac{\pi}{2}}\log\left(1+\dfrac{2}{\pi}x\right)dx$
$<\displaystyle\int_0^{\frac{\pi}{2}}\log(1+\sin x)dx<\displaystyle\int_0^{\frac{\pi}{2}}\log(1+x)dx$

ここで

$\displaystyle\int_0^{\frac{\pi}{2}}\log\left(1+\dfrac{2}{\pi}x\right)dx$
$=\dfrac{\pi}{2}\displaystyle\int_0^{\frac{\pi}{2}}\left(1+\dfrac{2}{\pi}x\right)'\log\left(1+\dfrac{2}{\pi}x\right)dx$
$=\dfrac{\pi}{2}\Big[\left(1+\dfrac{2}{\pi}x\right)\log\left(1+\dfrac{2}{\pi}x\right)\Big]_0^{\frac{\pi}{2}}$
$\quad-\dfrac{\pi}{2}\displaystyle\int_0^{\frac{\pi}{2}}\left(1+\dfrac{2}{\pi}x\right)\cdot\dfrac{1}{1+\dfrac{2}{\pi}x}\cdot\dfrac{2}{\pi}dx$
$=\pi\log 2-\displaystyle\int_0^{\frac{\pi}{2}}dx=\pi\log 2-\Big[x\Big]_0^{\frac{\pi}{2}}$
$=\pi\log 2-\dfrac{\pi}{2}$

$\displaystyle\int_0^{\frac{\pi}{2}}\log(1+x)dx$
$=\Big[(1+x)\log(1+x)\Big]_0^{\frac{\pi}{2}}-\displaystyle\int_0^{\frac{\pi}{2}}dx$
$=\left(1+\dfrac{\pi}{2}\right)\log\left(1+\dfrac{\pi}{2}\right)-\Big[x\Big]_0^{\frac{\pi}{2}}$
$=\left(1+\dfrac{\pi}{2}\right)\log\left(1+\dfrac{\pi}{2}\right)-\dfrac{\pi}{2}$

よって $\pi\log 2<\dfrac{\pi}{2}+\displaystyle\int_0^{\frac{\pi}{2}}\log(1+\sin x)dx$
$\quad<\left(1+\dfrac{\pi}{2}\right)\log\left(1+\dfrac{\pi}{2}\right)$

274

[答] $y=\dfrac{1}{x}$ のグラフで

$0<k\leqq x\leqq k+1$ のとき $\dfrac{1}{k+1}\leqq\dfrac{1}{x}\leqq\dfrac{1}{k}$

等号は常には成り立たないから

$$\int_k^{k+1}\dfrac{dx}{k+1}<\int_k^{k+1}\dfrac{dx}{x}<\int_k^{k+1}\dfrac{dx}{k}$$

$$\dfrac{1}{k+1}\cdot 1<\int_k^{k+1}\dfrac{dx}{x}<\dfrac{1}{k}\cdot 1$$

左側の不等式で $k=1$, 2, $\cdots$, $n-1$ $(n\geqq 2)$ として辺々加えると

$$\dfrac{1}{2}+\dfrac{1}{3}+\cdots+\dfrac{1}{n}<\int_1^n\dfrac{dx}{x}=\Big[\log|x|\Big]_1^n$$

$=\log n$

両辺に 1 を加えて

$$1+\dfrac{1}{2}+\dfrac{1}{3}+\cdots+\dfrac{1}{n}<1+\log n$$

右側の不等式で $k=1$, 2, $\cdots$, n として辺々加えると

$$\int_1^{n+1}\dfrac{dx}{x}<\dfrac{1}{1}+\dfrac{1}{2}+\cdots+\dfrac{1}{n}$$

よって $\log(n+1)<1+\dfrac{1}{2}+\dfrac{1}{3}+\cdots+\dfrac{1}{n}$

以上より

$$\log(n+1)<1+\dfrac{1}{2}+\dfrac{1}{3}+\cdots+\dfrac{1}{n}<1+\log n$$

275

[答] (1) $\dfrac{1}{2}$ (2) -1

[検討] (1) 与式$=\lim\limits_{x\to\infty}\Big[-\dfrac{1}{2}t^{-2}\Big]_1^x$

$=\lim\limits_{x\to\infty}\Big(-\dfrac{1}{2x^2}+\dfrac{1}{2}\Big)=\dfrac{1}{2}$

(2) $\sin 2t-\cos t$ の不定積分の 1 つを $F(t)$ とすると $F'(t)=\sin 2t-\cos t$

与式$=\lim\limits_{x\to 0}\dfrac{1}{x}\Big[F(t)\Big]_0^x=\lim\limits_{x\to 0}\dfrac{F(x)-F(0)}{x-0}=F'(0)$

$=\sin 0-\cos 0=-1$

30 面 積

基本問題　　　　　　本冊 *p.115*

276

[答] $\dfrac{4\sqrt{2}}{3}$

[検討] 曲線と x 軸, y 軸との交点はそれぞれ $(2, 0)$, $(0, \sqrt{2})$ である。求める面積 S は

$S=\int_0^2\sqrt{2-x}\,dx$

$=\Big[-\dfrac{2}{3}(2-x)^{\frac{3}{2}}\Big]_0^2=\dfrac{4\sqrt{2}}{3}$

277

[答] e^2-3

[検討] 曲線と x 軸, y 軸との交点はそれぞれ $(e^2-1, 0)$, $(0, -2)$ であり, 求める面積 S は右の図の斜線部分の面積である。

$\log(x+1)=y+2$ より, $x=e^{y+2}-1$ だから, 曲線の式を y について積分すると

$S=\int_{-2}^0(e^{y+2}-1)dy=\Big[e^{y+2}-y\Big]_{-2}^0=e^2-3$

278

[答] 2

[検討] 求める面積 S は右の図の斜線部分の面積であるから

$S=\int_0^\pi|\cos x|dx$

$=\int_0^{\frac{\pi}{2}}\cos x\,dx-\int_{\frac{\pi}{2}}^\pi\cos x\,dx$

$=\Big[\sin x\Big]_0^{\frac{\pi}{2}}-\Big[\sin x\Big]_{\frac{\pi}{2}}^\pi=1-(-1)=2$

279

[答] e^2-1

[検討] 求める面積 S は右の図の斜線部分の面積であるから

$$S=\int_0^2 e^y dy=\left[e^y\right]_0^2=e^2-1$$

280

[答] $\dfrac{728}{3}$

[検討] 求める面積 S は右の図の斜線部分の面積であるから

$$S=\int_1^9 y^2 dy=\left[\dfrac{y^3}{3}\right]_1^9=\dfrac{728}{3}$$

281

[答] (1) $\dfrac{1}{2}$ (2) $\dfrac{16}{15}$ (3) $3\log3-6\log2+2$

(4) $2\log2$

[検討] (1) 与式
$=x(x-1)(x-2)$
求める面積 S は右の図の斜線部分の面積であるから

$$S=\int_0^1 y dx-\int_1^2 y dx$$

$$=\left[\dfrac{x^4}{4}-x^3+x^2\right]_0^1-\left[\dfrac{x^4}{4}-x^3+x^2\right]_1^2$$

$$=\dfrac{1}{4}-\left(-\dfrac{1}{4}\right)=\dfrac{1}{2}$$

(2) 与式$=-(x^2-1)^2$
$=-(x-1)^2(x+1)^2$
求める面積 S は右の図の斜線部分の面積であるから

$$S=\int_{-1}^1(-y)dx=-2\int_0^1 y dx$$

$$=-2\left[-\dfrac{x^5}{5}+\dfrac{2}{3}x^3-x\right]_0^1=\dfrac{16}{15}$$

(3) 求める面積 S は右の図の斜線部分の面積であるから

$$S=\int_1^{\frac{3}{2}}\left(\dfrac{3}{x}-2\right)dx$$

$$-\int_{\frac{3}{2}}^3\left(\dfrac{3}{x}-2\right)dx$$

$$=\left[3\log|x|-2x\right]_1^{\frac{3}{2}}-\left[3\log|x|-2x\right]_{\frac{3}{2}}^3$$

$$=3\log3-6\log2+2$$

(4) $y=\tan x$ のグラフは原点に関して対称である。

$$S=\int_{-\frac{\pi}{3}}^{\frac{\pi}{3}}|\tan x|dx=2\int_0^{\frac{\pi}{3}}\tan x dx$$

$$=2\int_0^{\frac{\pi}{3}}\dfrac{-(\cos x)'}{\cos x}dx=2\left[-\log|\cos x|\right]_0^{\frac{\pi}{3}}$$

$$=2\log2$$

282

[答] (1) $\dfrac{1}{48}$ (2) $\dfrac{5}{2}-6\log\dfrac{3}{2}$ (3) $2\sqrt{2}$

[検討] (1) 求める面積 S は右の図の斜線部分の面積であるから

$$S=\int_0^{\frac{1}{4}}(\sqrt{x}-2x)dx$$

$$=\left[\dfrac{2}{3}x^{\frac{3}{2}}-x^2\right]_0^{\frac{1}{4}}$$

$$=\dfrac{1}{48}$$

(2) 求める面積 S は右の図の斜線部分の面積であるから

$$S=\int_2^3\left(-x+5-\dfrac{6}{x}\right)dx$$

$$=\left[-\dfrac{x^2}{2}+5x-6\log|x|\right]_2^3$$

$$=\dfrac{5}{2}-6\log\dfrac{3}{2}$$

(3) $\sin x-\cos x=\sqrt{2}\sin\left(x-\dfrac{\pi}{4}\right)$

$\dfrac{\pi}{4}\leqq x\leqq\dfrac{5}{4}\pi$ より $0\leqq x-\dfrac{\pi}{4}\leqq\pi$

であるから $\sqrt{2}\sin\left(x-\dfrac{\pi}{4}\right)\geqq0$

すなわち $\cos x \leqq \sin x$
求める面積 S は右の図の
斜線部分の面積であるから

$$S = \int_{\frac{\pi}{4}}^{\frac{5}{4}\pi} (\sin x - \cos x) dx$$

$$= \Big[-\cos x - \sin x \Big]_{\frac{\pi}{4}}^{\frac{5}{4}\pi} = 2\sqrt{2}$$

283

答　$\dfrac{e}{2} - 1$

検討　$y = \log x$　…①

$y' = \dfrac{1}{x}$

よって，曲線上の点
$(a, \log a)$ における接線は

$y - \log a = \dfrac{1}{a}(x - a)$　…②

②が原点を通るので，②に $x=0$, $y=0$ を代入して　$a = e$

したがって，接点は $(e, 1)$ で，

②は　$y = \dfrac{1}{e}x$　…③　となる。

①は $x = e^y$，③は $x = ey$ であるから，求める面積 S は

$$S = \int_0^1 (e^y - ey) dy = \Big[e^y - \dfrac{e}{2}y^2 \Big]_0^1 = \dfrac{e}{2} - 1$$

284

答　$\dfrac{e^3}{2} - 1$

検討　曲線 $y = \log x$　…①
上の点 $(a, \log a)$ における
接線は　$y - \log a = \dfrac{1}{a}(x - a)$

これが点 $(0, 2)$ を通るから

$2 - \log a = \dfrac{1}{a}(-a)$　$a = e^3$

よって，接点は $(e^3, 3)$ となり，接線は

$y = \dfrac{1}{e^3}x + 2$　…②

①は $x = e^y$，②は $x = e^3(y-2)$ であるから，求める面積 S は

$$S = \int_0^3 e^y dy - \int_2^3 e^3(y-2) dy$$

$$= \Big[e^y \Big]_0^3 - e^3 \Big[\dfrac{(y-2)^2}{2} \Big]_2^3 = e^3 - 1 - \dfrac{e^3}{2} = \dfrac{e^3}{2} - 1$$

285

答　(1) 6π　(2) $\dfrac{\pi}{2}$

検討　(1) $S = 2\int_{-3}^{3} \dfrac{2}{3}\sqrt{9 - x^2} dx$

$= \dfrac{4}{3} \int_{-3}^{3} \sqrt{9 - x^2} dx$

$= \dfrac{4}{3} \cdot \dfrac{9}{2}\pi = 6\pi$

(2) $S = 2\int_{-1}^{1} \dfrac{1}{2}\sqrt{1 - x^2} dx = \int_{-1}^{1} \sqrt{1 - x^2} dx = \dfrac{\pi}{2}$

応用問題　　　　　　　　　　本冊 *p.117*

286

答　$\dfrac{5}{2}$

検討　2曲線の交点の x 座標は

$\sin 2x = \sin x$ より　$\sin x (2\cos x - 1) = 0$

$0 \leqq x \leqq \pi$ の範囲で

$\sin x = 0$ のとき $x = 0$, π

$\cos x = \dfrac{1}{2}$ のとき $x = \dfrac{\pi}{3}$

求める面積 S は右の図の
斜線部分の面積であるから

$$S = \int_0^{\frac{\pi}{3}} (\sin 2x - \sin x) dx + \int_{\frac{\pi}{3}}^{\pi} (\sin x - \sin 2x) dx$$

$$= \Big[-\dfrac{\cos 2x}{2} + \cos x \Big]_0^{\frac{\pi}{3}} + \Big[-\cos x + \dfrac{\cos 2x}{2} \Big]_{\frac{\pi}{3}}^{\pi}$$

$$= \Big(\dfrac{1}{4} + \dfrac{1}{2} + \dfrac{1}{2} - 1 \Big) + \Big(1 + \dfrac{1}{2} + \dfrac{1}{2} + \dfrac{1}{4} \Big) = \dfrac{5}{2}$$

287

答　$\dfrac{e^3}{6} - \dfrac{e}{2}$

検討　$y = \sqrt{x}$　…①, $y = \dfrac{e}{2}\log x$　…②

$f(x) = \sqrt{x} - \dfrac{e}{2}\log x$　$(x > 0)$ とおくと

288〜290 の答え　77

$f'(x)=\dfrac{1}{2\sqrt{x}}-\dfrac{e}{2x}$

x	0	$\cdots$	e^2	$\cdots$
$f'(x)$	/	$-$	0	$+$
$f(x)$	/	↘	極小	↗

極小値は $f(e^2)=0$
であるから
　　$f(x)\geqq 0$
すなわち
　　$\sqrt{x}\geqq \dfrac{e}{2}\log x$

よって，2曲線①，②は
1点 $(e^2,\ e)$ のみを共有し，求める面積 S は
右の図の斜線部分の面積であるから

$S=\displaystyle\int_0^{e^2}\sqrt{x}\,dx-\dfrac{e}{2}\int_1^{e^2}\log x\,dx$

$\quad=\left[\dfrac{2}{3}x^{\frac{3}{2}}\right]_0^{e^2}-\dfrac{e}{2}\Big[x\log x-x\Big]_1^{e^2}=\dfrac{e^3}{6}-\dfrac{e}{2}$

288

答　$4\sqrt{3}+2\log(2-\sqrt{3})$

検討　$0<x<\pi$ のとき，$4\sin x=\dfrac{1}{\sin x}$ とすると

　　$(2\sin x+1)(2\sin x-1)=0$

　　$\sin x=\dfrac{1}{2}$　　ゆえに　$x=\dfrac{\pi}{6},\ \dfrac{5}{6}\pi$

よって，交点は $\left(\dfrac{\pi}{6},\ 2\right)$, $\left(\dfrac{5}{6}\pi,\ 2\right)$

2曲線とも $x=\dfrac{\pi}{2}$ に
ついて対称で，
$\dfrac{\pi}{6}<x<\dfrac{\pi}{2}$ では

　　$4\sin x-\dfrac{1}{\sin x}$

　　$=\dfrac{4\sin^2 x-1}{\sin x}>0$　より

求める面積 S は右上の図の斜線部分の面積
であるから

$S=2\displaystyle\int_{\frac{\pi}{6}}^{\frac{\pi}{2}}\left(4\sin x-\dfrac{1}{\sin x}\right)dx$

$\quad=2\left[-4\cos x-\dfrac{1}{2}\log\dfrac{1-\cos x}{1+\cos x}\right]_{\frac{\pi}{6}}^{\frac{\pi}{2}}$

$\quad=4\sqrt{3}+\log\dfrac{2-\sqrt{3}}{2+\sqrt{3}}$

(注)　$\cos x=t$ とおくと

$\displaystyle\int\dfrac{dx}{\sin x}=\int\dfrac{\sin x}{1-\cos^2 x}dx=\int\dfrac{-1}{1-t^2}dt$

$\quad=\dfrac{1}{2}\displaystyle\int\left(\dfrac{1}{t-1}-\dfrac{1}{t+1}\right)dt$

$\quad=\dfrac{1}{2}(\log|t-1|-\log|t+1|)+C$

$\quad=\dfrac{1}{2}\log\left|\dfrac{t-1}{t+1}\right|+C$

$\quad=\dfrac{1}{2}\log\left(\dfrac{1-\cos x}{1+\cos x}\right)+C$

289

答　(1) $n-2\sqrt{n}+1$　　(2) 1

検討　(1) 2曲線 $y=e^x$，
$y=ne^{-x}$ の交点の x 座標は
　　$e^x=ne^{-x}$　$e^{2x}=n$
より　$x=\dfrac{1}{2}\log n$

$S_n=\displaystyle\int_0^{\frac{1}{2}\log n}(ne^{-x}-e^x)dx$

$\quad=\left[-ne^{-x}-e^x\right]_0^{\frac{1}{2}\log n}$

$\quad=\left(-n\cdot e^{-\frac{1}{2}\log n}-e^{\frac{1}{2}\log n}\right)-(-n-1)$

$\quad=-n\cdot n^{-\frac{1}{2}}-n^{\frac{1}{2}}+n+1=n-2\sqrt{n}+1$

(2) $\displaystyle\lim_{n\to\infty}(S_{n+1}-S_n)$

$=\displaystyle\lim_{n\to\infty}\{n+1-2\sqrt{n+1}+1-(n-2\sqrt{n}+1)\}$

$=\displaystyle\lim_{n\to\infty}\{1-2(\sqrt{n+1}-\sqrt{n})\}$

$=\displaystyle\lim_{n\to\infty}\left(1-\dfrac{2}{\sqrt{n+1}+\sqrt{n}}\right)=1$

290

答　$\dfrac{4}{5}$

検討　$y=0$ となるのは，$t=\pm 1$ のとき。
このとき $x=0,\ 2$ であり，$0\leqq x\leqq 2$ で
　　$y\geqq 0$
また，$dx=3t^2 dt$ であるから

$S=\displaystyle\int_0^2 y\,dx=\int_{-1}^1(1-t^2)\cdot 3t^2 dt$

$\quad=2\displaystyle\int_0^1(3t^2-3t^4)dt=2\left[t^3-\dfrac{3}{5}t^5\right]_0^1=\dfrac{4}{5}$

291

答 6π

検討 この曲線は楕円を表し，右の図のようになる。また，この曲線は x 軸に関して対称であるから，x 軸より上の部分の面積を求めて 2 倍すればよい。

$x = 3\cos\theta$ より $dx = -3\sin\theta\, d\theta$

したがって，求める面積 S は

$$S = 2\int_{-3}^{3} y\,dx = 2\int_{\pi}^{0} 2\sin\theta \cdot (-3\sin\theta)d\theta$$

$$= 6\int_{0}^{\pi}(1-\cos 2\theta)d\theta = 6\left[\theta - \frac{1}{2}\sin 2\theta\right]_{0}^{\pi} = 6\pi$$

292

答 4π

検討 y について解くと $y = -x \pm \sqrt{4-x^2}$

$y = -x + \sqrt{4-x^2}$ のとき

$$y' = -1 - \frac{x}{\sqrt{4-x^2}}$$

$y' = 0$ とすると $x = -\sqrt{2}$

x	-2	$\cdots$	$-\sqrt{2}$	$\cdots$	2
y'	/	$+$	0	$-$	/
y	2	↗	$2\sqrt{2}$	↘	-2

増減表，および与えられた曲線が原点に関して対称であることから，グラフは右の図のようになる。求める面積 S は右の図の斜線部分の面積であるから

$$S = \int_{-2}^{2}\{(-x+\sqrt{4-x^2})-(-x-\sqrt{4-x^2})\}dx$$

$$= 2\int_{-2}^{2}\sqrt{4-x^2}\,dx = 4\pi$$

(注) $\int_{-2}^{2}\sqrt{4-x^2}\,dx$ は半径 2 の半円の面積を表す。

31 体積と曲線の長さ

基本問題 ......本冊 p.121

293

答 $\dfrac{1}{3}Sh$

検討 三角錐の頂点を原点 O とし，O から底面に下ろした垂線を x 軸にとる。$0 \leq x \leq h$ のとき，図のように x 座標が x の点を通り，x 軸に垂直な平面で切ったときの切り口の面積を $S(x)$ とすると

$$S(x):S = x^2:h^2 \qquad S(x) = \frac{S}{h^2}x^2$$

ゆえに $V = \int_{0}^{h}\dfrac{S}{h^2}x^2\,dx = \dfrac{S}{h^2}\left[\dfrac{x^3}{3}\right]_{0}^{h} = \dfrac{1}{3}Sh$

294

答 $\dfrac{2\sqrt{3}}{3}$ cm^3

検討 $V = \int_{0}^{2}\dfrac{1}{2}x^2\sin\dfrac{\pi}{3}dx = \dfrac{\sqrt{3}}{4}\left[\dfrac{x^3}{3}\right]_{0}^{2}$

$$= \dfrac{\sqrt{3}}{4} \cdot \dfrac{8}{3} = \dfrac{2\sqrt{3}}{3}$$

295

答 $\pi\left(1 - \dfrac{\pi}{4}\right)$

検討 $V = \pi\int_{0}^{\frac{\pi}{4}} y^2\,dx$

$$= \pi\int_{0}^{\frac{\pi}{4}} \tan^2 x\,dx$$

$$= \pi\int_{0}^{\frac{\pi}{4}} \left(\dfrac{1}{\cos^2 x} - 1\right)dx$$

$$= \pi\left[\tan x - x\right]_{0}^{\frac{\pi}{4}} = \pi\left(1 - \dfrac{\pi}{4}\right)$$

296

答 $\pi\log(e+2)$

検討 $V = \pi\int_{0}^{e+1} y^2\,dx$

$$= \pi \int_0^{e+1} \frac{dx}{x+1}$$
$$= \pi \Big[\log|x+1|\Big]_0^{e+1} = \pi \log(e+2)$$

297

答 $\pi\left(\dfrac{e^4}{2} - 2e^2 + \dfrac{7}{2}\right)$

検討 $V = \pi \int_0^2 x^2 dy$
$$= \pi \int_0^2 (e^y - 1)^2 dy = \pi \int_0^2 (e^{2y} - 2e^y + 1) dy$$
$$= \pi \left[\frac{e^{2y}}{2} - 2e^y + y\right]_0^2 = \pi\left(\frac{e^4}{2} - 2e^2 + \frac{7}{2}\right)$$

298

答 $\pi(e^2 + 4 - e^{-2})$

検討 $V = \pi \int_{-1}^1 y^2 dx$
$$= \pi \int_{-1}^1 (e^x + e^{-x})^2 dx$$
$$= \pi \int_{-1}^1 (e^{2x} + 2 + e^{-2x}) dx$$
$$= \pi\left[\frac{e^{2x}}{2} + 2x - \frac{e^{-2x}}{2}\right]_{-1}^1 = \pi(e^2 + 4 - e^{-2})$$

299

答 $12\pi^2$

検討 与式を y について

解くと $y = 2 \pm \dfrac{\sqrt{9-x^2}}{3}$

右の図から,求める回転体の体積 V は
$$V = \pi \int_{-3}^3 y_1^2 dx - \pi \int_{-3}^3 y_2^2 dx$$
$$= \pi \int_{-3}^3 (y_1 + y_2)(y_1 - y_2) dx$$
$$= \pi \int_{-3}^3 \frac{8}{3}\sqrt{9-x^2}\, dx = \frac{16}{3}\pi \int_0^3 \sqrt{9-x^2}\, dx$$
$$= 12\pi^2$$

(注) $\int_0^3 \sqrt{9-x^2}\, dx$ は半径 3 の四分円の面積 $\dfrac{9}{4}\pi$ を表す。

300

答 $\dfrac{8}{3}\pi$

検討 与式を x について解

くと $x = 1 \pm \sqrt{1+y}$

右の図から,求める立体の体積 V は
$$V = \pi \int_{-1}^0 x_1^2 dy - \pi \int_{-1}^0 x_2^2 dy$$
$$= \pi \int_{-1}^0 (x_1 + x_2)(x_1 - x_2) dy$$
$$= \pi \int_{-1}^0 4\sqrt{1+y}\, dy = 4\pi \left[\frac{2}{3}(1+y)^{\frac{3}{2}}\right]_{-1}^0 = \frac{8}{3}\pi$$

301

答 (1) 24 (2) 6 (3) $6\sqrt{3}$ (4) $\dfrac{12}{5}$

検討 (1) $\dfrac{dx}{d\theta} = 3(1-\cos\theta)$, $\dfrac{dy}{d\theta} = 3\sin\theta$

よって,求める曲線の長さ L は
$$L = \int_0^{2\pi} \sqrt{\left(\frac{dx}{d\theta}\right)^2 + \left(\frac{dy}{d\theta}\right)^2}\, d\theta$$
$$= \int_0^{2\pi} \sqrt{9(1-\cos\theta)^2 + 9\sin^2\theta}\, d\theta$$
$$= 3\int_0^{2\pi} \sqrt{2(1-\cos\theta)}\, d\theta$$
$$= 6\int_0^{2\pi} \sin\frac{\theta}{2}\, d\theta = 6\left[-2\cos\frac{\theta}{2}\right]_0^{2\pi} = 24$$

(2) 与式の曲線は右の図のように x 軸および y 軸に関して対称である。よって,第 1 象限の部分の長さを求めて 4 倍すればよい。

$$\frac{dx}{d\theta} = -3\cos^2\theta\sin\theta, \quad \frac{dy}{d\theta} = 3\sin^2\theta\cos\theta$$
$$\left(\frac{dx}{d\theta}\right)^2 + \left(\frac{dy}{d\theta}\right)^2 = 9\cos^4\theta\sin^2\theta + 9\sin^4\theta\cos^2\theta$$
$$= 9\sin^2\theta\cos^2\theta$$

$0 \leqq \theta \leqq \dfrac{\pi}{2}$ で $\sin\theta \geqq 0$, $\cos\theta \geqq 0$

よって,求める長さ L は
$$L = 4\int_0^{\frac{\pi}{2}} \sqrt{9\sin^2\theta\cos^2\theta}\, d\theta = 12\int_0^{\frac{\pi}{2}} \sin\theta\cos\theta\, d\theta$$
$$= 6\int_0^{\frac{\pi}{2}} \sin 2\theta\, d\theta = 6\left[-\frac{1}{2}\cos 2\theta\right]_0^{\frac{\pi}{2}} = 6$$

(3) 与式の曲線は右の図のようになる。$\dfrac{dx}{dt}=6t$, $\dfrac{dy}{dt}=3-3t^2$ であるから，求める長さ L は

$$L=\int_0^{\sqrt{3}}\sqrt{36t^2+(9-18t^2+9t^4)}\,dt$$
$$=3\int_0^{\sqrt{3}}\sqrt{(1+t^2)^2}\,dt$$
$$=3\int_0^{\sqrt{3}}(1+t^2)\,dt=3\left[t+\dfrac{t^3}{3}\right]_0^{\sqrt{3}}=6\sqrt{3}$$

(4) $\dfrac{dy}{dx}=\dfrac{1}{2}(e^x-e^{-x})$ であり，与式の曲線は次の図のようになるから，求める長さ L は

$$L=\int_0^{\log 5}\sqrt{1+\left(\dfrac{dy}{dx}\right)^2}\,dx$$
$$=\int_0^{\log 5}\sqrt{1+\dfrac{(e^x-e^{-x})^2}{4}}\,dx$$
$$=\int_0^{\log 5}\sqrt{\dfrac{(e^x+e^{-x})^2}{4}}\,dx$$
$$=\dfrac{1}{2}\int_0^{\log 5}(e^x+e^{-x})\,dx$$
$$=\dfrac{1}{2}\Big[e^x-e^{-x}\Big]_0^{\log 5}=\dfrac{1}{2}\left(5-\dfrac{1}{5}\right)=\dfrac{12}{5}$$

302

答 (1) -2 (2) $\dfrac{5}{2}$

検討 (1) $s=\int_0^{\pi}(\sin 2t-\sin t)\,dt$
$$=\left[-\dfrac{1}{2}\cos 2t+\cos t\right]_0^{\pi}$$
$$=\left(-\dfrac{1}{2}-1\right)-\left(-\dfrac{1}{2}+1\right)=-2$$

(2) $l=\int_0^{\pi}|\sin 2t-\sin t|\,dt$

$\sin 2t-\sin t=2\sin t\cos t-\sin t$
$\qquad\qquad\qquad =\sin t(2\cos t-1)$

より

$0\leqq t\leqq \dfrac{\pi}{3}$ では $\sin 2t-\sin t\geqq 0$

$\dfrac{\pi}{3}\leqq t\leqq \pi$ では $\sin 2t-\sin t\leqq 0$

よって

l
$=\int_0^{\frac{\pi}{3}}(\sin 2t-\sin t)\,dt+\int_{\frac{\pi}{3}}^{\pi}(-\sin 2t+\sin t)\,dt$
$=\left[-\dfrac{1}{2}\cos 2t+\cos t\right]_0^{\frac{\pi}{3}}+\left[\dfrac{1}{2}\cos 2t-\cos t\right]_{\frac{\pi}{3}}^{\pi}$
$=\dfrac{3}{4}-\dfrac{1}{2}+\dfrac{3}{2}+\dfrac{3}{4}=\dfrac{5}{2}$

応用問題 ……… 本冊 p.124

303

答 $\dfrac{2\sqrt{3}}{3}a^3$

検討 底面の直径 AB を x 軸にとり，中心 O を原点にとる。右の図のように x 座標が x である x 軸上の点 P をとり，x 軸に垂直な平面でこの立体を切ると，断面の面積 $S(x)$ は

$$S(x)=\dfrac{1}{2}\mathrm{PQ}\cdot\sqrt{3}\mathrm{PQ}=\dfrac{\sqrt{3}}{2}\mathrm{PQ}^2=\dfrac{\sqrt{3}}{2}(a^2-x^2)$$

よって，求める体積 V は

$$V=\int_{-a}^{a}S(x)\,dx=2\int_0^a S(x)\,dx$$
$$=2\cdot\dfrac{\sqrt{3}}{2}\int_0^a(a^2-x^2)\,dx$$
$$=\sqrt{3}\left[a^2x-\dfrac{x^3}{3}\right]_0^a=\dfrac{2\sqrt{3}}{3}a^3$$

304

答 $\dfrac{4\sqrt{3}}{3}a^3$

検討 図のように直径 AB を x 軸上にとり，円の中心 O を原点とする。また，点 P の座標を x とすると

$\mathrm{QR}=2\mathrm{PQ}=2\sqrt{a^2-x^2}$
$\mathrm{PS}=\sqrt{3}\mathrm{PQ}=\sqrt{3(a^2-x^2)}$

ゆえに，三角形 QRS の面積を $S(x)$ とすると

$$S(x)=\dfrac{1}{2}\cdot\mathrm{QR}\cdot\mathrm{PS}=\sqrt{3}(a^2-x^2)$$

305〜**307** の答え　*81*

よって，求める体積 V は
$$V=\int_{-a}^{a}S(x)dx=2\int_{0}^{a}S(x)dx$$
$$=2\sqrt{3}\int_{0}^{a}(a^2-x^2)dx=2\sqrt{3}\left[a^2x-\frac{x^3}{3}\right]_{0}^{a}$$
$$=\frac{4\sqrt{3}}{3}a^3$$

305

[答] (1) $\left(\frac{11}{2}+4\log 2\right)\pi$　(2) $\frac{64}{15}\pi$　(3) $4\pi^2$

[検討] (1) 与式を x について解くと　$x=e^y+2$
したがって，求める体積 V は　$V=\pi\int_{0}^{\log 2}x^2 dy$
$$=\pi\int_{0}^{\log 2}(e^y+2)^2 dy=\pi\int_{0}^{\log 2}(e^{2y}+4e^y+4)dy$$
$$=\pi\left[\frac{e^{2y}}{2}+4e^y+4y\right]_{0}^{\log 2}=\left(\frac{11}{2}+4\log 2\right)\pi$$

(2) $y=\sqrt{x}$ と $y=\dfrac{x}{2}$ の共有点の y 座標は 0, 2 であるから，求める体積 V は
$$V=\pi\int_{0}^{2}\{(2y)^2-(y^2)^2\}dy$$
$$=\pi\int_{0}^{2}(4y^2-y^4)dy=\pi\left[\frac{4}{3}y^3-\frac{y^5}{5}\right]_{0}^{2}=\frac{64}{15}\pi$$

(3) 曲線と直線 $y=1$ をそれぞれ y 軸方向に -1 平行移動した図形で考えればよい。
$x^2+(y-2)^2=1$ より
$y=2\pm\sqrt{1-x^2}$
$y_1=2+\sqrt{1-x^2}$，$y_2=2-\sqrt{1-x^2}$ とおくと
$$V=\pi\int_{-1}^{1}(y_1^2-y_2^2)dx=\pi\int_{-1}^{1}8\sqrt{1-x^2}dx$$
$$=16\pi\int_{0}^{1}\sqrt{1-x^2}dx=16\pi\cdot\frac{\pi}{4}=4\pi^2$$

306

[答] $\left(4+\dfrac{32\sqrt{2}}{15}\right)\pi$

[検討] $y=x^2-2$ と $y=x$ の共有点の x 座標は
$x=-1,\ 2$
題意の領域は右の図の斜線部分である。
$-1\leqq x\leqq 2$ において x 軸より下にある部分を x 軸に関して対称に折り返して考えると，求める体積 V は
$$V=\pi\int_{-1}^{1}(x^2-2)^2 dx+\pi\int_{1}^{2}x^2 dx$$
$$-\pi\int_{-1}^{0}x^2 dx-\pi\int_{\sqrt{2}}^{2}(x^2-2)^2 dx$$
$$=\pi\left[\frac{x^5}{5}-\frac{4}{3}x^3+4x\right]_{-1}^{1}+\pi\left[\frac{x^3}{3}\right]_{1}^{2}$$
$$-\pi\left[\frac{x^3}{3}\right]_{-1}^{0}-\pi\left[\frac{x^5}{5}-\frac{4}{3}x^3+4x\right]_{\sqrt{2}}^{2}$$
$$=\frac{86}{15}\pi+\frac{7}{3}\pi-\frac{\pi}{3}-\frac{56-32\sqrt{2}}{15}\pi$$
$$=\left(4+\frac{32\sqrt{2}}{15}\right)\pi$$

307

[答] $\dfrac{\pi^2}{4}+\dfrac{3}{2}\pi$

[検討] 2 曲線の共有点の x 座標は $x=\dfrac{\pi}{4}$ で，右の図の斜線部分を x 軸のまわりに 1 回転させると，題意の立体ができる。

よって，$0\leqq x\leqq\dfrac{\pi}{2}$ の範囲で図形が直線 $x=\dfrac{\pi}{4}$ について対称なこと，および，$\dfrac{\pi}{2}\leqq x\leqq\pi$ の部分は $y=\cos x$ のグラフを x 軸に関して対称に折り返すことを考えて，求める体積 V は

$$V = 2\pi \int_0^{\frac{\pi}{4}} (\cos^2 x - \sin^2 x)dx + \pi \int_{\frac{\pi}{2}}^{\frac{3}{4}\pi} \sin^2 x dx$$
$$+ \pi \int_{\frac{3}{4}\pi}^{\pi} \cos^2 x dx$$
$$= 2\pi \int_0^{\frac{\pi}{4}} \cos 2x dx + \pi \int_{\frac{\pi}{2}}^{\frac{3}{4}\pi} \frac{1-\cos 2x}{2} dx$$
$$+ \pi \int_{\frac{3}{4}\pi}^{\pi} \frac{1+\cos 2x}{2} dx$$
$$= 2\pi \left[\frac{\sin 2x}{2}\right]_0^{\frac{\pi}{4}} + \pi \left[\frac{x}{2} - \frac{\sin 2x}{4}\right]_{\frac{\pi}{2}}^{\frac{3}{4}\pi}$$
$$+ \pi \left[\frac{x}{2} + \frac{\sin 2x}{4}\right]_{\frac{3}{4}\pi}^{\pi}$$
$$= \pi + \pi\left(\frac{\pi}{8} + \frac{1}{4}\right) + \pi\left(\frac{\pi}{8} + \frac{1}{4}\right) = \frac{\pi^2}{4} + \frac{3}{2}\pi$$

> 🖊 **テスト対策**
>
> x 軸のまわりに1回転させてできる図形が x 軸の両側にあるときは，$y<0$ の部分を x 軸に関して対称に移動した図形を考える。

308

答 (1) $a = \frac{3}{4}\pi$, $f(a) = \frac{3}{4}\pi + 1$

(2) $\frac{9}{64}\pi^4 + \frac{9}{4}\pi^2 + \frac{5}{2}\pi$

検討 (1) $f'(x) = 1 + \sqrt{2}\cos x$ より，$0 \leq x \leq \pi$ において $f'(x) = 0$ となる x の値は $x = \frac{3}{4}\pi$

$f(x)$ の増減表を作ると

x	0	$\cdots$	$\frac{3}{4}\pi$	$\cdots$	π
$f'(x)$		$+$	0	$-$	
$f(x)$	0	↗	極大	↘	π

$f(x)$ は $x = \frac{3}{4}\pi$ のとき極大かつ最大となる。

(2) $y = f(x)$ と x 軸と $x = \frac{3}{4}\pi$ とで囲まれた部分を図示すると，右の図の斜線部分となる。
よって，求める体積 V は

$$V = \pi \int_0^{\frac{3}{4}\pi} (x + \sqrt{2}\sin x)^2 dx$$
$$= \pi \int_0^{\frac{3}{4}\pi} (x^2 + 2\sqrt{2} x \sin x + 2\sin^2 x) dx$$

ここで

$$\int_0^{\frac{3}{4}\pi} x^2 dx = \left[\frac{x^3}{3}\right]_0^{\frac{3}{4}\pi} = \frac{9}{64}\pi^3$$

$$\int_0^{\frac{3}{4}\pi} x\sin x dx = \left[-x\cos x\right]_0^{\frac{3}{4}\pi} + \int_0^{\frac{3}{4}\pi} \cos x dx$$
$$= \frac{3}{4\sqrt{2}}\pi + \left[\sin x\right]_0^{\frac{3}{4}\pi} = \frac{3}{4\sqrt{2}}\pi + \frac{1}{\sqrt{2}}$$

$$\int_0^{\frac{3}{4}\pi} \sin^2 x dx = \int_0^{\frac{3}{4}\pi} \frac{1-\cos 2x}{2} dx$$
$$= \left[\frac{x}{2} - \frac{1}{4}\sin 2x\right]_0^{\frac{3}{4}\pi} = \frac{3}{8}\pi + \frac{1}{4}$$

よって
$$V = \pi\left\{\frac{9}{64}\pi^3 + 2\sqrt{2}\left(\frac{3}{4\sqrt{2}}\pi + \frac{1}{\sqrt{2}}\right) + 2\left(\frac{3}{8}\pi + \frac{1}{4}\right)\right\}$$
$$= \pi\left(\frac{9}{64}\pi^3 + \frac{3}{2}\pi + 2 + \frac{3}{4}\pi + \frac{1}{2}\right)$$
$$= \frac{9}{64}\pi^4 + \frac{9}{4}\pi^2 + \frac{5}{2}\pi$$

309

答 16π

検討 右の図より曲線は x 軸に関して対称であるから $y \geq 0$ すなわち $0 \leq \theta \leq \pi$ の範囲で考える。

$\frac{dx}{d\theta} = -3\sin\theta$ より，

x	$-3 \to 3$
θ	$\pi \to 0$

求める体積 V は

$$V = \pi \int_{-3}^{3} y^2 dx = \pi \int_{\pi}^{0} (2\sin\theta)^2 \cdot (-3\sin\theta) d\theta$$
$$= \pi \int_{\pi}^{0} \{-12(1-\cos^2\theta)\sin\theta\} d\theta$$
$$= 12\pi \int_0^{\pi} (\sin\theta - \sin\theta\cos^2\theta) d\theta$$
$$= 12\pi \left[-\cos\theta + \frac{\cos^3\theta}{3}\right]_0^{\pi}$$
$$= 12\pi \left\{\left(1 - \frac{1}{3}\right) - \left(-1 + \frac{1}{3}\right)\right\} = 16\pi$$

310

答 (1) $2\pi^2$ (2) $\sqrt{2}(e^{\frac{\pi}{2}}-1)$

検討 (1) $\dfrac{dx}{d\theta}=\theta\cos\theta$,

$\dfrac{dy}{d\theta}=\theta\sin\theta$

ゆえに

$\left(\dfrac{dx}{d\theta}\right)^2+\left(\dfrac{dy}{d\theta}\right)^2=\theta^2(\cos^2\theta+\sin^2\theta)$
$=\theta^2$

したがって，求める曲線の長さ L は

$L=\int_0^{2\pi}\sqrt{\left(\dfrac{dx}{d\theta}\right)^2+\left(\dfrac{dy}{d\theta}\right)^2}\,d\theta=\int_0^{2\pi}\theta\,d\theta$
$=\left[\dfrac{\theta^2}{2}\right]_0^{2\pi}=2\pi^2$

(2) $\dfrac{dx}{dt}=e^t(\cos t-\sin t)$, $\dfrac{dy}{dt}=e^t(\sin t+\cos t)$

であるから

$\left(\dfrac{dx}{dt}\right)^2+\left(\dfrac{dy}{dt}\right)^2$
$=e^{2t}\{(\cos t-\sin t)^2+(\sin t+\cos t)^2\}=2e^{2t}$

したがって，求める曲線の長さ L は

$L=\int_0^{\frac{\pi}{2}}\sqrt{\left(\dfrac{dx}{dt}\right)^2+\left(\dfrac{dy}{dt}\right)^2}\,dt=\sqrt{2}\int_0^{\frac{\pi}{2}}e^t\,dt$
$=\sqrt{2}\left[e^t\right]_0^{\frac{\pi}{2}}=\sqrt{2}(e^{\frac{\pi}{2}}-1)$

MEMO

MEMO

MEMO

MEMO

MEMO

B